CAD/CAM 职场技能高手视频教程

AutoCAD 2018 基础、进阶、高手一本通

云杰漫步科技 CAX 教研室

张云杰　郝利剑　编著

电子工业出版社
Publishing House of Electronics Industry
北京·BEIJING

内 容 简 介

AutoCAD 作为一款优秀的 CAD 图形设计软件,应用程度之广泛已经远远超过其他 CAD 软件,其最新版本是 AutoCAD 2018。本书针对 AutoCAD 2018 中文版的设计功能,按照基础、进阶和高手进行分篇,详细介绍了其基础知识、二维图形绘制、编辑二维图形、建立和编辑文字、尺寸标注、图层与块、属性编辑、精确绘图设置、表格和工具选项、三维图形设计与编辑等内容,并有针对性地讲解了综合设计案例。本书还通过对实用案例进行视频精讲的方式,配备交互式多媒体网络教学资源,便于读者学习和理解。

本书结构严谨、内容翔实、知识全面、可读性强、设计案例专业性强、步骤明确,是广大读者快速掌握 AutoCAD 2018 的自学实用指导书,同时更适合作为职业培训学校和大专院校计算机辅助设计课程的指导教材,也可供上述领域的科研人员、产品设计人员学习。

未经许可,不得以任何方式复制或抄袭本书之部分或全部内容。
版权所有,侵权必究。

图书在版编目(CIP)数据

AutoCAD 2018基础、进阶、高手一本通 / 张云杰,郝利剑编著. —北京:电子工业出版社,2018.12
CAD/CAM职场技能高手视频教程
ISBN 978-7-121-35697-1

Ⅰ.①A… Ⅱ.①张… ②郝… Ⅲ.①AutoCAD软件—教材 Ⅳ.①TP391.72

中国版本图书馆CIP数据核字(2018)第277169号

策划编辑:许存权(QQ:76584717)
责任编辑:许存权   特约编辑:谢忠玉 等
印   刷:北京盛通商印快线网络科技有限公司
装   订:北京盛通商印快线网络科技有限公司
出版发行:电子工业出版社
          北京市海淀区万寿路173信箱 邮编 100036
开   本:787×1 092 1/16 印张:29 字数:743千字
版   次:2018年12月第1版
印   次:2021年2月第2次印刷
定   价:79.00元

凡所购买电子工业出版社图书有缺损问题,请向购买书店调换。若书店售缺,请与本社发行部联系,联系及邮购电话:(010)88254888,88258888。
质量投诉请发邮件至 zlts@phei.com.cn,盗版侵权举报请发邮件至 dbqq@phei.com.cn。
本书咨询联系方式:(010)88254484,xucq@phei.com.cn。

Preface/前言

本书是"CAD/CAM 职场技能高手视频教程"丛书中的一本，云杰漫步科技 CAX 教研室通过一直以来和多公司培训方面的合作，继承和发展了其内部培训方法，并吸收和细化了其在培训过程中客户需求的经典案例，从而推出本书。本书拥有完善的知识体系和教学思路，采用阶梯式学习方法，对 AutoCAD 软件知识、命令操作以及应用案例都进行了详尽地讲解，通过学习能循序渐进地提高读者的技能。

在工程应用中，特别是在机械、电气和建筑行业，AutoCAD 都得到了广泛应用。无论是 CAD 的系统用户，还是其他计算机用户，都可能因 AutoCAD 而大为受益。AutoCAD 作为一款优秀的 CAD 图形设计软件，应用程度之广泛已经远远超过其他 CAD 软件。目前，AutoCAD 推出了最新版本 AutoCAD 2018 中文版，它集图形处理之大成，代表了当今 CAD 软件的最新潮流和技术巅峰。本书针对 AutoCAD 2018 中文版设计功能，按照基础、进阶和高手进行分篇，详细介绍了其基础知识、二维图形绘制、编辑二维图形、建立和编辑文字、尺寸标注、图层与块、属性编辑、精确绘图设置、表格和工具选项、三维图形设计与编辑等内容，并有针对性地讲解了综合设计案例。本书还通过对实用案例进行视频精讲的方式，配备交互式多媒体网络教学资源，便于读者学习和理解。本书结构严谨、内容翔实、知识全面、可读性强、设计实例专业性强、步骤明确，是广大读者快速掌握 AutoCAD 2018 的自学实用指导书，也可作为大专院校计算机辅助设计课程的指导教材。书中的每个案例都是作者独立分析设计的真实作品，每个案例都提供了独立、完整的设计制作过程，每个操作步骤都有详细的文字说明和精美的图例展示。

本书配备的交互式多媒体网络教学资源，将案例制作过程制作成多媒体视频进行讲解，由从教多年的专业讲师全程多媒体语音视频跟踪教学，便于读者学习。同时配套资源中还提供了所有实例的源文件，以便读者练习使用。关于多媒体教学资源的使用方法，读者可以参看说明文件。另外，本书还提供了网络技术支持，欢迎读者登录云杰漫步多媒体科技的网上技术论坛进行交流（http://www.yunjiework.com/bbs）。论坛分为多个专业的设计板块，可以为读者提供实时的软件技术支持，也可以加 QQ 群（37122921），作者提供视频素材下载和解答读者问题。

本书由云杰漫步科技 CAX 教研室编著，参加编写工作的主要有张云杰、郝利剑，另外还有靳翔、尚蕾、张云静、贺安、郑晔、刁晓永、贺秀亭、乔建军、周益斌、马永健等。书中的设计范例、多媒体和界面效果均由北京云杰漫步多媒体科技公司设计制作，同时感谢电子工业出版社的编辑们的大力协助。

由于本书编写时间紧张，编写人员的水平有限，在编写过程中尚有不足之处，在此，编写人员对广大读者表示歉意，望广大读者不吝赐教，对书中的不足之处给予指正。

编著者

Contents/目录

第 1 章　AutoCAD 2018 绘图基础 ⋯⋯⋯⋯ 1
　1.1　界面结构和基本操作 ⋯⋯⋯⋯⋯⋯⋯⋯ 2
　　1.1.1　界面结构 ⋯⋯⋯⋯⋯⋯⋯⋯⋯⋯ 2
　　1.1.2　基本操作 ⋯⋯⋯⋯⋯⋯⋯⋯⋯⋯ 7
　　1.1.3　基本操作应用案例 ⋯⋯⋯⋯⋯ 11
　1.2　坐标系与坐标 ⋯⋯⋯⋯⋯⋯⋯⋯⋯⋯ 15
　　1.2.1　坐标系统 ⋯⋯⋯⋯⋯⋯⋯⋯⋯ 15
　　1.2.2　坐标的表示方法 ⋯⋯⋯⋯⋯⋯ 17
　　1.2.3　坐标的动态输入 ⋯⋯⋯⋯⋯⋯ 17
　1.3　设置绘图环境 ⋯⋯⋯⋯⋯⋯⋯⋯⋯⋯ 18
　　1.3.1　自定义右键 ⋯⋯⋯⋯⋯⋯⋯⋯ 18
　　1.3.2　更改图形窗口的颜色 ⋯⋯⋯⋯ 20
　　1.3.3　设置光标大小 ⋯⋯⋯⋯⋯⋯⋯ 21
　　1.3.4　设置命令输入行的行数和
　　　　　字体大小 ⋯⋯⋯⋯⋯⋯⋯⋯⋯ 22
　　1.3.5　自定义用户界面 ⋯⋯⋯⋯⋯⋯ 22
　1.4　视图控制 ⋯⋯⋯⋯⋯⋯⋯⋯⋯⋯⋯⋯ 24
　　1.4.1　平移视图 ⋯⋯⋯⋯⋯⋯⋯⋯⋯ 24
　　1.4.2　缩放视图 ⋯⋯⋯⋯⋯⋯⋯⋯⋯ 25
　　1.4.3　命名视图 ⋯⋯⋯⋯⋯⋯⋯⋯⋯ 26
　1.5　本章小结 ⋯⋯⋯⋯⋯⋯⋯⋯⋯⋯⋯⋯ 29
　1.6　课后练习 ⋯⋯⋯⋯⋯⋯⋯⋯⋯⋯⋯⋯ 29
　　1.6.1　填空题 ⋯⋯⋯⋯⋯⋯⋯⋯⋯⋯ 29
　　1.6.2　问答题 ⋯⋯⋯⋯⋯⋯⋯⋯⋯⋯ 30
　　1.6.3　操作题 ⋯⋯⋯⋯⋯⋯⋯⋯⋯⋯ 30

第 2 章　绘制二维图形 ⋯⋯⋯⋯⋯⋯⋯⋯ 31
　2.1　绘制基本图形 ⋯⋯⋯⋯⋯⋯⋯⋯⋯⋯ 31
　　2.1.1　绘制点 ⋯⋯⋯⋯⋯⋯⋯⋯⋯⋯ 32
　　2.1.2　绘制线 ⋯⋯⋯⋯⋯⋯⋯⋯⋯⋯ 32
　　2.1.3　绘制矩形 ⋯⋯⋯⋯⋯⋯⋯⋯⋯ 34
　　2.1.4　绘制圆 ⋯⋯⋯⋯⋯⋯⋯⋯⋯⋯ 35
　　2.1.5　绘制二维图形应用案例 ⋯⋯⋯ 38
　2.2　绘制多线 ⋯⋯⋯⋯⋯⋯⋯⋯⋯⋯⋯⋯ 41
　　2.2.1　绘制多线 ⋯⋯⋯⋯⋯⋯⋯⋯⋯ 41
　　2.2.2　编辑多线 ⋯⋯⋯⋯⋯⋯⋯⋯⋯ 42
　　2.2.3　绘制多线应用案例 ⋯⋯⋯⋯⋯ 44
　2.3　绘制多边形和圆弧 ⋯⋯⋯⋯⋯⋯⋯⋯ 49
　　2.3.1　绘制多边形 ⋯⋯⋯⋯⋯⋯⋯⋯ 49
　　2.3.2　绘制圆弧 ⋯⋯⋯⋯⋯⋯⋯⋯⋯ 49
　　2.3.3　绘制多边形应用案例 ⋯⋯⋯⋯ 55
　2.4　本章小结 ⋯⋯⋯⋯⋯⋯⋯⋯⋯⋯⋯⋯ 58
　2.5　课后练习 ⋯⋯⋯⋯⋯⋯⋯⋯⋯⋯⋯⋯ 58
　　2.5.1　填空题 ⋯⋯⋯⋯⋯⋯⋯⋯⋯⋯ 58
　　2.5.2　问答题 ⋯⋯⋯⋯⋯⋯⋯⋯⋯⋯ 58
　　2.5.3　操作题 ⋯⋯⋯⋯⋯⋯⋯⋯⋯⋯ 59

第 3 章　编辑二维图形 ⋯⋯⋯⋯⋯⋯⋯⋯ 60
　3.1　基本编辑 ⋯⋯⋯⋯⋯⋯⋯⋯⋯⋯⋯⋯ 60
　　3.1.1　倒角 ⋯⋯⋯⋯⋯⋯⋯⋯⋯⋯⋯ 60
　　3.1.2　圆角 ⋯⋯⋯⋯⋯⋯⋯⋯⋯⋯⋯ 62
　　3.1.3　拉伸 ⋯⋯⋯⋯⋯⋯⋯⋯⋯⋯⋯ 63
　　3.1.4　修剪 ⋯⋯⋯⋯⋯⋯⋯⋯⋯⋯⋯ 64
　　3.1.5　移动 ⋯⋯⋯⋯⋯⋯⋯⋯⋯⋯⋯ 65
　　3.1.6　旋转 ⋯⋯⋯⋯⋯⋯⋯⋯⋯⋯⋯ 66
　　3.1.7　缩放 ⋯⋯⋯⋯⋯⋯⋯⋯⋯⋯⋯ 67
　　3.1.8　基本编辑应用案例 ⋯⋯⋯⋯⋯ 68
　3.2　扩展编辑 ⋯⋯⋯⋯⋯⋯⋯⋯⋯⋯⋯⋯ 74
　　3.2.1　镜像 ⋯⋯⋯⋯⋯⋯⋯⋯⋯⋯⋯ 74
　　3.2.2　偏移 ⋯⋯⋯⋯⋯⋯⋯⋯⋯⋯⋯ 75

3.2.3	阵列	76
3.2.4	扩展编辑应用案例	78

3.3 图案填充 83
 3.3.1 设置图案填充 83
 3.3.2 编辑图案填充 87
3.4 本章小结 88
3.5 课后练习 88
 3.5.1 填空题 88
 3.5.2 问答题 89
 3.5.3 操作题 89

第4章 建立和编辑文字 90
4.1 设置文字样式 90
 4.1.1 样式设置 91
 4.1.2 字体设置 92
 4.1.3 效果设置 93
4.2 单行文字 93
 4.2.1 创建单行文字的方法 93
 4.2.2 单行文字的对齐方式 94
 4.2.3 单行文字应用案例 96
4.3 多行文字 98
 4.3.1 多行文字概述 98
 4.3.2 多行文字创建方法 98
 4.3.3 多行文字应用案例 100
4.4 本章小结 102
4.5 课后练习 102
 4.5.1 填空题 102
 4.5.2 问答题 102
 4.5.3 操作题 102

第5章 尺寸标注 104
5.1 尺寸标注样式 104
 5.1.1 尺寸标注元素介绍 105
 5.1.2 尺寸标注样式设置 106
5.2 创建尺寸标注 110
 5.2.1 线性标注 110
 5.2.2 对齐标注 111
 5.2.3 半径标注 112
 5.2.4 直径标注 113
 5.2.5 角度标注 114
 5.2.6 尺寸标注应用案例 115
5.3 标注特殊尺寸 121
 5.3.1 坐标尺寸标注 121
 5.3.2 基线尺寸标注 122
 5.3.3 连续尺寸标注 123
 5.3.4 圆心标记 124

 5.3.5 引线尺寸标注 125
 5.3.6 特殊标注应用案例 126
5.4 本章小结 131
5.5 课后练习 131
 5.5.1 填空题 131
 5.5.2 问答题 132
 5.5.3 操作题 132

第6章 精确绘图设置 134
6.1 栅格和捕捉 134
 6.1.1 基本介绍 135
 6.1.2 栅格 135
 6.1.3 捕捉 137
 6.1.4 栅格和捕捉应用案例 137
6.2 对象捕捉 139
 6.2.1 对象捕捉命令 140
 6.2.2 使用对象捕捉 141
 6.2.3 自动捕捉设置 145
 6.2.4 对象捕捉应用案例 146
6.3 极轴追踪 150
 6.3.1 使用极轴追踪 150
 6.3.2 自动追踪 151
 6.3.3 极轴追踪应用案例 152
6.4 本章小结 158
6.5 课后练习 158
 6.5.1 填空题 158
 6.5.2 问答题 158
 6.5.3 操作题 158

第7章 层、块和属性编辑 160
7.1 图层管理 160
 7.1.1 创建图层 161
 7.1.2 命名图层过滤器 161
 7.1.3 删除图层 162
 7.1.4 设置当前图层 163
 7.1.5 显示图层细节 163
 7.1.6 图层状态管理器 164
 7.1.7 图层管理应用案例 166
7.2 块操作 170
 7.2.1 块的基本知识 170
 7.2.2 创建块 171
 7.2.3 将块保存为文件 172
 7.2.4 插入块 173
 7.2.5 块操作应用案例 176
7.3 属性编辑 180
 7.3.1 属性基本知识 180

目录

```
7.3.2  创建块属性 ·················· 180
7.3.3  编辑属性定义 ················ 181
7.4  本章小结 ······················ 182
7.5  课后练习 ······················ 182
    7.5.1  填空题 ····················· 182
    7.5.2  问答题 ····················· 183
    7.5.3  操作题 ····················· 183
```

第8章 表格和工具选项 ·············· 184

```
8.1  创建和编辑表格 ················ 184
    8.1.1  新建表格样式 ················ 185
    8.1.2  插入表格 ··················· 185
    8.1.3  设置表格样式 ················ 186
    8.1.4  编辑表格 ··················· 187
    8.1.5  表格设计应用案例 ············ 189
8.2  工具选项板 ···················· 194
    8.2.1  基本知识 ··················· 194
    8.2.2  设计中心 ··················· 195
8.3  本章小结 ······················ 199
8.4  课后练习 ······················ 199
    8.4.1  填空题 ····················· 199
    8.4.2  问答题 ····················· 199
    8.4.3  操作题 ····················· 199
```

第9章 三维绘图 ·················· 201

```
9.1  三维界面和坐标系 ·············· 201
    9.1.1  三维界面 ··················· 202
    9.1.2  坐标系 ····················· 203
    9.1.3  创建UCS ··················· 203
    9.1.4  UCS操作 ··················· 207
9.2  设置三维视点 ·················· 209
    9.2.1  使用【视点】命令 ············ 209
    9.2.2  使用【视点预置】对话框 ······ 210
    9.2.3  其他特殊视点 ················ 211
9.3  绘制三维曲面 ·················· 212
    9.3.1  绘制三维面 ·················· 212
    9.3.2  绘制基本三维曲面 ············ 213
    9.3.3  绘制三维网格 ················ 214
    9.3.4  绘制旋转曲面 ················ 215
    9.3.5  绘制平移曲面 ················ 216
    9.3.6  绘制直纹曲面 ················ 217
    9.3.7  绘制边界曲面 ················ 219
9.4  绘制三维实体 ·················· 220
    9.4.1  绘制长方体 ·················· 220
    9.4.2  绘制球体 ··················· 221
    9.4.3  绘制圆柱体 ·················· 222
    9.4.4  绘制圆锥体 ·················· 223
    9.4.5  绘制棱楔体 ·················· 224
    9.4.6  绘制圆环体 ·················· 225
    9.4.7  绘制拉伸实体 ················ 226
    9.4.8  绘制旋转实体 ················ 227
    9.4.9  绘制三维实体应用案例 ········ 228
9.5  编辑三维对象 ·················· 230
    9.5.1  拉伸面 ····················· 231
    9.5.2  移动面 ····················· 231
    9.5.3  旋转面 ····················· 232
    9.5.4  倾斜面 ····················· 233
9.6  编辑三维实体 ·················· 234
    9.6.1  剖切实体 ··················· 234
    9.6.2  三维阵列 ··················· 235
    9.6.3  三维镜像 ··················· 236
    9.6.4  三维旋转 ··················· 237
    9.6.5  编辑三维实体应用案例 ········ 238
9.7  本章小结 ······················ 241
9.8  课后练习 ······················ 241
    9.8.1  填空题 ····················· 241
    9.8.2  问答题 ····················· 242
    9.8.3  操作题 ····················· 242
```

第10章 高手应用案例1
——二维机械图设计应用 ············ 243

```
10.1  案例分析 ····················· 243
    10.1.1  知识链接 ·················· 243
    10.1.2  设计思路 ·················· 244
10.2  案例操作 ····················· 244
    10.2.1  创建主视图 ················ 245
    10.2.2  创建侧视图 ················ 253
    10.2.3  创建标注和图框 ············ 257
10.3  本章小结 ····················· 267
10.4  课后练习 ····················· 267
    10.4.1  填空题 ···················· 267
    10.4.2  问答题 ···················· 267
    10.4.3  操作题 ···················· 268
```

第11章 高手应用案例2
——三维机械图设计应用 ············ 269

```
11.1  案例分析 ····················· 269
    11.1.1  知识链接 ·················· 269
    11.1.2  设计思路 ·················· 270
11.2  案例操作 ····················· 270
    11.2.1  创建零件主体 ·············· 271
    11.2.2  创建细节特征 ·············· 275
```

11.3 本章小结 ································ 289
11.4 课后练习 ································ 289
　　11.4.1 填空题 ···························· 289
　　11.4.2 问答题 ···························· 290
　　11.4.3 操作题 ···························· 290

第 12 章　高手应用案例 3
——装配图设计应用 ················ 291

12.1 案例分析 ································ 291
　　12.1.1 知识链接 ·························· 291
　　12.1.2 设计思路 ·························· 292
12.2 案例操作 ································ 293
　　12.2.1 创建主视图 ······················ 293
　　12.2.2 创建俯视图 ······················ 309
　　12.2.3 创建剖视图 ······················ 315
　　12.2.4 创建尺寸标注和图框 ········ 323
12.3 本章小结 ································ 327
12.4 课后练习 ································ 327
　　12.4.1 填空题 ···························· 327
　　12.4.2 问答题 ···························· 328
　　12.4.3 操作题 ···························· 328

第 13 章　高手应用案例 4
——建筑平面图设计应用 ········ 329

13.1 案例分析 ································ 330
　　13.1.1 知识链接 ·························· 330
　　13.1.2 设计思路 ·························· 331
13.2 案例操作 ································ 332
　　13.2.1 图层设置 ·························· 333
　　13.2.2 一层平面图绘制 ··············· 334
　　13.2.3 二层平面图绘制 ··············· 340
　　13.2.4 添加建筑内附属物 ··········· 348
　　13.2.5 尺寸标注 ·························· 350
　　13.2.6 文字和图框添加 ··············· 352
13.3 本章小结 ································ 354
13.4 课后练习 ································ 354
　　13.4.1 填空题 ···························· 354
　　13.4.2 问答题 ···························· 355
　　13.4.3 操作题 ···························· 355

第 14 章　高手应用案例 5
——建筑电气工程图设计应用 ··· 357

14.1 案例分析 ································ 358
　　14.1.1 知识链接 ·························· 358
　　14.1.2 设计思路 ·························· 360
14.2 案例操作 ································ 361
　　14.2.1 图层设置 ·························· 361
　　14.2.2 承重柱绘制 ······················ 365
　　14.2.3 墙壁绘制 ·························· 373
　　14.2.4 门窗绘制 ·························· 385
　　14.2.5 附属设施绘制 ··················· 402
　　14.2.6 电气元件绘制 ··················· 409
　　14.2.7 电气线路绘制 ··················· 416
　　14.2.8 尺寸及文字标注 ··············· 421
14.3 本章小结 ································ 427
14.4 课后练习 ································ 427
　　14.4.1 填空题 ···························· 427
　　14.4.2 问答题 ···························· 428
　　14.4.3 操作题 ···························· 428

第 15 章　高手应用案例 6
——电路图设计应用 ················ 430

15.1 案例分析 ································ 430
　　15.1.1 知识链接 ·························· 430
　　15.1.2 设计思路 ·························· 431
15.2 案例操作 ································ 432
　　15.2.1 创建电机图 ······················ 432
　　15.2.2 创建控制电路 ··················· 446
15.3 本章小结 ································ 455
15.4 课后练习 ································ 455
　　15.4.1 填空题 ···························· 455
　　15.4.2 问答题 ···························· 456
　　15.4.3 操作题 ···························· 456

第 1 章　AutoCAD 2018 绘图基础

 本章导读

　　AutoCAD 是由美国 Autodesk 公司开发的通用计算机辅助设计软件包，它具有易于掌握、使用方便和体系结构开放等优点，深受广大工程技术人员欢迎。它综合了计算机知识和工程设计知识的成果，能够绘制二维图形与三维图形、标注尺寸、渲染图形及打印输出图纸，并且随着计算机硬件性能和软件功能的不断提高而逐渐完善。自 Autodesk 公司从 1982 年推出 AutoCAD 的第一个版本 AutoCAD 1.0 起不断升级，其功能日益增强并日趋完善。如今，AutoCAD 已广泛应用于机械、建筑、电子、航天、造船、石油化工、土木工程、冶金、地质、气象、纺织、轻工和商业等领域。AutoCAD 2018 中文版是 Auto Desk 公司推出的最新版本，代表了当今 CAD 软件的最新潮流和未来发展趋势。

　　本章是 AutoCAD 2018 的基础，主要讲解有关基础知识、基本操作、坐标系、环境设置和视图控制，为后面深入学习提供支持。

	学习目标 知识点	了解	理解	应用	实践
学习要求	界面结构和基本操作	√	√	√	√
	坐标系与坐标		√	√	
	设置绘图环境		√	√	
	视图控制	√	√		

1.1 界面结构和基本操作

AutoCAD 新建文件后，系统默认显示的是 AutoCAD 2018 的经典工作界面。AutoCAD 2018 二维草图与注释操作界面的主要组成元素有：标题栏、菜单栏、工具栏、菜单浏览器、快速访问工具栏、绘图区域、状态栏、命令行和选项卡。

1.1.1 界面结构

（1）标题栏

如图 1-1 所示，如果是 AutoCAD 默认的图形文件，其名称为"DrawingN.dwg"（N 是大于 0 的自然数），单击标题栏最右边的 3 个按钮，可以将应用程序窗口最小化、最大化或还原和关闭。用鼠标右键单击标题栏，将弹出一个下拉菜单。利用它可以执行最大化窗口、最小化窗口、还原窗口、移动窗口和关闭应用程序等操作。

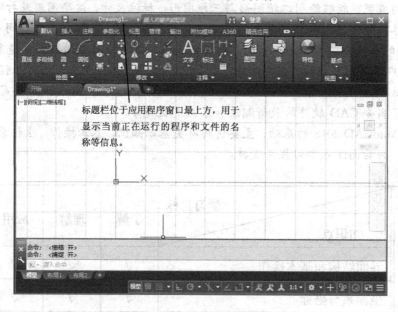

图 1-1 标题栏

（2）菜单栏

当初次打开 AutoCAD 2018 时，【菜单栏】并不显示在初始界面中，在【快速访问工具栏】上单击▼按钮，在弹出的下拉菜单中单击【显示菜单栏】命令，则【菜单栏】显示在操作界面中，如图 1-2 所示。

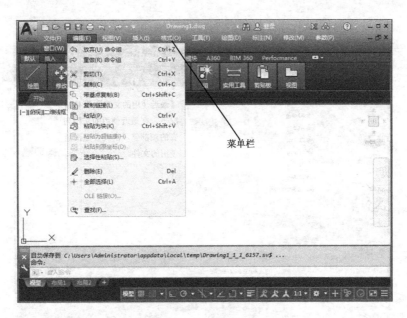

图 1-2 显示【菜单栏】的操作界面

(3) 工具栏

AutoCAD 2018 中在初始界面中不显示【工具栏】,需要通过下面的方法调出:用户可以在【菜单栏】中选择【工具】|【工具栏】|【AutoCAD】菜单命令,在其菜单中选择需用的工具,则显示在操作界面中的【工具栏】如图 1-3 所示。

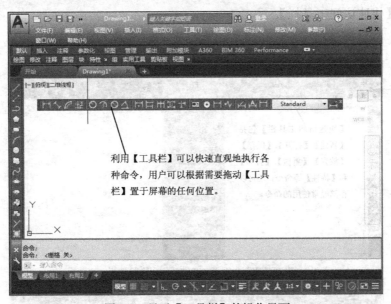

图 1-3 显示【工具栏】的操作界面

(4) 菜单浏览器

单击【菜单浏览器】按钮 A,打开【菜单浏览器】,其中包含"最近使用的文档",如图 1-4 所示。

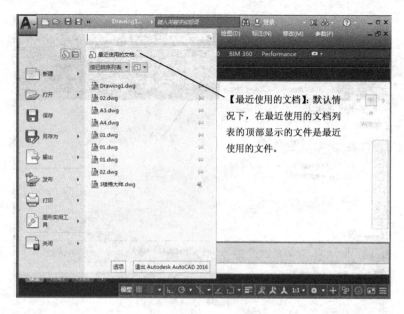

图 1-4 【菜单浏览器】

(5) 快速访问工具栏

【快速访问工具栏】如图 1-5 所示。在【快速访问工具栏】上单击鼠标右键，然后单击快捷菜单中的【自定义快速访问工具栏】命令，显示可用命令的列表，可以从中选择添加或取消命令。也可以将想要添加的命令从【自定义用户界面】对话框中的【命令列表】选项组拖动到【快速访问工具栏】。

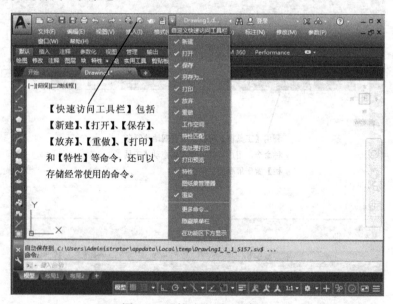

图 1-5 【快速访问工具栏】

(6) 绘图区域

绘图区域主要是图形绘制和编制的区域，当光标在这个区域中移动时，便会变成一个十字游标的形式，用来定位。在某些特定的情况下，光标也会变成方框光标或其他形式的光标，绘图区如图1-6所示。

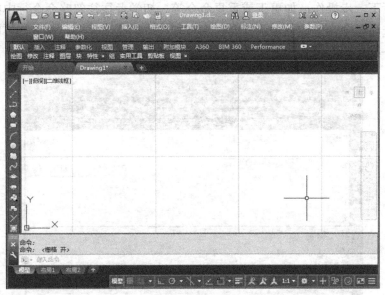

图1-6 绘图区域

（7）选项卡

功能区由许多面板组成，这些面板被组织到依任务进行标记的选项卡中。用户可以在【自定义用户界面】对话框中将选项卡添加至工作空间，以控制在功能区中显示哪些功能区选项卡。图 1-7 展示了不同选项卡及面板。选项卡和面板的运用将在后面的相关章节中分别进行详尽地讲解，在此不再赘述。

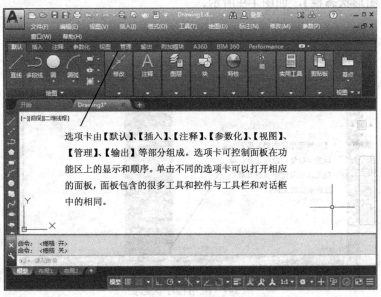

图1-7 选项卡

(8)命令行

命令行用来接收用户输入的命令或数据,同时显示命令、系统变量、选项、信息,以引导用户进行下一步操作,如更正或重复命令等。初学者往往忽略命令行中的提示,实际上只有时刻关注命令行中的提示,才能真正达到灵活快速地使用。命令行可以拖动为浮动窗口,如图 1-8 所示。

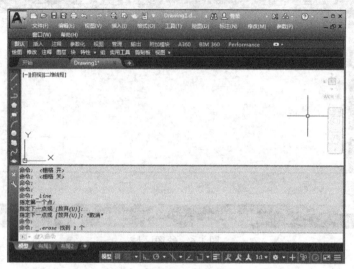

图 1-8 【命令行】窗口

(9)状态栏

主要显示当前 AutoCAD 2018 所处的状态,状态栏的左边显示当前光标的三维坐标值,右边为定义绘图时的状态,可以通过单击相关选项打开或关闭绘图状态,包括【应用程序状态栏】和【图形状态栏】,如图 1-9 所示。

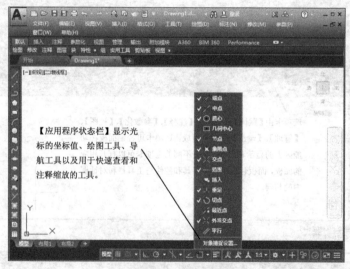

图 1-9 应用程序状态栏

1.1.2 基本操作

在 AutoCAD 2018 中，对图形文件的管理一般包括创建新文件、打开已有的图形文件、保存文件、加密文件及关闭图形文件等操作。

（1）创建新文件

打开 AutoCAD 2018 后，系统自动新建一个名为 DrawingN.dwg 的图形文件。另外，用户还可以根据需要选择模板来新建图形文件。

在 AutoCAD 2018 中创建新文件有 4 种方法，如图 1-10 所示。

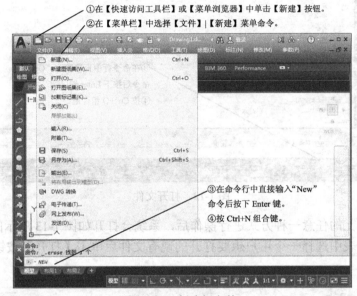

图 1-10 创建新文件

通过使用以上的任意一种方式，系统会打开如图 1-11 所示的【选择样板】对话框，从其列表中选择一个样板后单击【打开】按钮或直接双击选中的样板，即可建立一个新文件。

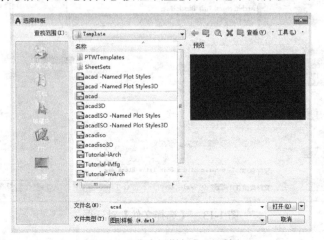

图 1-11 【选择样板】对话框

（2）打开文件

在 AutoCAD 2018 中打开现有文件，有 4 种方法，如图 1-12 所示。

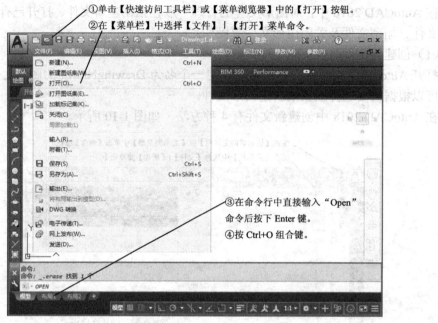

图 1-12　打开文件

通过使用以上的任意一种方式进行操作后，系统会打开如图 1-13 所示的【选择文件】对话框，从其列表中选择一个用户想要打开的现有文件后单击【打开】按钮或直接双击想要打开的文件。

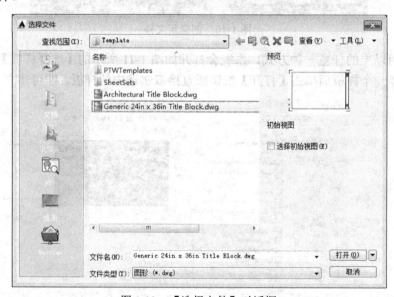

图 1-13　【选择文件】对话框

（3）保存文件

在 AutoCAD 2018 中打开现有文件，有 4 种方法，如图 1-14 所示。

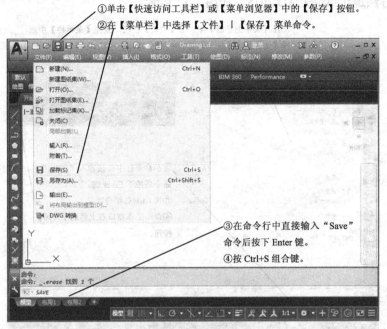

图 1-14　保存文件

通过使用以上的任意一种方式进行操作后，系统会打开如图 1-15 所示的【图形另存为】对话框，从其【保存于】下拉列表选择保存位置后单击【保存】按钮，即可完成保存文件的操作。

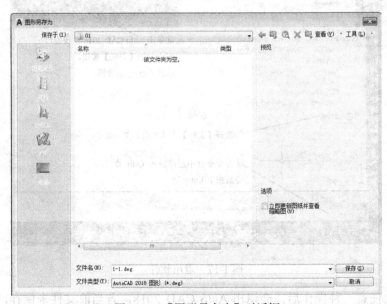

图 1-15　【图形另存为】对话框

（4）关闭文件和退出程序

在 AutoCAD 2018 中关闭图形文件，有 4 种方法，如图 1-16 所示。

有 4 种方法退出 AutoCAD 2018，如图 1-17 所示。

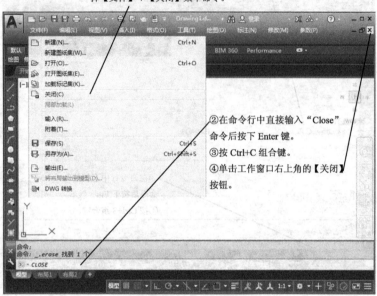

图 1-16　关闭文件

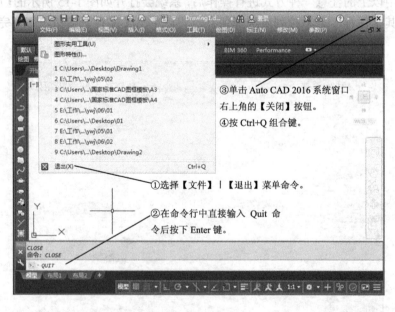

图 1-17　退出软件

执行以上任意一种操作后，会退出 Auto CAD 2018，若当前文件未保存，则系统会自动弹出如图 1-18 所示的提示。

第1章 AutoCAD 2018 绘图基础

图 1-18　Auto CAD 2018 的提示

1.1.3　基本操作应用案例

> 本案例完成文件：ywj/01/1-1.dwg
>
> 多媒体教学路径：多媒体教学→第 1 章→第 1 节

1.1.3.1　案例分析

本案例是在 AutoCAD 环境下，进行软件的基本操作，包括新建、保存文件，以及设置栅格、移动图形和填充图形等操作。

1.1.3.2　案例操作

Step1 新建文件

① 单击【自定义快速访问工具栏】中的【新建】按钮，如图 1-19 所示。

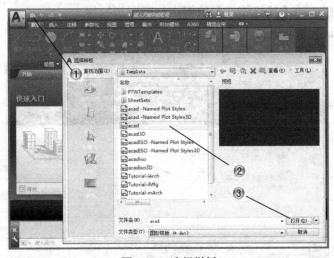

图 1-19　选择样板

② 在弹出的【选择样板】对话框中，选择样板。

③ 在【选择样板】对话框中，单击【打开】按钮，新建文件。

提示

在【选择样板】对话框中，选择不同的样板形式，直接进入不同的标准和设计界面。

Step2 绘制图形

①单击状态栏中的【显示图形栅格】按钮，打开栅格，如图 1-20 所示。

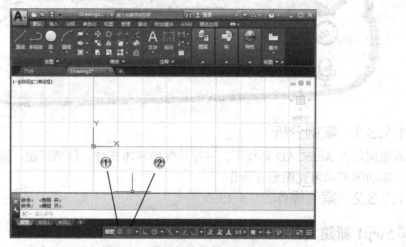

图 1-20　设置栅格捕捉

②单击状态栏中的【捕捉模式】按钮，打开图形捕捉。

③单击【默认】选项卡中的【直线】按钮，如图 1-21 所示。

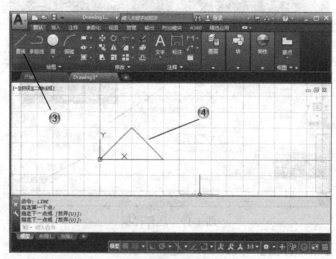

图 1-21　绘制三角形

④在绘图区中,绘制三角形。

Step3 设置工具栏

① 选择【工具】|【工具栏】|【AutoCAD】|【绘图】菜单命令,如图1-22所示。
② 在绘图区中,移动放置工具栏。

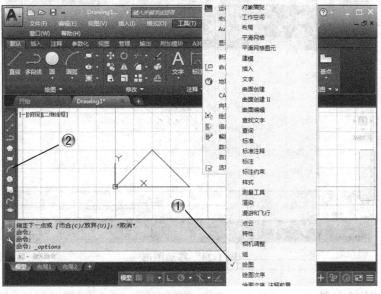

图1-22 设置【绘图】工具栏

Step4 编辑图形

① 单击【默认】选项卡中的【图案填充】按钮,如图1-23所示。

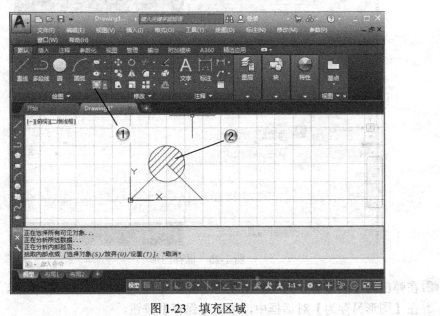

图1-23 填充区域

② 在绘图区中，选择区域进行填充。
③ 单击【默认】选项卡中的【移动】按钮，如图 1-24 所示。
④ 在绘图区中，选择三角形并进行移动。

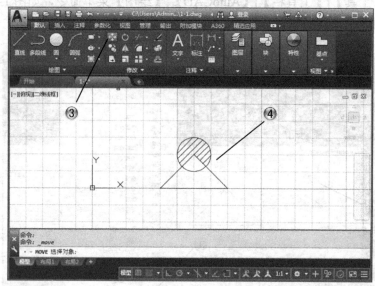

图 1-24　移动图形

Step5 保存文件

① 选择【另存为】|【图形】菜单命令，如图 1-25 所示。

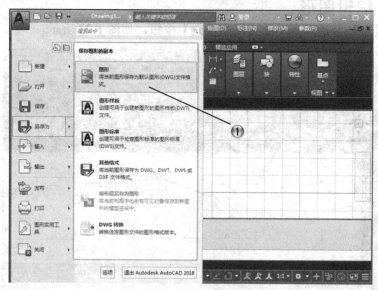

图 1-25　保存图形

② 在弹出的【图形另存为】对话框中，设置文件名称，如图 1-26 所示。
③ 在【图形另存为】对话框中，单击【保存】按钮。

第1章 AutoCAD 2018 绘图基础

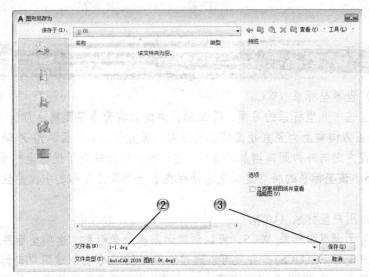

图 1-26 设置文件名称

　　CAD 的文件保存类型有很多，方便和别的软件进行文件交流。

1.2 坐标系与坐标

　　要在 AutoCAD 中准确、高效地绘制图形，必须充分利用坐标系并掌握各坐标系的概念以及输入方法。它是确定对象位置的最基本手段。

1.2.1 坐标系统

　　为了说明质点的位置、运动的快慢和方向等，必须选取其坐标系。在参照系中，为确定空间一点的位置，按规定方法选取的有次序的一组数据，这就是"坐标"。在某一问题中规定坐标的方法，就是该问题所用的坐标系。坐标系的种类很多，常用的坐标系有：笛卡儿直角坐标系、平面极坐标系、柱面坐标系（或称柱坐标系）和球面坐标系（或称球坐标系）等。

　　AutoCAD 中的坐标系按定制对象的不同，可分为世界坐标系（WCS）和用户坐标系（UCS）。

· 15 ·

(1) 世界坐标系（WCS）

根据笛卡儿坐标系的习惯，沿 X 轴正方向向右为水平距离增加的方向，沿 Y 轴正方向向上为竖直距离增加的方向，垂直于 XY 平面，沿 Z 轴正方向从所视方向向外为距离增加的方向。这一套坐标轴确定了世界坐标系，简称 WCS。该坐标系的特点是：它总是存在于一个设计图形之中，并且不可更改。

(2) 用户坐标系（UCS）

相对于世界坐标系 WCS，可以创建无限多的坐标系，这些坐标系通常称为用户坐标系（UCS），并且可以通过调用 UCS 命令去创建用户坐标系。尽管世界坐标系 WCS 是固定不变的，但可以从任意角度、任意方向来观察或旋转世界坐标系 WCS，而不用改变其他坐标系。AutoCAD 提供的坐标系图标，可以在同一图纸不同坐标系中保持同样的视觉效果。这种图标将通过指定 X、Y 轴的正方向来显示当前 UCS 的方位。

用户坐标系（UCS）是一种可自定义的坐标系，可以修改坐标系的原点和轴方向，即 X、Y、Z 轴以及原点方向都可以移动和旋转，在绘制三维对象时非常有用。

调用用户坐标首先需要执行用户坐标命令，其方法有如下几种，如图 1-27 所示。

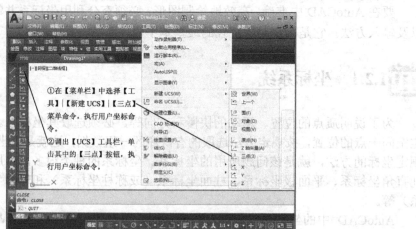

图 1-27　坐标命令

1.2.2 坐标的表示方法

在使用 AutoCAD 进行绘图过程中,绘图区中的任何一个图形都有属于自己的坐标位置。当用户在绘图过程中需要指定点的位置时,便需使用指定点的坐标位置来确定点,从而精确、有效地完成绘图。常用的坐标表示方法有:绝对直角坐标、相对直角坐标、绝对极坐标和相对极坐标。

(1) 绝对直角坐标

以坐标原点(0,0,0)为基点定位所有的点。用户可以通过输入(X,Y,Z)坐标的方式来定义一个点的位置。

如图 1-28 所示,O 点绝对坐标为(0,0,0),A 点绝对坐标为(4,4,0),B 点绝对坐标为(12,4,0),C 点绝对坐标为(12,12,0)。如果 Z 方向坐标为 0,则可省略,则 A 点绝对坐标为(4,4),B 点绝对坐标为(12,4),C 点绝对坐标为(12,12)。

(2) 相对直角坐标

相对直角坐标是以某点相对于另一特定点的相对位置定义一个点的位置。

(3) 绝对极坐标

以坐标原点(0,0,0)为极点定位所有的点,通过输入相对于极点的距离和角度的方式来定义一个点的位置。

(4) 相对极坐标

以某一特定点为参考极点,输入相对于极点的距离和角度来定义一个点的位置。

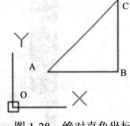

图 1-28 绝对直角坐标

1.2.3 坐标的动态输入

如果需要在绘图提示中输入坐标值,而不必在命令行中进行输入,这时可以通过动态输入功能实现。动态输入功能对于习惯在绘图提示中进行数据信息输入的人来说,可以大大提高绘图工作效率。

(1) 打开或关闭动态输入

启用"动态输入"绘图时,工具提示将在光标附近显示信息,该信息将随着光标的移动而动态更新。当某个命令处于活动状态时,可以在工具提示中输入值,动态输入不会取代命令窗口。要打开和关闭"动态输入"功能,可以单击【状态栏】上的【动态输入】命令进行切换。按住 F12 键可以临时将其关闭。

(2) 设置动态输入

在【状态栏】的【动态输入】按钮上单击鼠标右键,然后在弹出的快捷菜单中选择【动态输入设置】命令,打开【草图设置】对话框中的【动态输入】选项卡,如图 1-29 所示。

当设置了动态输入功能后,在绘制图形时,便可在动态输入框中输入图形的尺寸等,从而方便用户的操作。

(3)在动态输入工具提示中输入坐标值的方法

在【状态栏】上,确定【动态输入】处于启用状态。

可以使用下列方法输入坐标值或选择选项:

若需要输入极坐标,则输入距第一点的距离,并按下 TAB 键,然后输入角度值并按下 Enter 键。若需要输入笛卡儿坐标,则输入 X 坐标值和逗号",",然后输入 Y 坐标值并按下 Enter 键。如果提示后有一个下箭头,则按下箭头键,直到选项旁边出现一个点为止,再按下 Enter 键。

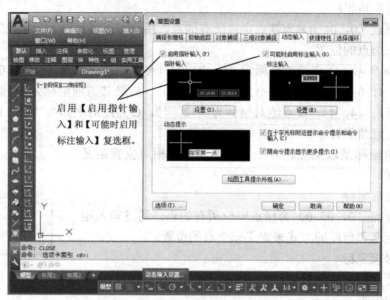

图 1-29　【草图设置】对话框【动态输入】选项卡

> 按上箭头键可显示最近输入的坐标,也可以通过单击鼠标右键并选择"最近的输入"命令,从其快捷菜单中查看这些坐标或命令。对于标注输入,在输入字段中输入值并按 TAB 键后,该字段将显示一个锁定。

1.3　设置绘图环境

要想提高绘图的速度和质量,就要有一个合理的、适合自己绘图习惯的参数配置。

1.3.1　自定义右键

在绘制图形时,灵活使用鼠标的右键将使操作更加方便快捷,在【选项】对话框中可以自定义鼠标右键的功能。

选择【工具】|【选项】菜单命令，或在命令输入行中输入"options"后按下 Enter 键，打开【选项】对话框，如图 1-30 所示。

对话框中包括【文件】、【显示】、【打开和保存】、【打印和发布】、【系统】、【用户系统配置】、【绘图】、【三维建模】、【选择集】和【配置】10 个选项卡。

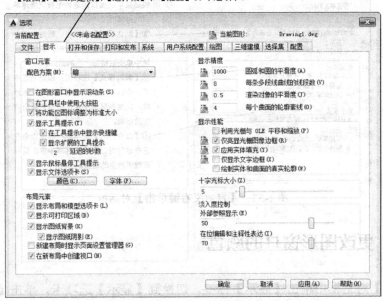

图 1-30　【选项】对话框

在【选项】对话框中单击【用户系统配置】标签，切换到【用户系统配置】选项卡，如图 1-31 所示。

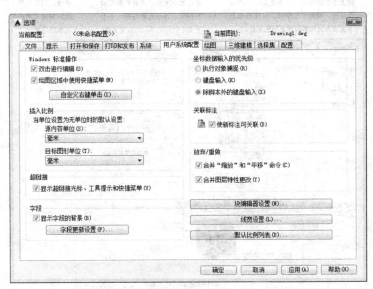

图 1-31　【选项】对话框中的【用户系统配置】选项卡

单击【Windows 标准操作】选项组中的【自定义右键单击】按钮,弹出【自定义右键单击】对话框,如图 1-32 所示。用户可以在该对话框中根据需要进行设置。

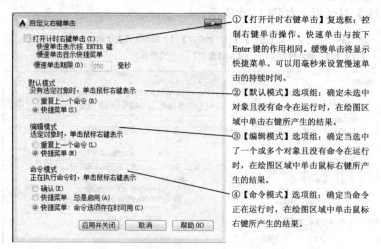

图 1-32 【自定义右键单击】对话框

1.3.2 更改图形窗口的颜色

在【选项】对话框中单击【显示】标签,切换到【显示】选项卡,单击【颜色】按钮,打开【图形窗口颜色】对话框,通过【图形窗口颜色】对话框可以方便地更改各种操作环境下各要素的显示颜色,如图 1-33 所示。

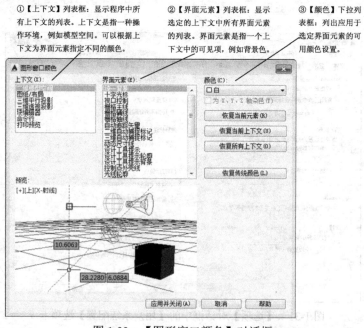

图 1-33 【图形窗口颜色】对话框

可以从【颜色】下拉列表中选择一种颜色，或选择【选择颜色】选项，打开【选择颜色】对话框，如图 1-34 所示。用户可以从【索引颜色】、【真彩色】和【配色系统】等选项卡的颜色中进行选择来定义界面元素的颜色。如果为界面元素选择了新颜色，新的设置将显示在【预览】区域中。

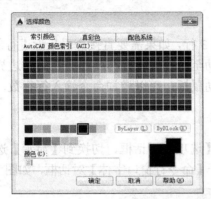 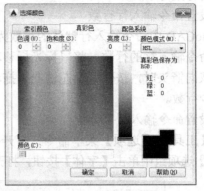

图 1-34 【选择颜色】对话框

1.3.3 设置光标大小

在设计和绘制图形的过程中，根据用户不同的操作习惯，可以更改 AutoCAD 2018 的工作界面。

根据在绘图过程中不同的需要，可以对十字光标的大小进行更改，这样在绘图过程中的定位就更加方便。在设置光标大小时，十字光标大小的取值范围一般为 1～100，"100"表示十字光标全屏幕显示，其默认尺寸为 "5"；数值越大，十字光标越长。

选择【工具】|【选项】菜单命令，打开【选项】对话框，切换到【显示】选项卡，如图 1-35 所示。

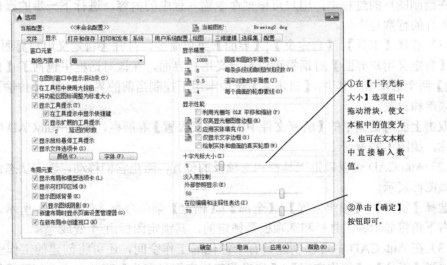

图 1-35 【选项】对话框

1.3.4 设置命令输入行的行数和字体大小

在绘制图形的过程中，用户可根据命令输入行中的内容，进行下一步的操作，设置命令输入行的行数与字体。

（1）设置命令输入行行数

在 AutoCAD 中命令输入行默认的行数为 3 行，如果需要直接查看最近进行的操作，就需要增加命令输入行的行数。将鼠标光标移动至命令输入行与绘图区之间的边界处，鼠标光标变为双向箭头时，按住鼠标左键向上拖动鼠标，可以增加命令输入行行数，向下拖动鼠标可减少行数。

（2）设置命令输入行字体

选择【工具】|【选项】菜单命令，打开【选项】对话框，切换到【显示】选项卡，在【窗口元素】选项组中单击【字体】按钮，打开【命令行窗口字体】对话框，如图 1-36 所示。

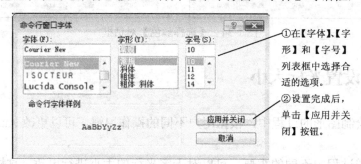

图 1-36 【命令行窗口字体】对话框

1.3.5 自定义用户界面

在绘制图形的过程中，用户可根据命令输入行中的内容，进行下一步的操作，设置命令输入行的行数与字体。

（1）选择【工具】|【自定义】|【界面】菜单命令，打开【自定义用户界面】对话框，通过【自定义用户界面】对话框可以自定义用户界面，在该对话框中包括了【自定义】和【传输】两个选项卡。其中，【自定义】选项卡用于控制当前的界面设置；【传输】选项卡可输入菜单和设置。

双击上面对话框中的【所有文件中的自定义设置】卷展栏，展开 AutoCAD 中各工具栏的名称，如图 1-37 所示。

（2）AutoCAD 可以锁定工具栏和选项板的位置，防止它们移动，锁定状态由状态栏上的挂锁图标表示。

选择【窗口】|【锁定位置】|【全部】|【锁定】菜单命令，如图 1-38 所示。在工作界面的右下角将显示各工具栏和选项板是锁定的，其锁定图标由 变成 。

（3）在 AutoCAD 中可以创建具有个性化的工作空间，还可将创建的工作空间保存起来。选择【工具】|【工作空间】|【将当前工作空间另存为】菜单命令，打开【保存工作空

间】对话框，如图 1-39 所示。

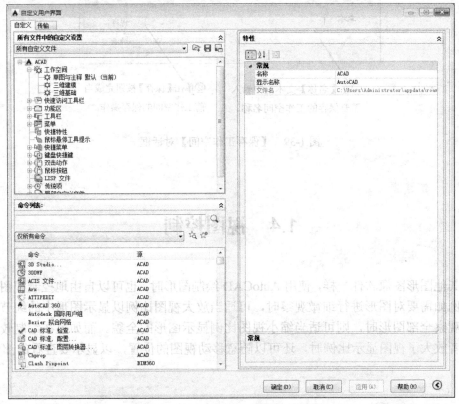

图 1-37 【自定义用户界面】对话框

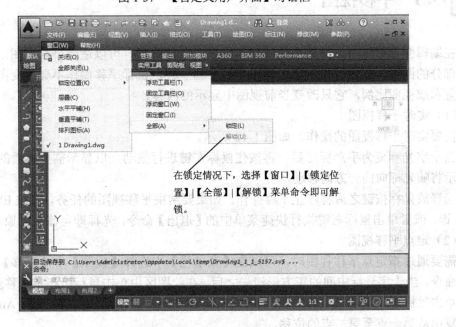

图 1-38 选择【锁定】命令

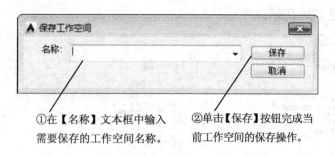

图 1-39　【保存工作空间】对话框

1.4　视图控制

与其他图形图像软件一样，使用 AutoCAD 绘制图形时，也可以自由地控制视图的显示比例，例如需要对图形进行细微观察时，可适当放大视图比例以显示图形中的细节部分；而需要观察全部图形时，则可适当缩小视图比例显示图形的全貌。而如果在绘制较大的图形，或者放大了视图显示比例时，还可以随意移动视图的位置，以显示要查看的部位。

1.4.1　平移视图

在编辑图形对象时，如果当前视口不能显示全部图形，可以适当平移视图，以显示被隐藏部分的图形。就像日常生活中使用相机平移一样，执行平移操作不会改变图形中对象的位置和或视图比例，它只改变当前视图中显示的内容。

（1）实时平移视图

需要实时平移视图的操作，如图 1-40 所示。

当十字光标变为手形标志后，再按住鼠标左键进行拖动，以显示需要查看的区域，图形显示将随光标向同一方向移动。

当释放鼠标按键之后将停止平移操作。如果要结束平移视图的任务，可按 ESC 键或按 Enter 键，或者单击鼠标右键执行快捷菜单中的【退出】命令，光标即可恢复至原来的状态。

（2）定点平移视图

需要通过指定点平移视图时，可以在【菜单栏】中选择【视图】|【平移】|【点】菜单命令，当十字光标中间的正方形消失之后，在绘图区中单击鼠标可指定平移基点位置，再次单击鼠标可指定第二点的位置，即刚才指定的变更点移动后的位置，此时 AutoCAD 将会计算出从第一点至第二点的位移。

第 1 章
AutoCAD 2018 绘图基础

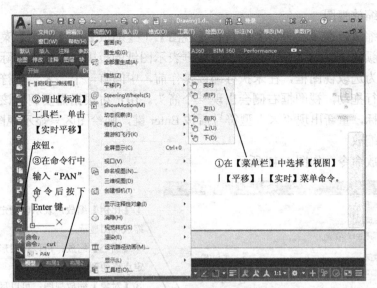

图 1-40　平移视图的操作命令

1.4.2　缩放视图

在绘图时，有时需要放大或缩小视图的显示比例。对视图进行缩放不会改变对象的绝对大小，改变的只是视图的显示比例。按一定比例、位置和方向显示的图形称为视图。

（1）实时缩放视图

实时缩放视图是指向上或向下移动鼠标对视图进行动态的缩放。在【菜单栏】中选择【视图】|【缩放】|【实时】菜单命令，或在【标准】工具栏中单击【实时缩放】按钮，或在【视图】选项卡的【导航】面板中单击【实时】按钮，当十字光标变成放大镜标志之后，按住鼠标左键垂直进行拖动，即可放大或缩小视图。

（2）上一个

当需要恢复到上一个设置的视图比例和位置时，在【菜单栏】中选择【视图】|【缩放】|【上一步】菜单命令，或在【标准】工具栏中单击【缩放上一个】按钮，或在【视图】选项卡的【导航】面板中单击【上一个】按钮，但它不能恢复到以前编辑图形的内容。

（3）窗口缩放视图

当需要查看特定区域的图形时，可采用窗口缩放的方式，在【菜单栏】中选择【视图】|【缩放】|【窗口】菜单命令，或在【标准】工具栏中单击【窗口缩放】按钮，或在【视图】选项卡的【导航】面板中单击【窗口】按钮，用鼠标在图形中圈定要查看的区域，释放鼠标后在整个绘图区就会显示要查看的内容。

当采用窗口缩放方式时，指定缩放区域的形状不需要严格符合新视图，但新视图必须符合视口的形状。

· 25 ·

(4)动态缩放视图

进行动态缩放，在【菜单栏】中选择【视图】|【缩放】|【动态】菜单命令，这时绘图区将出现颜色不同的线框，蓝色的虚线框表示图纸的范围，即图形实际占用的区域，黑色的实线框为选取视图框，在未执行缩放操作前，中间有一个"×"型符号，在其中按住鼠标左键进行拖动，视图框右侧会出现一个箭头。用户可根据需要调整该框，至合适的位置后单击鼠标，重新出现"×"型符号后按 Enter 键，则绘图区只显示视图框的内容。

(5)其他缩放

其余的缩放命令，如图1-41所示。

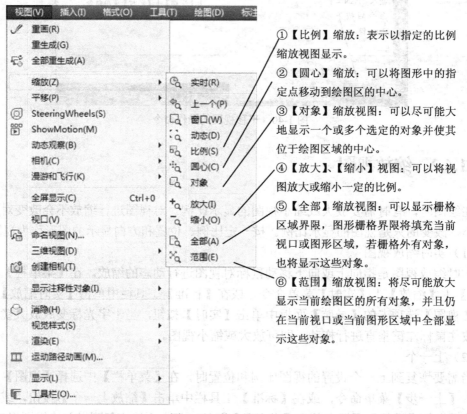

①【比例】缩放：表示以指定的比例缩放视图显示。

②【圆心】缩放：可以将图形中的指定点移动到绘图区的中心。

③【对象】缩放视图：可以尽可能大地显示一个或多个选定的对象并使其位于绘图区域的中心。

④【放大】、【缩小】视图：可以将视图放大或缩小一定的比例。

⑤【全部】缩放视图：可以显示栅格区域界限，图形栅格界限将填充当前视口或图形区域，若栅格外有对象，也将显示这些对象。

⑥【范围】缩放视图：将尽可能放大显示当前绘图区的所有对象，并且仍在当前视口或当前图形区域中全部显示这些对象。

图1-41 其余缩放命令

1.4.3 命名视图

按名称保存特定视图后，可以在布局和打印或者需要参考特定的细节时恢复它们。在每一个图形任务中，可以恢复每个视口中显示的最后一个视图，最多可恢复前10个视图。命名视图随图形一起保存并可以随时使用。在构造布局时，可以将命名视图恢复到布局的视口中。

(1)保存命名视图

命名视图的命令，如图1-42所示。

打开【视图管理器】对话框，如图 1-43 所示。

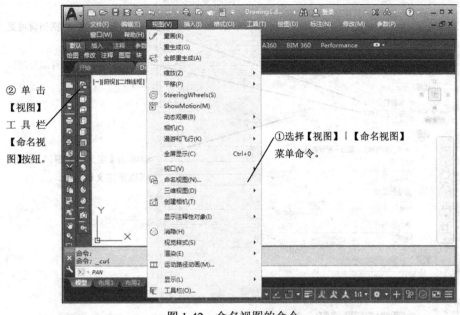

图 1-42 命名视图的命令

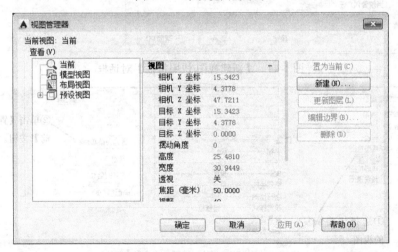

图 1-43 【视图管理器】对话框

在【视图管理器】对话框中单击【新建】按钮，打开如图 1-44 所示的【新建视图/快照特性】对话框。在该对话框中为该视图输入名称，输入视图类别。单击【确定】按钮，保存新视图并返回【视图管理器】对话框。

（2）恢复命名视图

在【菜单栏】中选择【视图】|【命名视图】菜单命令，打开保存过的【视图管理器】对话框，如图 1-45 所示。

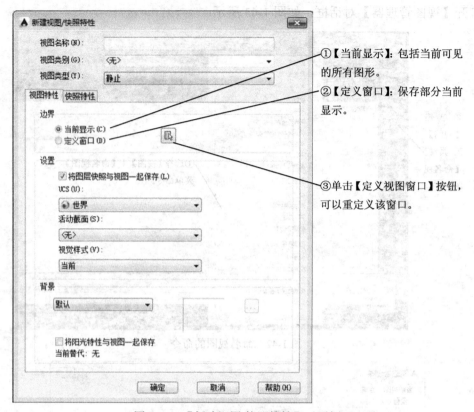

图 1-44 【新建视图/快照特性】对话框

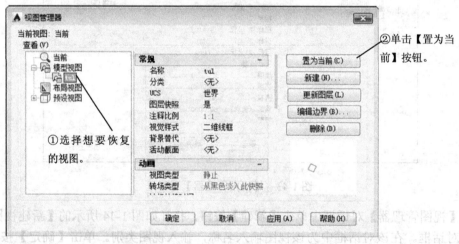

图 1-45 保存过的【视图管理器】对话框

(3) 删除命名视图

在【菜单栏】中选择【视图】|【命名视图】菜单命令,打开保存过的【视图管理器】对话框,如图 1-46 所示。

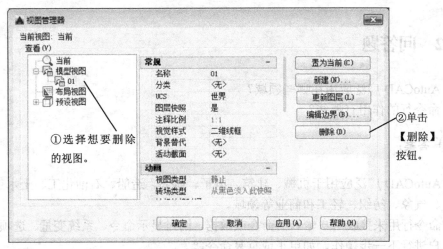

图 1-46 【视图管理器】对话框

1.5 本章小结

本章主要介绍了 AutoCAD 2018 的基本操作、AutoCAD 工作界面的组成、图形文件管理以及视图坐标系、视图控制工具等知识。通过本章案例的学习，读者应该可以熟练掌握 AutoCAD 中相关知识的使用方法。

1.6 课后练习

1.6.1 填空题

（1）常用的坐标表示方法有：＿＿＿＿＿、＿＿＿＿＿、＿＿＿＿＿和＿＿＿＿＿。

（2）在设置光标大小时，十字光标大小的取值范围一般为＿＿＿＿，"＿＿＿＿"表示十字光标全屏幕显示，其默认尺寸为"＿＿＿＿"；数值越＿＿＿＿，十字光标越长。

（3）需要对图形进行细微观察时，可适当＿＿＿＿视图比例以显示图形中的细节部分；而需要观察全部图形时，则可适当＿＿＿＿视图比例显示图形的全貌。

答案：

（1）绝对直角坐标，相对直角坐标，绝对极坐标，相对极坐标。

（2）1~100，100，5，大。

（3）放大，缩小。

1.6.2 问答题

(1) AutoCAD 广泛应用在哪些领域？
(2) 命令行的作用有哪些？

💡 答案：

(1) AutoCAD 广泛应用于机械、建筑、电子、航天、造船、石油化工、土木工程、冶金、地质、气象、纺织、轻工和商业等领域。
(2) 命令行用来接收用户输入的命令或数据，同时显示命令、系统变量、选项、信息，以引导用户进行下一步操作，如更正或重复命令等。

 ### 1.6.3 操作题

使用本章学过的命令来进行文件和绘图环境设置的基本操作。

💡 练习内容：

(1) 创建文件。
(2) 设置绘图环境。
(3) 保存文件。

第 2 章　绘制二维图形

本章导读

　　AutoCAD 中的图形是由一些基本的元素组成的，如圆、直线和多边形等，而绘制这些图形是绘制复杂图形的基础。绘制二维图形正是由这些元素绘制开始，然后组合成一些较为复杂的二维图形。

　　本章是 AutoCAD 2018 绘制图形的基础，在本章中主要讲解绘制一些基本图形与掌握一些基本的绘图技巧，为以后进一步绘图打下坚实的基础。

学习要求	知识点	学习目标			
		了解	理解	应用	实践
	绘制基本图形	√	√	√	√
	绘制多线	√	√	√	√
	绘制多边形和圆弧	√	√	√	√

2.1　绘制基本图形

　　点、直线、射线、构造线、圆是构成图形最基本的元素。在 D·希尔伯特建立的欧几里德几何的公理体系中，点、直线、平面属于基本概念，由它们之间的关联关系和五组公理来界定，下面介绍绘制这些基本图形的方法。

2.1.1 绘制点

点是一个相对的概念,点是与其他对比物相比可以忽略的形状。
绘制点的方式有以下几种,常用的如图 2-1 和图 2-2 所示。

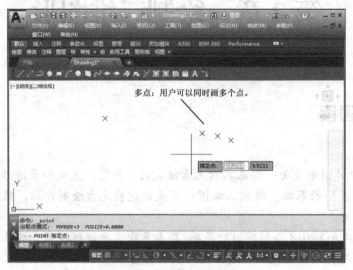

图 2-1 多点命令绘制的图形

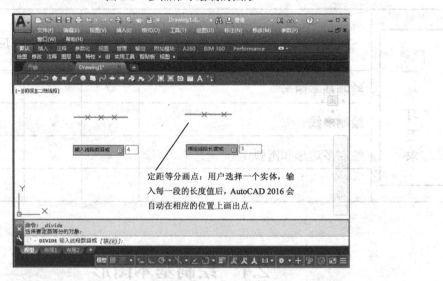

图 2-2 定距等分画点绘制的图形

2.1.2 绘制线

CAD 中的线有 3 种,分别是直线、射线和构造线。其中,直线由无数个点构成,没有端点，向两端无限延长，长度无法度量；射线是一种单向无限延伸的直线，在机械图形绘制中它常用作绘图辅助线来确定一些特殊点或边界；构造线是一种双向无限延伸的直线，在机械图形绘制中它也常用作绘图辅助线，来确定一些特殊点或边界。

（1）绘制直线的方法

绘制直线命令调用方法有以下几种，如图 2-3 所示。

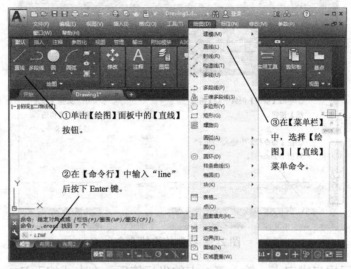

图 2-3　绘制直线命令

执行命令后，命令行将提示用户指定第一点的坐标值，输入第一点后，命令行将提示用户指定下一点的坐标值或放弃。

（2）绘制射线的方法

绘制射线命令调用方法如图 2-4 所示。

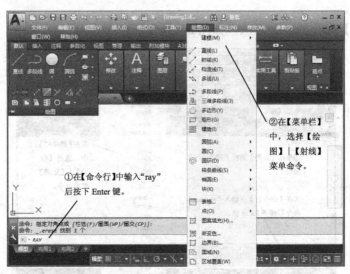

图 2-4　绘制射线命令

命令行将提示用户指定起点，输入射线的起点坐标值。在输入起点之后，命令行将提示用户指定通过点。

（3）绘制构造线的方法

绘制构造线命令调用方法有如下几种方法，如图 2-5 所示。

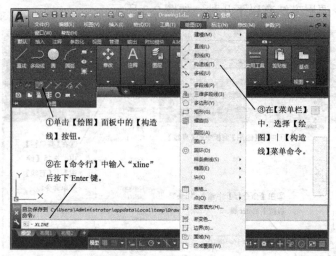

图 2-5　绘制构造线命令

命令行将提示用户指定点，输入第 1 点的坐标值后，右击或按下 Enter 键后结束。

2.1.3　绘制矩形

矩形命令的功能是绘制四边形，同时也可以绘制有倒角或者圆角的四边形，甚至可以设置厚度和宽度。

执行【矩形】命令的三种方法，如图 2-6 所示。

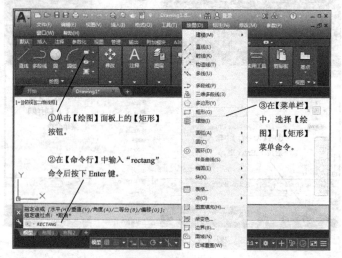

图 2-6　矩形命令

选择【矩形】命令后，在命令行中出现提示，要求用户指定第一个角点，同时可以设置是否创建其他形式的矩形，创建的矩形如图 2-7 所示。如果在选择矩形命令后，设置倒角，可以创建有倒角的矩形。

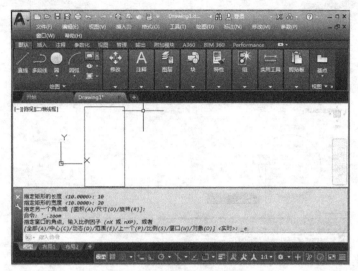

图 2-7 创建的普通矩形

2.1.4 绘制圆

当一条线段绕着它的一个端点在平面内旋转一周时，它的另一个端点的轨迹为圆。AutoCAD 调用绘制圆命令的方法如图 2-8 所示。绘制圆的方法有多种，下面分别介绍。

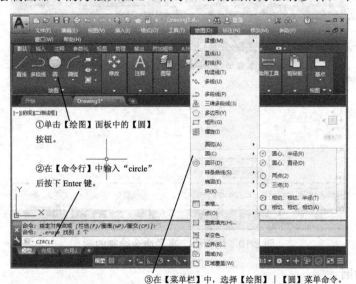

图 2-8 绘制圆命令

(1) 圆心和半径画圆

AutoCAD 默认的画圆方式，选择命令后，命令行将提示用户指定圆的圆心，指定圆的圆心后，指定圆的半径或直径，绘制的图形如图 2-9 所示。

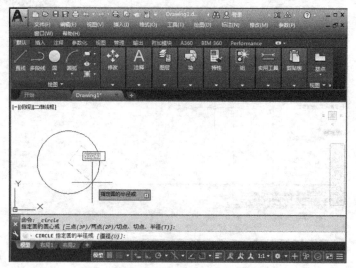

图 2-9 用圆心、半径命令绘制的圆

(2) 圆心、直径画圆

选择命令后，命令行将提示用户指定圆的圆心，指定圆的圆心后，将提示用户指定圆的半径或直径，绘制的图形如图 2-10 所示。

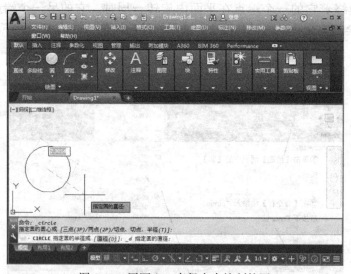

图 2-10 用圆心、直径命令绘制的圆

(3) 两点画圆

选择命令后，命令行将提示用户指定圆的圆心或指定圆直径的第一个端点，之后输入第一个端点的数值后，提示用户指定圆直径的第二个端点，绘制的图形如图 2-11 所示。

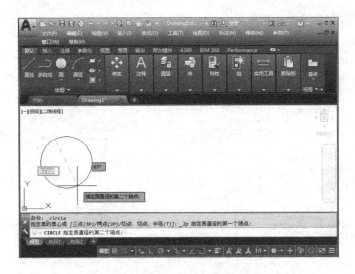

图 2-11 用两点命令绘制的圆

（4）三点画圆

选择命令后，命令行将提示用户指定圆的圆心或指定圆上的第一个点，指定圆上的第一个点后，提示用户指定圆上的第二个点，指定圆上的第二个点后，提示用户指定圆上的第三个点，绘制的图形如图 2-12 所示。

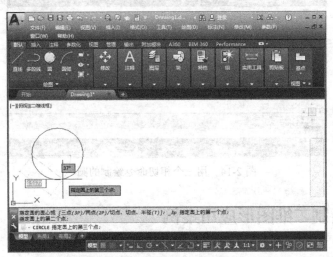

图 2-12 用三点命令绘制的圆

（5）两个相切、半径

选择命令后，命令行将提示用户指定圆的圆心或半径，指定两个切点后，提示用户指定圆的半径，绘制的图形如图 2-13 所示。

（6）三个相切

选择命令后，选取与之相切的实体，指定圆上的第一个点到第三个点，绘制的图形如图 2-14 所示。

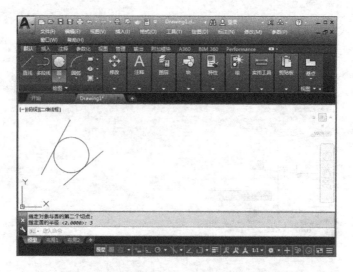

图 2-13　用两个相切、半径命令绘制的圆

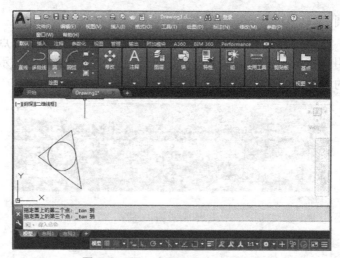

图 2-14　用三个相切命令绘制的圆

2.1.5　绘制二维图形应用案例

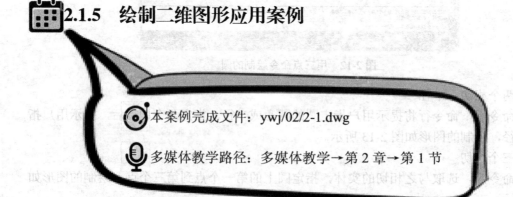

本案例完成文件：ywj/02/2-1.dwg

多媒体教学路径：多媒体教学→第 2 章→第 1 节

2.1.5.1 案例分析
本案例是熟悉使用二维绘制命令绘制基本的二维图形，包括绘制线、矩形和点等操作。

2.1.5.2 案例操作

Step1 绘制构造线

① 单击【构造线】按钮。

② 两次单击，绘制水平构造线，如图 2-15 所示。

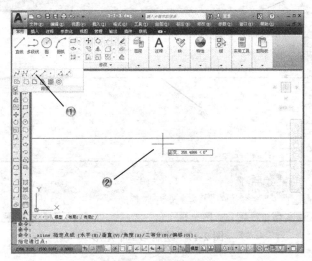

图 2-15　绘制构造线

Step2 绘制矩形

① 单击【直线】按钮。

② 依次绘制直线，绘制出一个矩形，如图 2-16 所示。

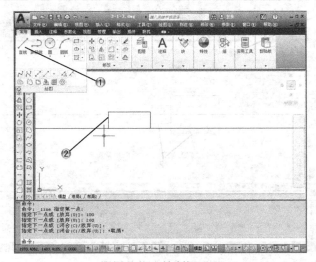

图 2-16　绘制矩形

Step3 绘制第二个矩形

① 单击【直线】按钮。

② 依次绘制直线,绘制出第二个矩形,如图 2-17 所示。

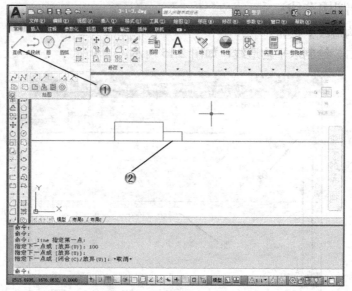

图 2-17 绘制第二个矩形

Step4 绘制其他矩形

① 单击【直线】按钮。

② 依次绘制出其他矩形,如图 2-18 所示。

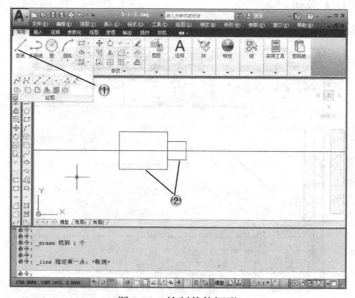

图 2-18 绘制其他矩形

Step5 绘制矩形上的点

①单击【多点】按钮。

②单击确定点的位置,绘制矩形上的点,如图 2-19 所示。

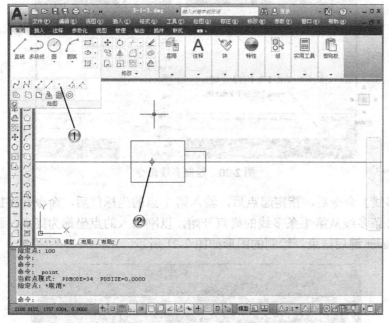

图 2-19 绘制矩形上的点

2.2 绘制多线

多线是工程中常用的一种对象,多线对象由 1 至 16 条平行线组成,这些平行线称为元素。绘制多线时,可以使用包含两个元素的 STANDARD 样式,也可以指定一个以前创建的样式。开始绘制之前,可以修改多线的对正和比例。要修改多线及其元素,可以使用通用编辑命令、多线编辑命令和多线样式。

绘制多线的命令可以同时绘制若干条平行线,大大减轻了用直线命令绘制平行线的工作量。在机械图形绘制中,这条命令常用于绘制厚度均匀零件的剖切面轮廓线或它在某视图上的轮廓线。

2.2.1 绘制多线

绘制多线命令调用方法,如图 2-20 所示。

图 2-20　绘制多线命令

选择【多线】命令后，指定起点后，输入第 1 点的坐标值后，命令行将提示用户指定下一点，第 2 条多线从第 1 条多线的终点开始，以刚输入的点坐标为终点，画完后用鼠标右击或按下 Enter 键后结束，绘制的图形如图 2-21 所示。

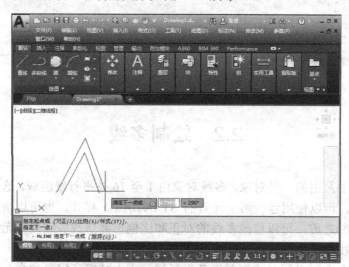

图 2-21　用 mline 命令绘制的多线

2.2.2　编辑多线

用户可以通过编辑来增加、删除顶点或者控制角点连接的显示等，还可以编辑多线的样式来改变各个直线元素的属性等。

（1）增加或删除多线的顶点

用户可以在多线的任何一处增加或删除顶点。增加或删除顶点的步骤如图 2-22 和图 2-23 所示。

第 2 章 绘制二维图形

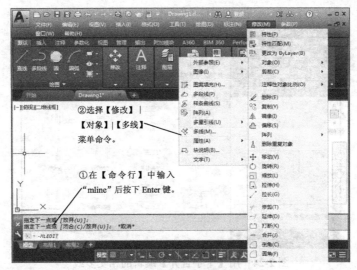

图 2-22 选择多线命令

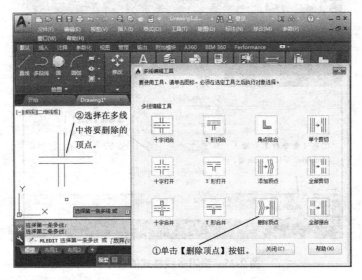

图 2-23 选择多线样式

（2）编辑相交的多线

如果在图形中有相交的多线，用户能够通过编辑线脚的多线来控制它们相交的方式。多线可以相交成十字形或 T 字形，并且十字形或 T 字形可以被闭合、打开或合并。编辑相交的多线如图 2-24 所示。

（3）编辑多线的样式

多线样式用于控制多线中直线元素的数目、颜色、线型、线宽以及每个元素的偏移量。还可以修改合并的显示、端点封口和背景填充。

编辑多线样式的命令，如图 2-25 所示。

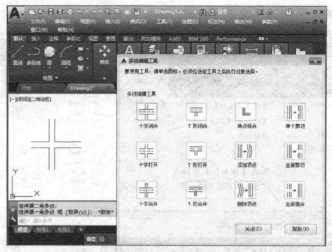

图 2-24 用【十字合并】编辑的相交多线

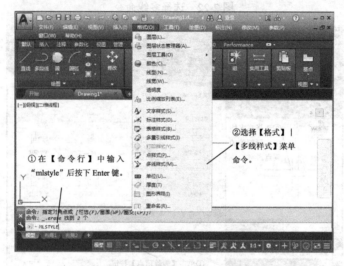

图 2-25 编辑多线样式的命令

执行此命令后打开【多线样式】对话框。在此对话框中，可以对多线进行编辑，如新建、修改、重命名、删除、加载、保存多线样式。

2.2.3 绘制多线应用案例

本案例完成文件：ywj/02/2-2.dwg

多媒体教学路径：多媒体教学→第 2 章→第 2 节

2.2.3.1 案例分析

本案例是使用多线命令进行多线绘制和编辑操作,包括样式设置、绘制多线和编辑多线等操作。

2.2.3.2 案例操作

Step1 创建多线样式

① 选择【格式】|【多线样式】菜单命令,打开【多线样式】对话框,如图 2-26 所示。

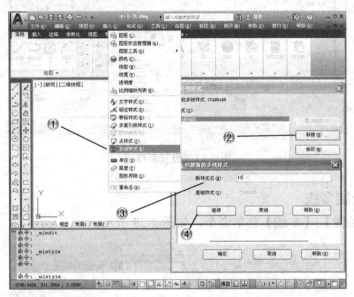

图 2-26 创建多线样式

② 单击【新建】按钮,打开【创建新的多线样式】对话框。
③ 在【新样式名】文本框中设置样式名。
④ 单击【继续】按钮,创建多线样式。

Step2 设置新样式

① 在打开的【新建多线样式】对话框的【说明】文本框中输入说明内容,如图 2-27 所示。
② 设置【封口】选项组中的参数。
③ 单击【确定】按钮,返回【多线样式】对话框。
④ 单击【置为当前】按钮,设置新样式。

提示

不能将外部参照中的多线样式设置为当前样式。

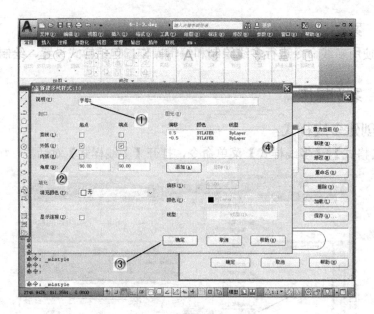

图 2-27 设置新样式

Step3 绘制多线

①选择【绘图】|【多线】菜单命令,如图 2-28 所示。

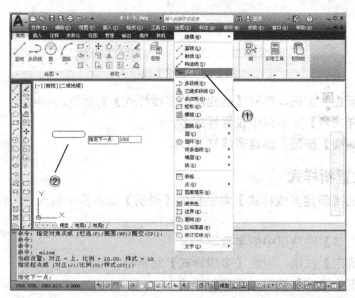

图 2-28 绘制多线

②绘制多线。

Step4 绘制两段多线

①绘制中段多线。

②绘制下段多线,如图 2-29 所示。

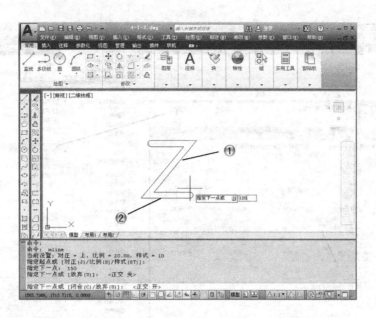

图 2-29 绘制两段多线

Step5 绘制相交多线

① 选择【绘图】|【多线】菜单命令，如图 2-30 所示。

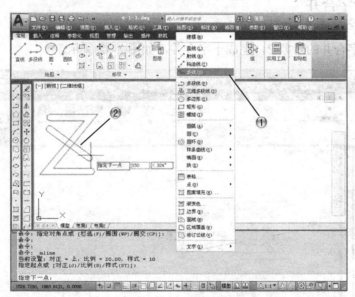

图 2-30 绘制相交多线

② 绘制相交多线。

Step6 编辑多线

① 选择【修改】|【对象】|【多线】菜单命令，如图 2-31 所示。
② 单击【十字合并】按钮。

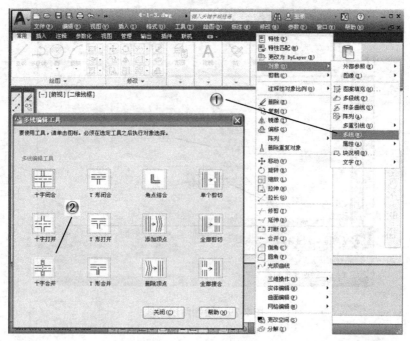

图 2-31　编辑多线

Step7 十字合并

① 选择十字合并的对象 1。

② 选择十字合并的对象 2，完成十字合并，如图 2-32 所示。

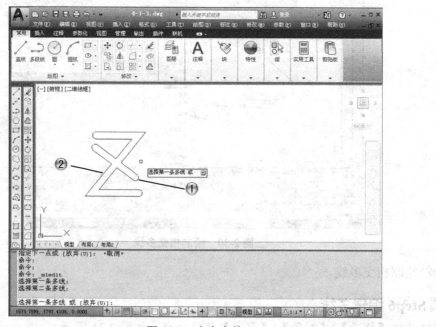

图 2-32　十字合并

2.3 绘制多边形和圆弧

由三条或三条以上的线段首尾顺次连接所组成的封闭图形为多边形。按照不同的标准，多边形可以分为正多边形和非正多边形、凸多边形及凹多边形等。

圆上任意两点间的部分为圆弧，简称弧。以 A、B 为端点的圆弧为弧 AB 或圆弧 AB。大于半圆的弧为优弧，小于半圆的弧为劣弧。圆弧的度数是指这段圆弧所对圆心角的度数。

2.3.1 绘制多边形

多边形命令可以创建边长相等的多边形。执行【多边形】命令的三种方法，如图 2-33 所示。

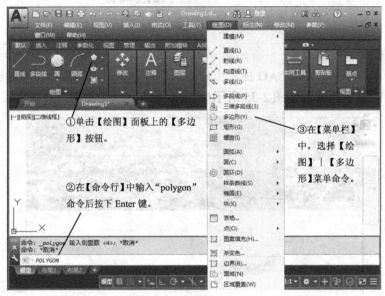

图 2-33 【多边形】命令

选择【多边形】命令后，在命令行中出现提示，要求用户选择多边形中心点，随后设置内接或外切圆半径，创建出多边形。

2.3.2 绘制圆弧

绘制圆弧的命令有很多种，绘制圆弧的命令调用方法如图 2-34 所示。本节介绍的创建方法有：三点画弧；起点、圆心、端点；起点、圆心、角度；起点、圆心、长度；起点、端点、角度；起点、端点、方向；起点、端点、半径；圆心、起点、端点；圆心、起点、角度；圆心、起点、长度。

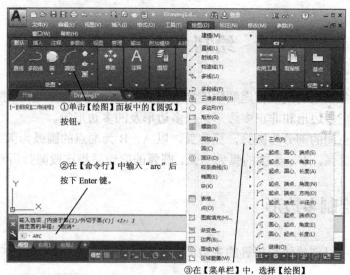

图 2-34 绘制圆弧命令

(1) 三点画弧

执行该绘图命令后,AutoCAD 提示用户输入起点、第二点和端点,顺时针或逆时针绘制圆弧,绘图区显示的图形如图 2-35 所示。

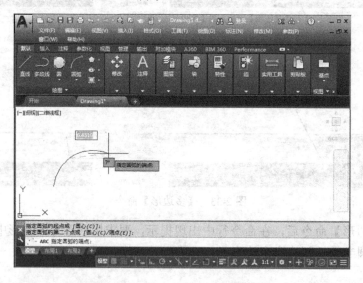

图 2-35 用三点画弧命令绘制的圆弧

(2) 起点、圆心、端点

执行该绘图命令后,AutoCAD 提示用户输入起点、圆心、端点。在给出圆弧的起点和圆心后,弧的半径就确定了,端点只是决定弧长,因此,圆弧不一定通过终点。用此命令绘制的圆弧如图 2-36 所示。

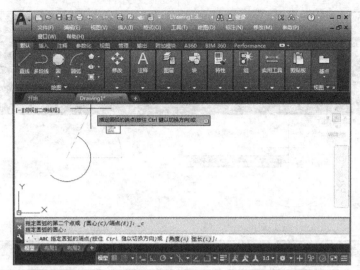

图 2-36　用起点、圆心、端点命令绘制的圆弧

（3）起点、圆心、角度

执行该绘图命令后，AutoCAD 提示用户输入起点、圆心、角度（此处的角度为包含角，即为圆弧的中心到两个端点的两条射线之间的夹角，如夹角为正值，按顺时针方向画弧；如为负值，则按逆时针方向画弧），用此命令绘制的圆弧如图 2-37 所示。

图 2-37　用起点、圆心、角度命令绘制的圆弧

（4）起点、圆心、长度

执行该绘图命令后，AutoCAD 提示用户输入起点、圆心、弦长。当逆时针画弧时，如果弦长为正值，则绘制的是与给定弦长相对应的最小圆弧；如果弦长为负值，则绘制的是与给定弦长相对应的最大圆弧；顺时针画弧则正好相反。用此命令绘制的图形如图 2-38 所示。

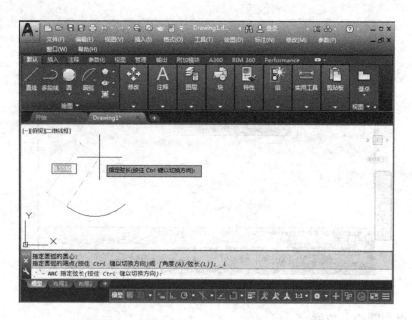

图 2-38 用起点、圆心、长度命令绘制的圆弧

（5）起点、端点、角度

执行该绘图命令后，AutoCAD 提示用户输入起点、端点、角度（此角度也是包含角）。当角度为正值时，按逆时针画弧，否则按顺时针画弧。用此命令绘制的图形如图 2-39 所示。

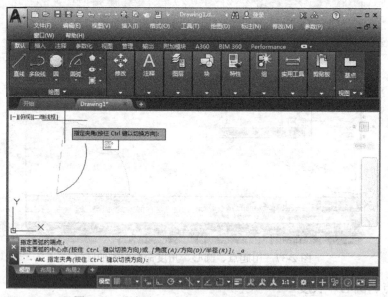

图 2-39 用起点、端点、角度命令绘制的圆弧

（6）起点、端点、方向

执行该绘图命令后，AutoCAD 提示用户输入起点、端点、方向（所谓方向，指的是圆弧的起点切线方向，以度数来表示）。用此命令绘制的图形如图 2-40 所示。

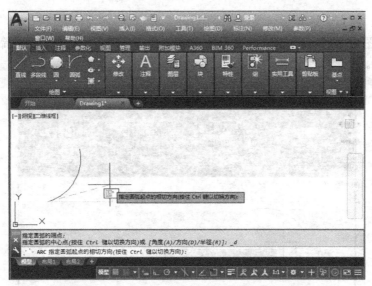

图 2-40　用起点、端点、方向命令绘制的圆弧

> **提示**
>
> 在此情况下，用户只能沿逆时针方向画弧，如果半径是正值，则绘制的是起点与终点之间的短弧，否则为长弧。

（7）起点、端点、半径

执行该绘图命令后，AutoCAD 提示用户输入起点、端点、半径。用此命令绘制的图形如图 2-41 所示。

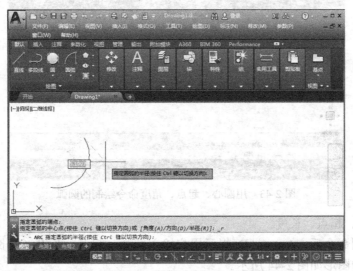

图 2-41　用起点、端点、半径命令绘制的圆弧

(8) 圆心、起点、端点

执行该绘图命令后，AutoCAD 提示用户输入圆心、起点、端点。用此命令绘制的图形如图 2-42 所示。

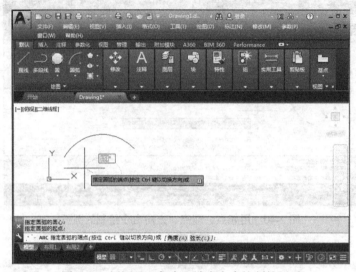

图 2-42　用圆心、起点、端点命令绘制的圆弧

(9) 圆心、起点、角度

执行该绘图命令后，AutoCAD 提示用户输入圆心、起点、角度。用此命令绘制的图形如图 2-43 所示。

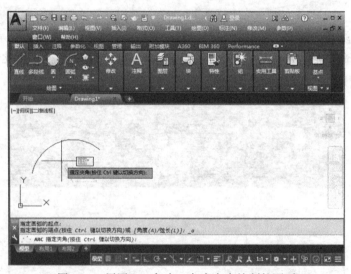

图 2-43　用圆心、起点、角度命令绘制的圆弧

(10) 圆心、起点、长度

执行该绘图命令后，AutoCAD 提示用户输入圆心、起点、长度（此长度也为弦长）。用此命令绘制的图形如图 2-44 所示。

图 2-44 用圆心、起点、长度命令绘制的圆弧

2.3.3 绘制多边形应用案例

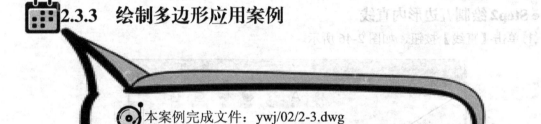

本案例完成文件：ywj/02/2-3.dwg

多媒体教学路径：多媒体教学→第 2 章→第 3 节

2.3.3.1 案例分析

本案例是使用多边形命令绘制五角星的操作，包括绘制多边形和直线，并进行编辑等操作。

2.3.3.2 案例操作

Step1 绘制正五边形

① 单击【多边形】按钮，如图 2-45 所示。
② 单击确定多边形中心。
③ 确定五边形方向，绘制五边形。

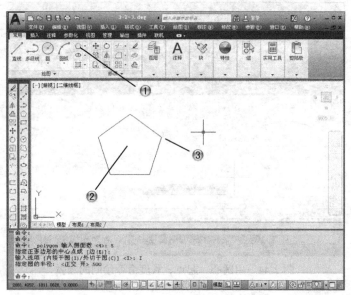

图 2-45 绘制正五边形

> **Step2 绘制五边形内直线**

① 单击【直线】按钮,如图 2-46 所示。

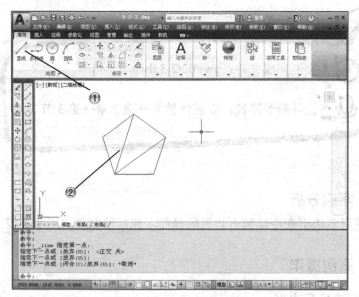

图 2-46 绘制五边形内直线

② 在五边形内部依次绘制直线。

> **Step3 绘制其他直线**

① 单击【直线】按钮,如图 2-47 所示。
② 在五边形内部依次绘制其他直线。

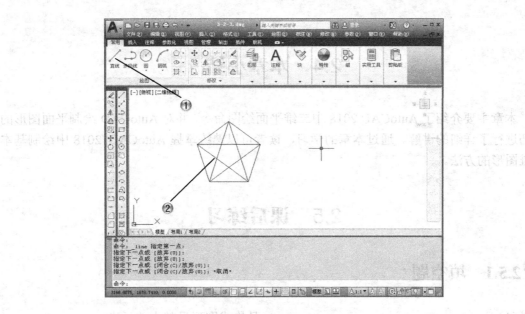

图 2-47 绘制其他直线

Step4 删除五边形

① 选择五边形，如图 2-48 所示。

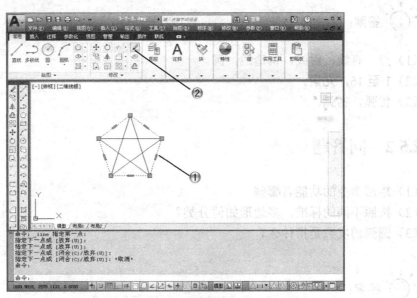

图 2-48 删除五边形

② 单击【删除】按钮，删除五边形，完成五角星的绘制。

2.4 本章小结

本章主要介绍了 AutoCAD 2018 中二维平面绘图命令，并对 AutoCAD 绘制平面图形的技巧进行了详细的讲解。通过本章的学习，读者可以熟练掌握 AutoCAD 2018 中绘制基本二维图形的方法。

2.5 课后练习

2.5.1 填空题

（1）____、____、____、____、____是构成图形最基本的元素。
（2）多线是工程中常用的一种对象，多线对象由____条平行线组成，这些平行线称为____。
（3）大于半圆的弧叫____，小于半圆的弧叫____。

答案：

（1）点，直线，射线，构造线，圆。
（2）1 至 16，元素。
（3）优弧，劣弧。

2.5.2 问答题

（1）矩形命令的功能有哪些？
（2）按照不同的标准，多边形如何分类？
（3）圆弧的度数是指什么？

答案：

（1）矩形命令的功能是绘制四边形，同时也可以绘制有倒角或者圆角的四边形，甚至可以设置厚度和宽度。
（2）按照不同的标准，多边形可以分为正多边形和非正多边形、凸多边形及凹多边形等。
（3）圆弧的度数是指这段圆弧所对圆心角的度数。

2.5.3 操作题

如图 2-49 所示，使用本章学过的命令创建支撑板草图。

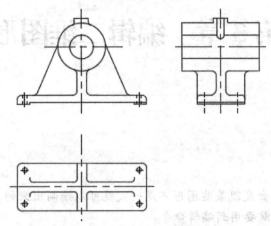

图 2-49 支撑板草图

 练习内容：

（1）绘制主视图。
（2）绘制对应直线。
（3）绘制侧视图。
（4）绘制俯视图。

第 3 章　编辑二维图形

本章导读

在绘图的过程中，会发现某些图形不是一次就可以绘制出来的，并且不可避免地会出现一些错误操作，这时就要用到编辑命令。

本章主要介绍 AutoCAD 中的一些基本编辑命令，如镜像、偏移、阵列、移动、旋转、缩放、拉伸等。另外，本章还介绍图案填充的方法。

学习要求	知识点 \ 学习目标	了解	理解	应用	实践
	二维图形基本编辑	√	√	√	√
	二维图形扩展编辑	√	√	√	√
	图案填充	√	√	√	

3.1　基本编辑

在 AutoCAD 中，绘制的图形如果要进行编辑，必不可少的步骤是使用倒角、修剪、旋转、缩放等命令对图形进行修改，设计的同时要保证零件的尺寸符号要求。

3.1.1　倒角

倒角命令可以按照要求的角度和距离对两条线进行连接。执行【倒角】命令的三种方法，如图 3-1 所示。

图 3-1 执行【倒角】命令

选择【倒角】命令后,在命令行中出现如下提示,要求用户选择倒角直线,这时可选取倒角形式,完成后绘图区如图 3-2 所示。

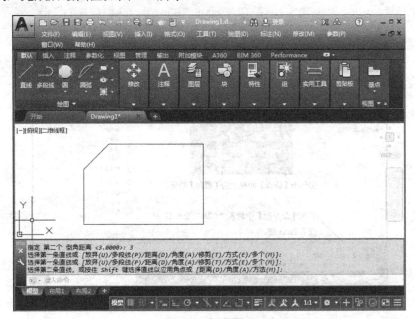

图 3-2 倒角图形

使用距离倒角的图形和命令,如图 3-3 所示。

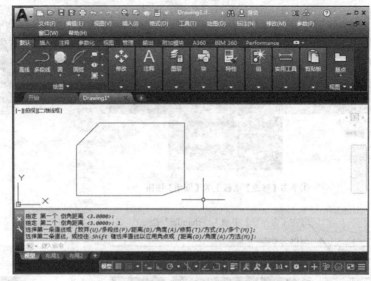

图 3-3 距离倒角

3.1.2 圆角

圆角命令可以以一定半径的圆弧连接直线。执行【圆角】命令的三种方法,如图 3-4 所示。

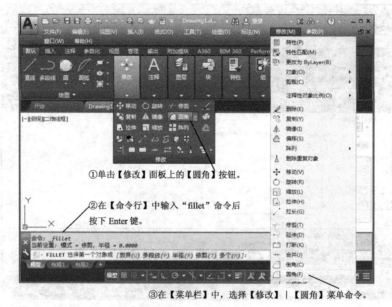

图 3-4 执行【圆角】命令

选择【圆角】命令后,在命令行中出现如下提示,要求用户选择圆角对象,这时可选取圆角形式,完成后绘图区如图 3-5 所示。

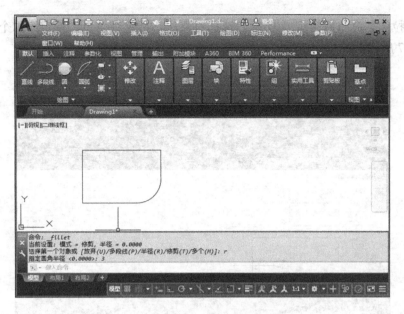

图 3-5 圆角图形

3.1.3 拉伸

拉伸是指将图形按照一定方向进行伸长的方法。执行【拉伸】命令的 3 种方法，如图 3-6 所示。

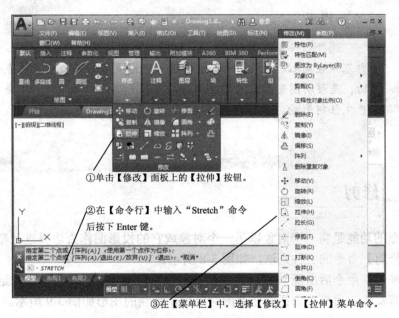

图 3-6 执行【拉伸】命令

选择【拉伸】命令后出现 口 图标，选择对象后，指定对角点，指定第二个点后绘制的图形如图 3-7 所示。

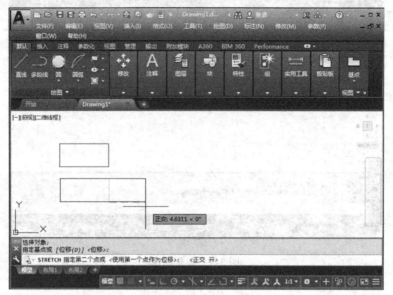

图 3-7　用拉伸命令绘制的图形

提示

选择拉伸命令时，圆、点、块以及文字是特例，不能拉伸。当基点在圆心、点的中心、块的插入点或文字行的最左边的点时，是移动图形对象而不会拉伸。当基点在此中心之外，不会产生任何影响。

3.1.4　修剪

修剪命令的功能是将一个对象以另一个对象或它的投影面作为边界进行精确的修剪编辑。执行【修剪】命令的三种方法，如图 3-8 所示。

选择【修剪】命令后出现 口 图标，在命令行中出现如下提示，要求用户选择实体，这时可选取修剪实体的边界。选择要修剪的对象后，绘制的图形如图 3-9 所示。

第3章 编辑二维图形

图 3-8 执行【修剪】命令

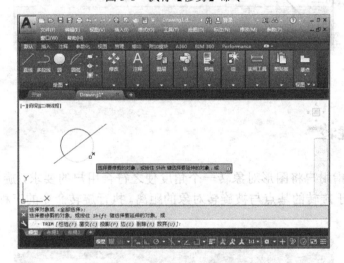

图 3-9 用修剪命令绘制的图形

> ☆ 提示
>
> 在修剪命令中，AutoCAD 会一直认为用户要修剪实体，直至按下空格键或 Enter 键为止。

3.1.5 移动

移动图形对象是指将某一图形沿着基点移动一段距离，使对象到达合适的位置。执行移动命令的三种方法，如图 3-10 所示。

选择【移动】命令后出现 口 图标，移动鼠标到要移动图形对象的位置。单击选择需要移动的图形对象，然后右击。AutoCAD 提示用户选择基点，选择基点后移动鼠标至相应的位置。

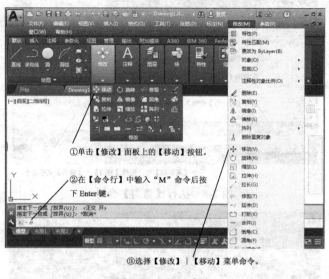

图 3-10　移动命令

3.1.6　旋转

旋转对象是指用户将图形对象转一个角度使之符合用户的要求，旋转后的对象与原对象的距离取决于旋转的基点与被旋转对象的距离。执行旋转命令的三种方法，如图 3-11 所示。

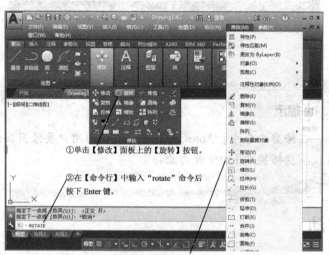

图 3-11　执行旋转命令

执行此命令后出现 口 图标，移动鼠标到要旋转的图形对象的位置，单击选择完需要移动的图形对象后右击，AutoCAD 提示用户选择基点，选择基点后移动鼠标至相应的位置，最终绘制的图形如图 3-12 所示。

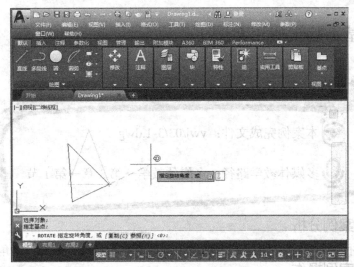

图 3-12　用旋转命令绘制的图形

3.1.7　缩放

缩放命令可以将实际的图形对象放大或缩小。执行缩放命令的三种方法，如图 3-13 所示。

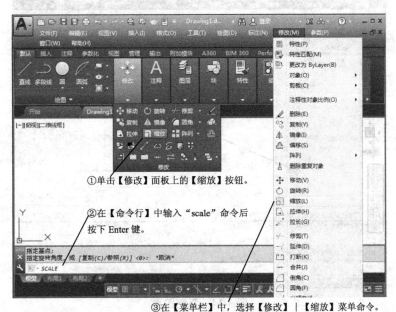

图 3-13　执行缩放命令

执行此命令后出现 图标，AutoCAD 提示用户选择需要缩放的图形对象后移动鼠标到要缩放的图形对象位置。单击选择需要缩放的图形对象后右击，AutoCAD 提示用户选择基点。选择基点后在命令行中输入缩放比例系数后按下 Enter 键，缩放完毕。

3.1.8 基本编辑应用案例

本案例完成文件：ywj/03/3-1.dwg

多媒体教学路径：多媒体教学→第 3 章→第 1 节

3.1.8.1 案例分析

本案例是进行二维图形编辑的基本操作，包括复制、拉伸、修剪、倒角和圆角等操作。

3.1.8.2 案例操作

Step1 复制图形

① 单击【复制】按钮，如图 3-14 所示。

② 选择对象，单击，进行复制。

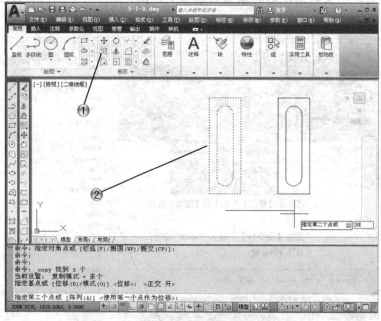

图 3-14 复制图形

第 3 章
编辑二维图形

Step2 拉伸图形

① 单击【拉伸】按钮,如图 3-15 所示。
② 选择线框部分,进行拉伸。

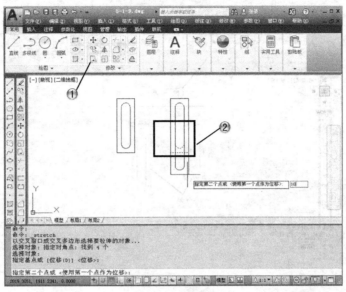

图 3-15　拉伸图形

Step3 绘制直线

① 单击【直线】按钮,如图 3-16 所示。
② 两次单击,绘制直线。

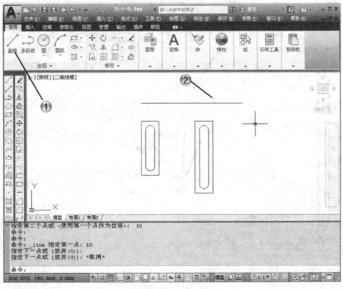

图 3-16　绘制直线

Step4 分解矩形

①单击【分解】按钮,如图 3-17 所示。
②选择矩形对象,进行分解。

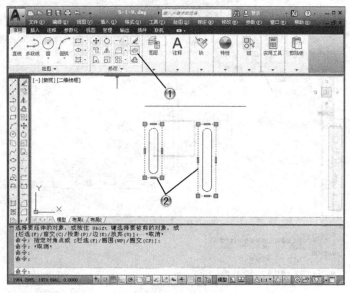

图 3-17 分解矩形

Step5 延伸直线

①单击【延伸】按钮,如图 3-18 所示。
②选择对象,进行延伸。

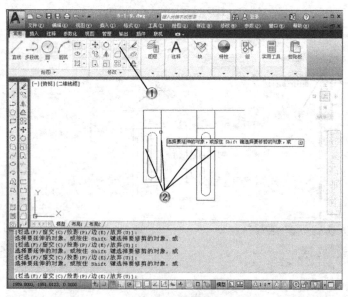

图 3-18 延伸直线

Step6 删除直线

① 单击【删除】按钮，如图 3-19 所示。
② 选择对象，进行删除。

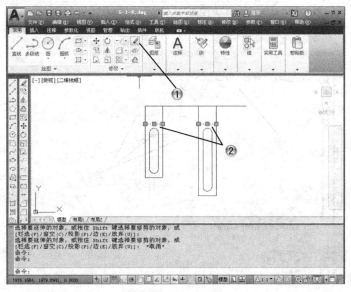

图 3-19 删除直线

Step7 绘制直线

① 单击【直线】按钮，如图 3-20 所示。
② 绘制直线。

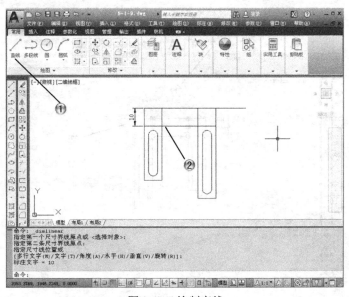

图 3-20 绘制直线

Step8 打断直线

①单击【打断于点】按钮,如图 3-21 所示。
②依次打断直线。

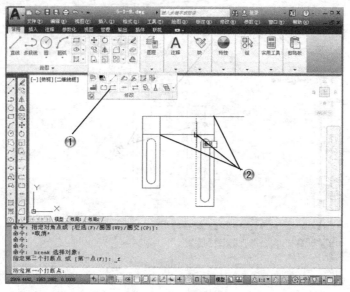

图 3-21　打断直线

Step9 删除直线

①单击【删除】按钮,如图 3-22 所示。
②删除所选直线。

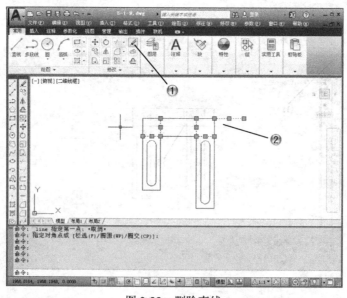

图 3-22　删除直线

Step10 倒圆角

① 单击【倒圆角】按钮，如图 3-23 所示。
② 依次倒圆角，半径为 5。

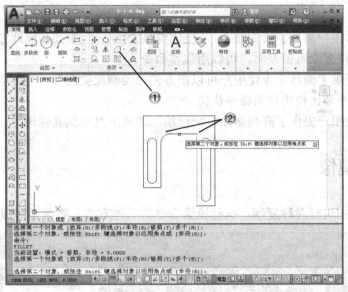

图 3-23 倒圆角

Step11 倒角

① 单击【圆角】按钮，如图 3-24 所示。
② 依次进行倒角。

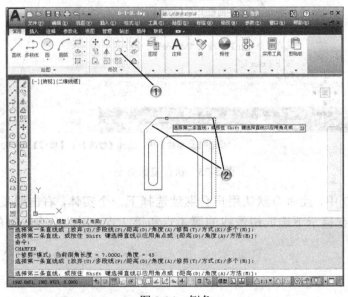

图 3-24 倒角

3.2 扩展编辑

AutoCAD 为用户提供了镜像命令，把已绘制好的图形复制到其他地方。当两个图形严格相似，只是在位置上有偏差时，可以用偏移命令。

AutoCAD 提供了偏移命令使用户可以很方便地绘制此类图形，特别是要绘制许多相似的图形时，此命令要比使用拷贝命令快捷。

AutoCAD 为用户提供了阵列命令，把已绘制的图形复制到其他地方。

3.2.1 镜像

镜像是对草图进行对称复制，执行镜像命令的三种方法，如图 3-25 所示。

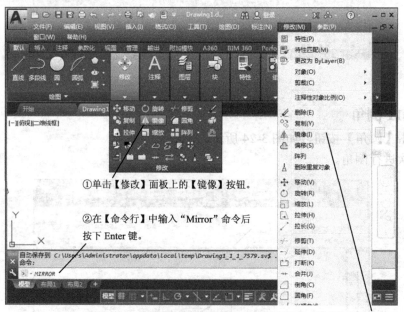

①单击【修改】面板上的【镜像】按钮。

②在【命令行】中输入"Mirror"命令后按下 Enter 键。

③在【菜单栏】中，选择【修改】|【镜像】菜单命令。

图 3-25 执行镜像命令

在 AutoCAD 中，此命令默认用户会继续选择下一个实体，右击或按下 Enter 键即可结束选择。然后在提示下选取镜像线的第 1 点和第 2 点。用此命令绘制的图形如图 3-26 所示。

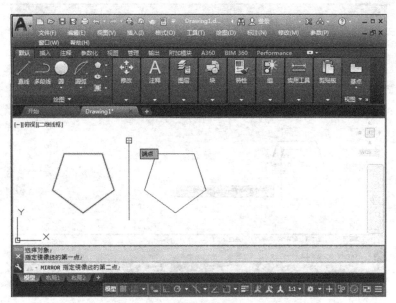

图 3-26 用镜像命令绘制的图形

3.2.2 偏移

偏移是按照一定距离进行的线条复制,执行偏移命令的三种方法,如图 3-27 所示。

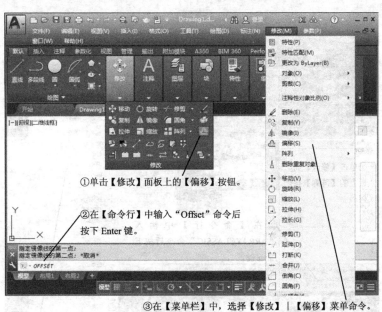

图 3-27 执行偏移命令

选择命令后,指定偏移距离,选择要偏移的对象,指定要偏移的那一侧上的点后绘制的图形如图 3-28 所示。

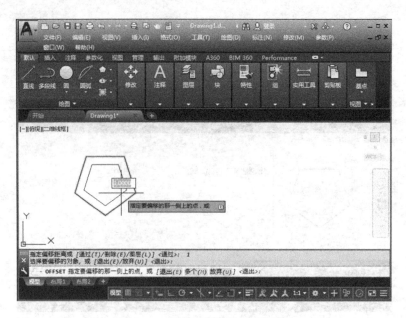

图 3-28 用偏移命令绘制的图形

3.2.3 阵列

阵列命令是指按一定规律，对同一个图形的多次复制。执行阵列命令的三种方法，如图 3-29 所示。

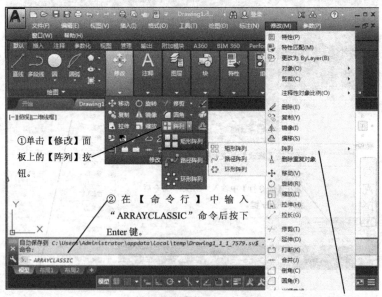

图 3-29 执行阵列命令

AutoCAD 会自动打开【阵列创建】选项卡。用【矩形】命令绘制的图形如图 3-30 所示。

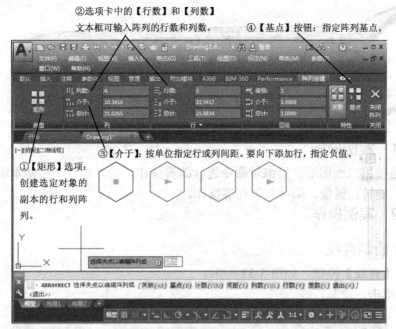

图 3-30 矩形阵列的图形

当选择【环形阵列】按钮后，设置【项目数】和其他参数，创建的环形阵列图形如图 3-31 所示。

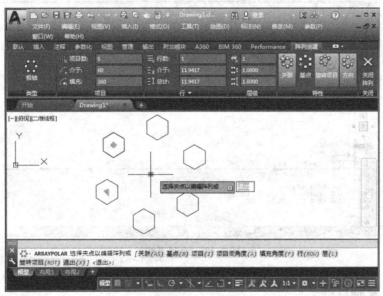

图 3-31 环形阵列的图形

3.2.4 扩展编辑应用案例

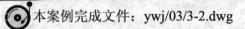

本案例完成文件：ywj/03/3-2.dwg

多媒体教学路径：多媒体教学→第 3 章→第 2 节

3.2.4.1 案例分析

本案例是使用二维图形扩展编辑命令进行编辑操作，同时还有一些基本编辑操作，主要包括移动、旋转、镜像、偏移和阵列等操作。

3.2.4.2 案例操作

Step1 绘制直线

① 单击【直线】按钮，如图 3-32 所示。
② 两次单击，绘制直线。

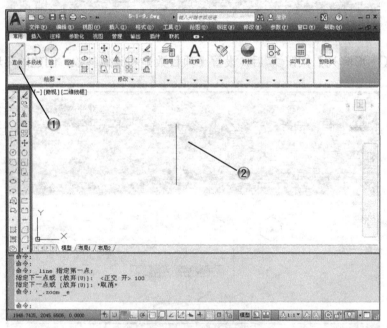

图 3-32　绘制直线

Step2 复制直线

① 单击【复制】按钮，如图 3-33 所示。
② 选择直线，单击，进行复制。

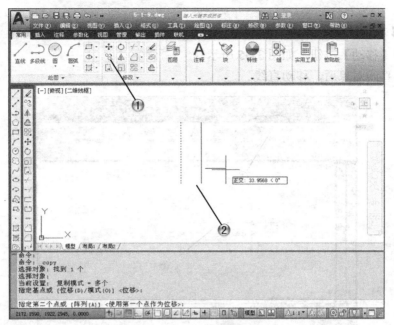

图 3-33 复制直线

Step3 旋转直线

① 单击【旋转】按钮，如图 3-34 所示。
② 选择直线对象后，旋转 90 度。

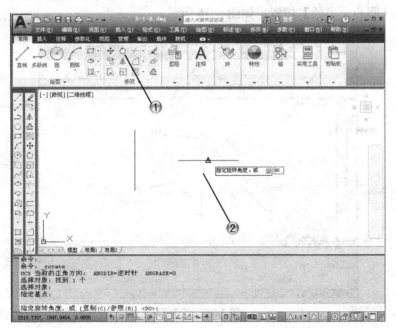

图 3-34 旋转直线

Step4 移动直线

① 单击【移动】按钮,如图 3-35 所示。
② 选择直线对象后,移动直线。

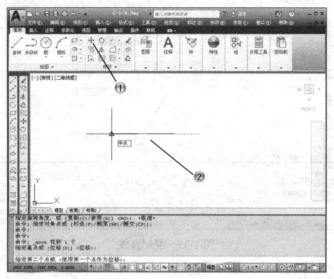

图 3-35　移动直线

Step5 绘制圆形

① 单击【圆心,半径】按钮,如图 3-36 所示。

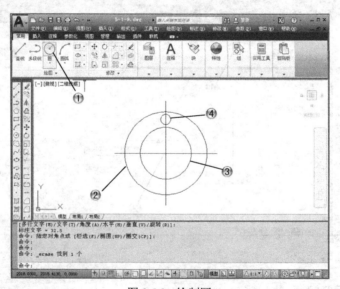

图 3-36　绘制圆

② 绘制直径为 40 的圆。
③ 绘制直径为 25 的圆。

④ 绘制直径为 5 的圆，圆心距为 32.5。

Step6 偏移圆形

① 单击【偏移】按钮，如图 3-37 所示。
② 偏移圆，距离为 1。

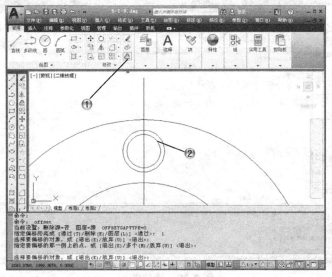

图 3-37　偏移圆形

Step7 阵列圆形

① 单击【环形阵列】按钮，如图 3-38 所示。
② 阵列 12 个圆。

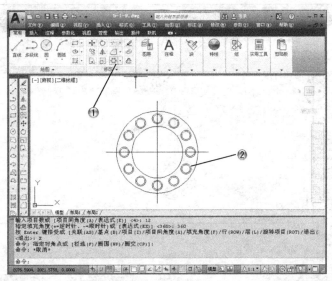

图 3-38　环形阵列

Step8 镜像图形

① 单击【镜像】按钮,如图 3-39 所示。
② 选择对象,进行镜像。

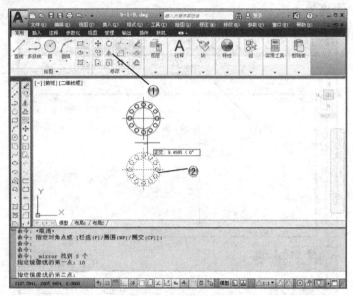

图 3-39 镜像图形

Step9 删除图形

① 单击【删除】按钮,如图 3-40 所示。
② 选择小圆,进行删除。

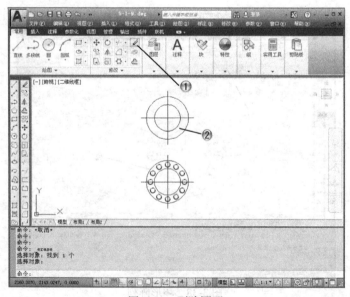

图 3-40 删除图形

Step10 缩小图形

① 单击【缩放】按钮,如图 3-41 所示。
② 选择对象,进行 0.5 倍的缩放。

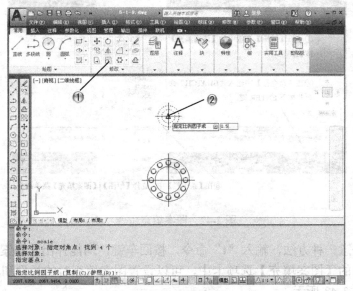

图 3-41 缩小图形

3.3 图案填充

在机械绘图中,经常需要将某种特定的图案填充对象中的某个区域,从而表达该区域的特征,这种填充操作称为图案填充。图案填充的应用非常广泛,例如,在机械工程图中,可以用图案填充表达一个剖面的区域,也可以使用不同的图案填充来表达不同的零部件或材料。

3.3.1 设置图案填充

AutoCAD 提供实体填充以及 50 多种行业标准填充图案,可以使用它们区分对象的部件或表现对象的材质。AutoCAD 还提供 14 种符合 ISO(国际标准化组织)标准的填充图案。当选择"ISO"图案时,可以指定笔宽,笔宽确定图案中的线宽。【边界图案填充】对话框【图案】区域的【图案填充】选项卡,显示"acad.pat"文本文件中定义的所有填充图案的名称。在 AutoCAD 2018 中,可以通过三种方法设置图案填充,如图 3-42 所示。

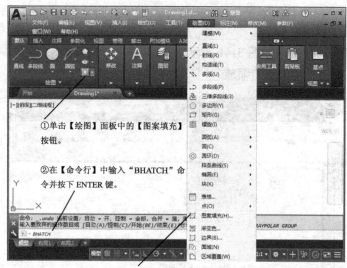

图 3-42　图案填充命令

使用以上任意一种方法，输入"t"命令，按回车键，均能弹出【图案填充和渐变色】对话框，在其中的【图案填充】选项卡中，可以设置图案填充时的类型和图案、角度和比例等特性，如图 3-43 所示。

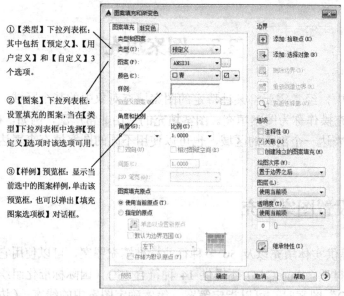

图 3-43　【图案填充和渐变色】对话框

（1）设置类型和图案

在【图案填充】选项卡的【类型和图案】选项组中，可以设置图案填充的类型和图案，在【图案】下拉列表框中可以根据图案名选择图案，也可以单击其右侧的按钮，弹出【填充图案选项板】对话框，如图 3-44 所示，用户可根据需要在其中进行相应的选择。

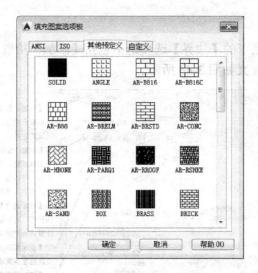

图 3-44 【填充图案选项板】对话框

(2) 设置角度和比例

在【图案填充】选项卡的【角度和比例】选项组中,可以设置用户所定义类型的图案填充的角度和比例等参数等。

(3) 设置图案填充原点

在【图案填充】选项卡的【图案填充原点】选项组中,可以设置图案填充原点的位置,因为许多图案填充需要对齐边界上的某一个点,如图 3-45 所示。

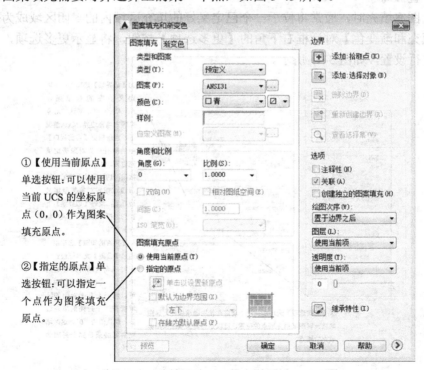

①【使用当前原点】单选按钮:可以使用当前 UCS 的坐标原点(0,0)作为图案填充原点。

②【指定的原点】单选按钮:可以指定一个点作为图案填充原点。

图 3-45 图案填充原点

(4) 设置边界

在【图案填充】选项卡的【边界】选项组中包括【添加：拾取点】、【添加：选择对象】等按钮，各主要按钮的含义如图 3-46 所示。

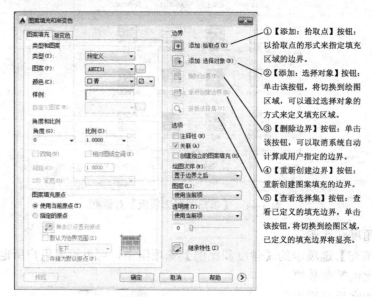

图 3-46　边界

(5) 设置孤岛

在进行图案填充时，通常将位于一个已定义好的填充区域内的封闭区域成为孤岛，单击【图案填充和渐变色】对话框右下角的【更多选项】按钮，将显示更多选项，可以对孤岛和边界进行设置，如图 3-47 所示。

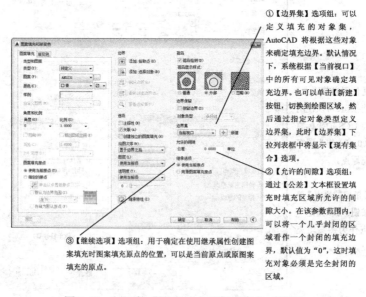

图 3-47　展开的【图案填充和渐变色】对话框

在【孤岛】选项组中，启用【孤岛检测】复选框，可以指定在最外层边界内填充对象的方法，包括【普通】、【外部】和【忽略】三种填充方法，各填充方法的效果图如图 3-48 所示。

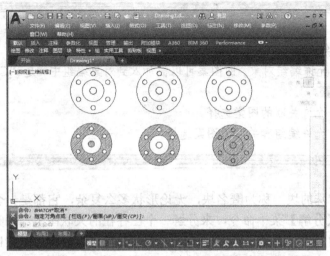

图 3-48 孤岛的三种填充效果

3.3.2 编辑图案填充

创建图案填充后，如果需要修改填充区域的边界，可以选择【修改】|【对象】|【图案填充】菜单命令，然后在绘图区域中单击需要编辑的图案填充对象，这时将弹出【图案填充编辑】对话框，如图 3-49 所示，可以看出【图案填充编辑】对话框与【图案填充和渐变色】对话框的内容基本相同，只是某些选项被禁止使用，在其中只能修改图案、比例、旋转角度和关联性等，而不能修改其边界。

图 3-49 【图案填充编辑】对话框

在编辑图案填充时,系统变量"PICKSTYLE"起着重要的作用,其值有 4 个,各值的主要作用如下:

> 【0】:禁止编组或关联图案选择,即当用户选择图案时仅选择了图案自身,而不会选择与之关联的对象。
> 【1】:允许编组对象,即图案可以被加入到对象编组中,是 PICKSTYLE 的默认设置。
> 【2】:允许关联的图案选择。
> 【3】:允许编组和关联的图案选择。

图案是一种特殊的块,称为匿名块,无论形状多么复杂,它都是一个单独的对象。可以选择【修改】|【分解】菜单命令,来分解一个已存在的关联图案。图案被分解后,它将不再是一个单一的对象,而是一组组成图案的线条。同时,分解后图案也失去了与图形的关联性,因此将无法再使用【修改】|【对象】|【图案填充】菜单命令来编辑。

3.4　本章小结

本章主要介绍了 AutoCAD 2018 中如何更加快捷地选择图形以及图形编辑命令,并对 AutoCAD 的图形编辑技巧进行了详细讲解,包括删除图形、恢复图形、复制图形、镜像图形以及修改图形等。通过本章的学习,读者可以熟练掌握 AutoCAD 2018 中选择、编辑图形的方法。

3.5　课后练习

3.5.1　填空题

(1) 当基点在_____、_____、_____或_____时,是移动图形对象而不会拉伸。
(2) 图案是一种特殊的块,称为_____,无论形状多么复杂,它都是一个_____。

答案:

(1) 圆心,点的中心,块的插入点,文字行的最左边的点。
(2) 匿名块,单独的对象。

3.5.2 问答题

(1) 倒角命令与圆角命令的区别是什么？
(2) 镜像与阵列命令的区别是什么？

答案：

(1) 倒角命令可以按照要求的角度和距离对两条线进行连接。圆角命令可以以一定半径的圆弧连接直线。
(2) 镜像是对草图进行对称复制。阵列命令是指按一定规律，对同一个图形的多次复制。

3.5.3 操作题

使用本章学过的命令来创建如图 3-50 所示的皮带轮草图。

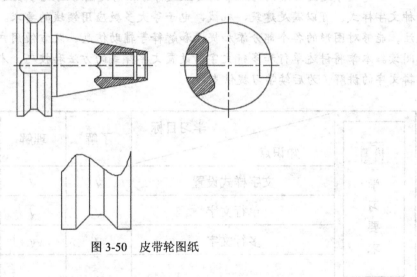

图 3-50 皮带轮图纸

练习内容：

(1) 绘制主视图。
(2) 进行镜像。
(3) 绘制俯视图。
(4) 进行填充。

第 4 章　建立和编辑文字

 **本章导读**

创建文字是图形绘制的一个重要组成部分，它是图形的文字表达。AutoCAD 提供了多种文字样式，可以满足建筑、机械、电子等大多数应用领域的要求。在绘图时使用位置标注，能够对图形的各个部分添加提示和解释等辅助信息，既方便用户绘制，又方便使用者阅读。本章将讲述单行和多行文字、设置文字样式的方法和技巧。本章主要进行建立和编辑文字的讲解，为后续学习提供支持。

学习要求	学习目标 知识点	了解	理解	应用	实践
	文字样式设置	√	√	√	
	单行文字	√	√	√	√
	多行文字	√	√	√	√

4.1　设置文字样式

在 AutoCAD 图形中，所有的文字都有与之相关的文字样式。当输入文字时，AutoCAD 会使用当前的文字样式作为其默认的样式，该样式可以包括字体、样式、高度、宽度比例和其他文字特性。

4.1.1 样式设置

打开【文字样式】对话框有以下几种方法,如图 4-1 所示。

图 4-1 打开文字样式对话框

【文字样式】对话框如图 4-2 所示,它包含了 4 组参数选项组:【样式】选项组、【字体】选项组、【大小】选项组和【效果】选项组,由于【大小】选项组中的参数通常会按照默认进行设置,不作修改。下面介绍【样式】选项组参数设置。

在【样式】选项组中可以新建、重命名和删除文字样式。用户可以从左边的下拉列表框中选择相应的文字样式名称,可以单击【新建】按钮来新建一种文字样式的名称,可以用鼠标右键单击选择的样式,在右键快捷菜单中选择【重命名】命令为某一文字样式重新命名,还可以单击【删除】按钮删除某一文字样式的名称。

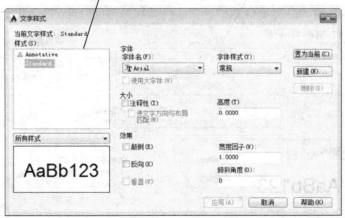

图 4-2 【文字样式】对话框

当用户所需的文字样式不够使用时,需要创建一个新的文字样式,在打开的【文字样式】对话框中,单击【新建】按钮,打开如图 4-3 所示的【新建文字样式】对话框。

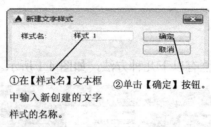

①在【样式名】文本框中输入新创建的文字样式的名称。

②单击【确定】按钮。

图 4-3　【新建文字样式】对话框

4.1.2　字体设置

下面介绍【字体】选项组参数设置。AutoCAD 为用户提供了许多不同的字体，用户可以在如图 4-4 所示的【字体名】下拉列表框中选择要使用的字体，可以在【字体样式】下拉列表框中选择要使用的字体样式。

CAD 软件中，可以利用的文字样式字库有两类。

> 一类是存放在 CAD 安装目录下的 Fonts 中，字库的后缀名为"shx"，这一类是 CAD 的专有字库，英语字母和汉字分属于不同的字库。
>
> 第二类是存放在 Windows 系统的目录下的 Fonts 中，字库的后缀名为"ttf"，这一类是 Windows 系统的通用字库，除了 CAD 以外，其他，如 Office 和聊天软件等，也都是采用的这个字库。其中汉字字库都已包含了英文字母。

在【字体】选项组中可以设置字体的名称和字体样式等。

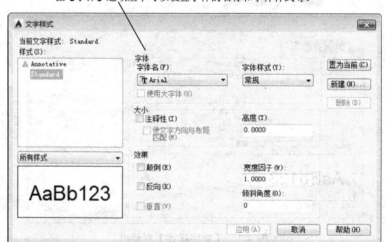

图 4-4　【字体】选项组

4.1.3 效果设置

下面介绍【效果】选项组参数设置，主要介绍一下启用【颠倒】、【反向】和【垂直】复选框，来分别设置样式和设置后的文字效果。

当启用【颠倒】复选框时，显示的【颠倒】文字效果，如图 4-5 所示。

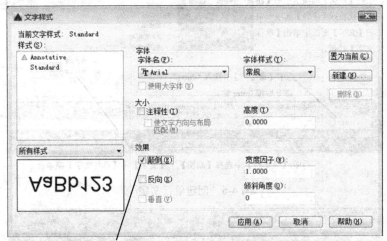

在【效果】选项组中可以设置字体的排列方法和距离等。用户可以启用【颠倒】、【反向】和【垂直】复选框来分别设置文字的排列样式，也可以在【宽度因子】和【倾斜角度】文本框中输入相应的数值来设置文字的辅助排列样式。

图 4-5　启用【颠倒】复选框

4.2　单行文字

单行文字一般用于对图形对象的规格说明、标题栏信息和标签等，也可以作为图形的一个有机组成部分。对于这种不需要使用多种字体的简短内容，可以使用【单行文字】命令建立单行文字。

4.2.1　创建单行文字的方法

创建单行文字的几种方法，如图 4-6 所示。

每行文字都是独立的对象，可以重新定位、调整格式或进行其他修改。

创建单行文字时，要指定文字样式并设置对正方式。文字样式设置文字对象的默认特征。对正决定字符的哪一部分与插入点对正，创建的单行文字，如图 4-7 所示。

图 4-6　创建单行文字

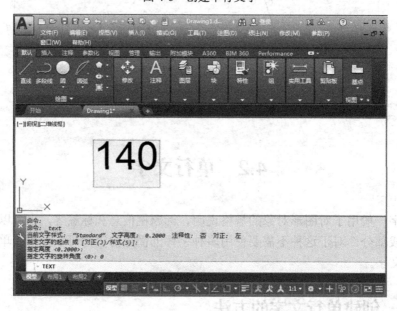

图 4-7　单行文字

4.2.2　单行文字的对齐方式

选择单行文字命令后，在【命令行】中输入 S 并按 Enter 键，执行此命令，AutoCAD 会出现如图 4-8 所示的选项。

图 4-8 单行文字的对齐方式

用户可以有以上多种对齐方式选择,各种对齐方式及其说明如表 4-1 所示。

要结束单行输入,在一个空白行处按下 Enter 键即可。

表 4-1 各种对齐方式及其说明

对齐方式	说 明
对齐(A)	提供文字基线的起点和终点,文字在次基线上均匀排列,这时可以调整字高比例以防止字符变形
布满(F)	给定文字基线的起点和终点。文字在此基线上均匀排列,而文字的高度保持不变,这时文字的间距要进行调整
居中(C)	给定一个点的位置,文字在该点为中心水平排列
中间(M)	指定文字串的中间点
右(R)	指定文字串的右基线点
左上(TL)	指定文字串的顶部左端点与大写字母顶部对齐
中上(TC)	指定文字串的顶部中心点与大写字母顶部为中心点
右上(TR)	指定文字串的顶部右端点与大写字母顶部对齐
左中(ML)	指定文字串的中部左端点与大写字母和文字基线之间的线对齐
正中(MC)	指定文字串的中部中心点与大写字母和文字基线之间的中心线对齐
右中(MR)	指定文字串的中部右端点与大写字母和文字基线之间的一点对齐
左下(BL)	指定文字左侧起始点,与水平线的夹角为字体的选择角,且过该点的直线就是文字中最低字符字底的基线
中下(BC)	指定文字沿排列方向的中心点,最低字符字底基线与 BL 相同
右下(BR)	指定文字串的右端底部是否对齐

4.2.3 单行文字应用案例

> 本案例完成文件：ywj/04/4-1.dwg
>
> 多媒体教学路径：多媒体教学→第4章→第2节

4.2.3.1 案例分析

本节案例是在现有图形上绘制文字，主要包括添加单行文字和设置、修改文字等操作。

4.2.3.2 案例操作

Step1 添加单行文字

① 单击【单行文字】按钮，如图4-9所示。
② 在绘图区确定文字位置。

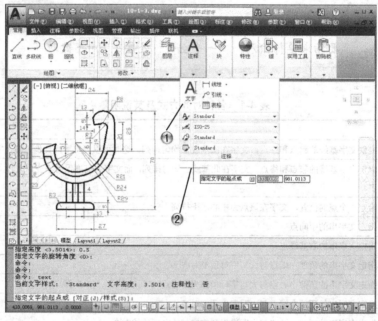

图4-9 添加单行文字

Step2 设置文字样式

① 设置文字高度。
② 设置文字高度旋转角度，如图4-10所示。

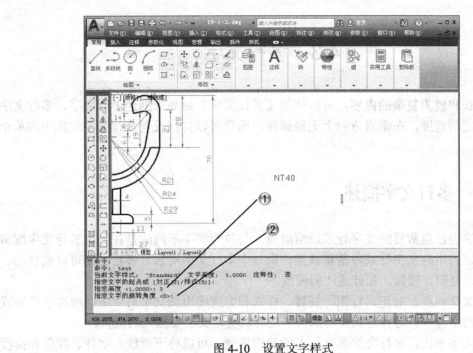

图 4-10　设置文字样式

!Step3 修改单行文字

①输入编辑命令。

②修改文字内容，如图 4-11 所示。

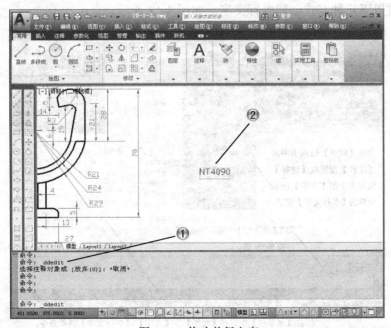

图 4-11　修改单行文字

4.3 多行文字

对于较长和较为复杂的内容，可以使用【多行文字】命令来创建多行文字。多行文字可以布满指定的宽度，在垂直方向上无限延伸。用户可以自行设置多行文字对象中的单个字符的格式。

4.3.1 多行文字概述

多行文字由任意数目的文字行或段落组成，与单行文字不同的是在一个多行文字编辑任务中，创建的所有文字行或段落都被当作同一个多行文字对象。多行文字可以被移动、旋转、删除、复制、镜像、拉伸或比例缩放。

可以将文字高度、对正、行距、旋转、样式和宽度应用到文字对象中，或将字符格式应用到特定的字符中。对齐方式要考虑文字边界以决定文字要插入的位置。

与单行文字相比，多行文字具有更多的编辑选项。可以将下画线、字体、颜色和高度变化应用到段落中的单个字符、词语或词组。

4.3.2 多行文字创建方法

可以通过以下几种方式创建多行文字，如图 4-12 所示。

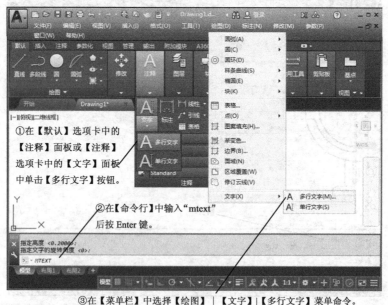

图 4-12 创建多行文字

用【多行文字】命令创建的文字如图 4-13 所示。

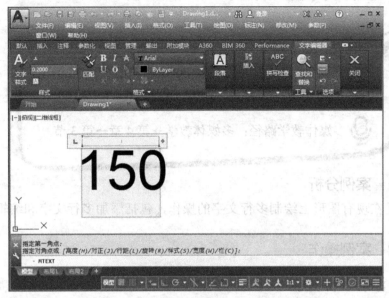

图 4-13 用【多行文字】命令创建的文字

其中，在【文字编辑器】选项卡中包括【样式】、【格式】、【段落】、【插入】、【拼写检查】、【工具】、【选项】、【关闭】8 个面板，可以根据不同的需要对多行文字进行编辑和修改，如图 4-14 和图 4-15 所示。

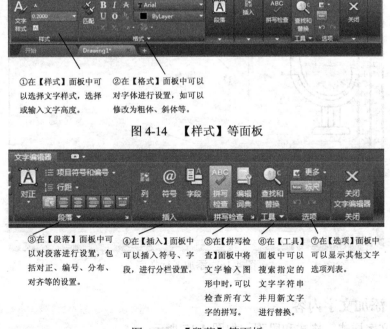

①在【样式】面板中可以选择文字样式，选择或输入文字高度。
②在【格式】面板中可以对字体进行设置，如可以修改为粗体、斜体等。

图 4-14 【样式】等面板

③在【段落】面板中可以对段落进行设置，包括对正、编号、分布、对齐等的设置。
④在【插入】面板中可以插入符号、字段，进行分栏设置。
⑤在【拼写检查】面板中将文字输入图形中时，可以检查所有文字的拼写。
⑥在【工具】面板中可以搜索指定的文字字符串并用新文字进行替换。
⑦在【选项】面板中可以显示其他文字选项列表。

图 4-15 【段落】等面板

4.3.3 多行文字应用案例

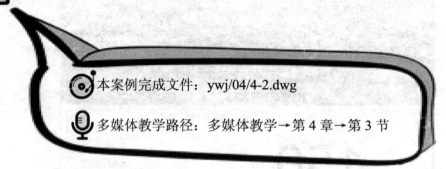

本案例完成文件：ywj/04/4-2.dwg

多媒体教学路径：多媒体教学→第 4 章→第 3 节

4.3.3.1 案例分析

本案例是在现有图形上绘制多行文字的操作，包括添加多行文字和编辑文字内容等操作。

4.3.3.2 案例操作

Step1 添加多行文字

① 单击【多行文字】按钮，如图 4-16 所示。
② 在绘图区确定文字位置。

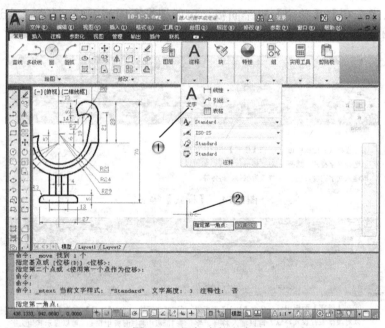

图 4-16　添加多行文字

Step2 添加文字内容

① 设置文字样式、格式和段落，如图 4-17 所示。
② 输入文字内容。

第 4 章
建立和编辑文字

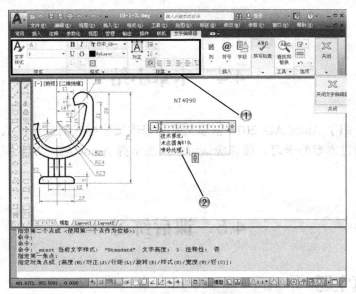

图 4-17 添加文字内容

 提示

创建多行文字对象的高度取决于输入的文字总量。

Step3 编辑文字内容

① 输入编辑命令，如图 4-18 所示。
② 修改内容和格式。

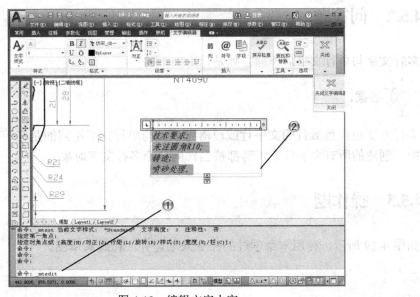

图 4-18 编辑文字内容

· 101 ·

4.4 本章小结

本章主要介绍了 AutoCAD 2018 创建文字和修改文字样式的操作,从而使绘制的图形表达更准确。通过本章的学习,读者应该可以熟练掌握 AutoCAD 2018 中文字创建和编辑的方法。

4.5 课后练习

4.5.1 填空题

(1)单行文字一般用于对图形对象的____、____和____等,也可以作为图形的一个有机组成部分。

(2)多行文字可以布满指定的____,在垂直方向上____。

答案:

(1)规格说明,标题栏信息,标签。
(2)宽度,无限延伸。

4.5.2 问答题

多行文字与单行文字的不同之处是什么?

答案:

多行文字由任意数目的文字行或段落组成,与单行文字不同的是在一个多行文字编辑任务中,创建的所有文字行或段落都被当作同一个多行文字对象。

4.5.3 操作题

如图 4-19 所示,使用本章学过的命令来创建并注释蝶阀草图。

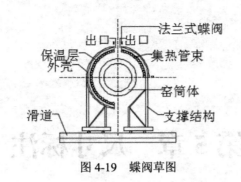

图 4-19　蝶阀草图

(1) 绘制主视图。
(2) 进行阵列。
(3) 创建注释文字。

第 5 章　尺寸标注

尺寸标注是图形绘制的一个重要组成部分，它是图形的测量注释，可以测量和显示对象的长度、角度等测量值。AutoCAD 提供了多种标注样式和多种设置标注的方法，可以满足建筑、机械、电子等大多数应用领域的要求。在绘图时使用尺寸标注，能够对图形的各个部分添加提示和解释等辅助信息，既方便用户绘制，又方便使用者阅读。

本章主要讲述设置尺寸标注样式的方法和对图形进行尺寸标注的方法。

学习要求	学习目标 知识点	了解	理解	应用	实践
	尺寸标注样式	√	√	√	
	创建尺寸标注	√	√	√	√
	标注特殊尺寸	√	√	√	√

5.1　尺寸标注样式

尺寸标注包含尺寸线、尺寸界限、符号与箭头、文字、主单位、换算单位和公差等内容，不同的场合，尺寸的标注样式不尽相同。

5.1.1 尺寸标注元素介绍

尽管 AutoCAD 提供了多种类型的尺寸标注,但通常都是由以下几种基本元素所构成。下面对尺寸标注的组成元素进行介绍。一个完整的尺寸标注包括尺寸线、延伸线、尺寸箭头和标注文字 4 个组成元素,如图 5-1 所示。

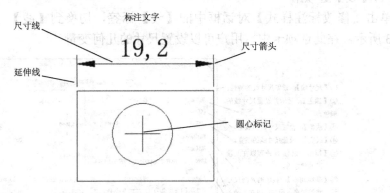

图 5-1 完整的尺寸标注示意图

(1) 尺寸线:用于指示标注的方向和范围,通常使用箭头来指出尺寸线的起点和端点。AutoCAD 将尺寸线放置在测量区域中,而且通常被分割成两条线,标注文字沿尺寸线放置。角度标注的尺寸线是一段圆弧。

(2) 延伸线:从被标注的对象延伸到尺寸线,又被称为投影线或证示线,一般垂直于尺寸线。但在特殊情况下用户也可以根据需要将延伸线倾斜一定的角度。

(3) 尺寸箭头:显示在尺寸线的两端,表明测量的开始和结束位置。AutoCAD 默认使用闭合的填充箭头符号,同时 AutoCAD 还提供了多种箭头符号可供选择,用户也可以自定义符号。

(4) 标注文字:用于表明图形实际测量值。可以使用由 AutoCAD 自动计算出的测量值,并可附加公差、前缀和后缀等。用户也可以自行指定文字或取消文字。

(5) 圆心标记:标记圆的圆心。

5.1.2 尺寸标注样式设置

选择【格式】|【标注样式】菜单命令，可以打开【标注样式管理器】对话框，单击【修改】按钮，打开【修改标注样式】对话框可以对标注样式进行设置，它有 7 个选项卡，下面对其设置进行介绍。

（1）【线】选项卡

单击【修改标注样式】对话框中的【线】标签，切换到【线】选项卡，如图 5-2 和图 5-3 所示。在此选项卡中，用户可以设置尺寸的几何变量。

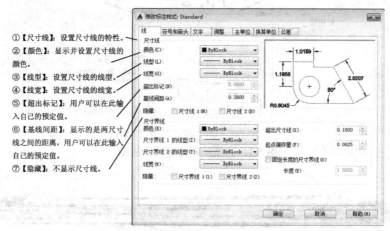

图 5-2 【修改标注样式】对话框

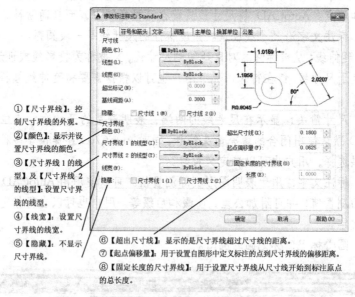

图 5-3 【尺寸界线】选项组

【线】选项卡：此选项卡用来设置尺寸线和尺寸界线的格式和特性。

（2）【符号和箭头】选项卡

【符号和箭头】选项卡：此选项卡用来设置箭头、圆心标记、折断标注、弧长符号、半径折弯标注和线性弯折标注的格式和位置。

单击【修改标注样式】对话框中的【符号和箭头】标签，切换到【符号和箭头】选项卡，如图 5-4 所示。

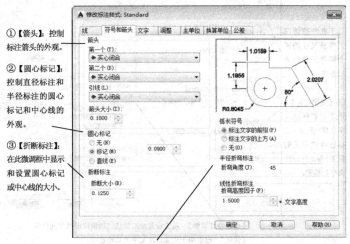

①【箭头】：控制标注箭头的外观。

②【圆心标记】：控制直径标注和半径标注的圆心标记和中心线的外观。

③【折断标注】：在此微调框中显示和设置圆心标记或中心线的大小。

④【弧长符号】：控制弧长标注中圆弧符号的显示。
⑤【半径折弯标注】：控制折弯（Z 字型）半径标注的显示。
⑥【折断标注】：控制线性标注折弯的显示。

图 5-4　【符号和箭头】选项卡

（3）【文字】选项卡

【文字】选项卡：此选项卡用来设置标注文字的外观、位置和对齐。

单击【修改标注样式】对话框中的【文字】标签，切换到【文字】选项卡，如图 5-5 所示。

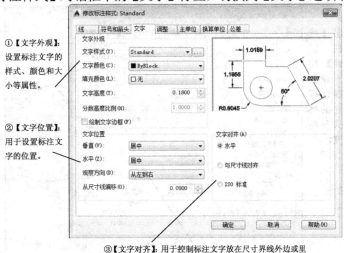

①【文字外观】：设置标注文字的样式、颜色和大小等属性。

②【文字位置】：用于设置标注文字的位置。

③【文字对齐】：用于控制标注文字放在尺寸界线外边或里边时的方向是保持水平还是与尺寸界线平行。

图 5-5　【文字】选项卡

(4)【调整】选项卡

【调整】选项卡：此选项卡用来设置标注文字、箭头、引线和尺寸线的放置位置。

单击【修改标注样式】对话框中的【调整】标签，切换到【调整】选项卡，如图 5-6 所示。

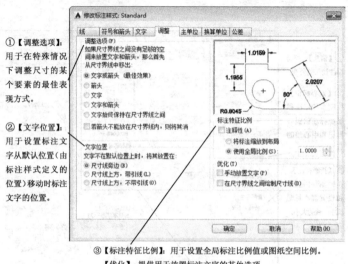

①【调整选项】：用于在特殊情况下调整尺寸的某个要素的最佳表现方式。

②【文字位置】：用于设置标注文字从默认位置（由标注样式定义的位置）移动时标注文字的位置。

③【标注特征比例】：用于设置全局标注比例值或图纸空间比例。
【优化】：提供用于放置标注文字的其他选项。

图 5-6 【调整】选项卡

(5)【主单位】选项卡

【主单位】选项卡：此选项卡用来设置主标注单位的格式和精度，并设置标注文字的前缀和后缀。

单击【修改标注样式】对话框中的【主单位】标签，切换到【主单位】选项卡，如图 5-7 所示。

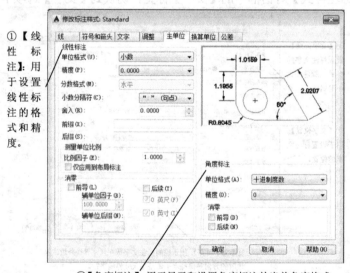

①【线性标注】：用于设置线性标注的格式和精度。

②【角度标注】：用于显示和设置角度标注的当前角度格式。

图 5-7 【主单位】选项卡

> 当输入【前缀】或【后缀】时，输入的内容将添加到直径和半径等标注中。如果指定了公差，【前缀】或【后缀】将添加到公差和主标注中。

(6)【换算单位】选项卡

【换算单位】选项卡：此选项卡用来设置标注测量值中换算单位的显示并设置其格式和精度。

单击【修改标注样式】对话框中的【换算单位】标签，切换到【换算单位】选项卡，如图 5-8 所示。

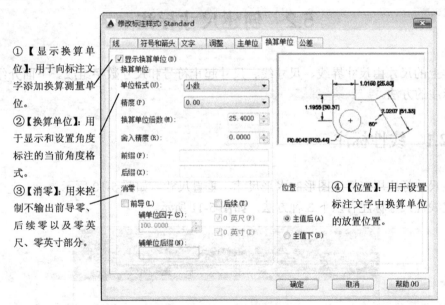

①【显示换算单位】：用于向标注文字添加换算测量单位。

②【换算单位】：用于显示和设置角度标注的当前角度格式。

③【消零】：用来控制不输出前导零、后续零以及零英尺、零英寸部分。

④【位置】：用于设置标注文字中换算单位的放置位置。

图 5-8 【换算单位】选项卡

(7)【公差】选项卡

【公差】选项卡：此选项卡用来设置公差格式及换算公差等。

单击【修改标注样式】对话框中的【公差】标签，切换到【公差】选项卡，如图 5-9 所示。

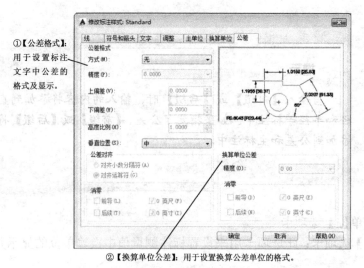

①【公差格式】：用于设置标注文字中公差的格式及显示。

②【换算单位公差】：用于设置换算公差单位的格式。

图 5-9 【公差】选项卡

5.2 创建尺寸标注

图样上的尺寸由尺寸界线、尺寸线、尺寸起止符号和尺寸数字组成。下面介绍创建各类尺寸标注的方法。

📅 5.2.1 线性标注

线性尺寸标注用来标注图形的水平尺寸、垂直尺寸，如图 5-10 所示。

创建线性尺寸标注有以下 3 种方法，如图 5-11 所示。

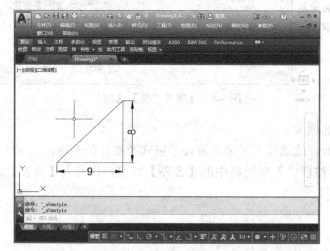

图 5-10 线性尺寸标注

第 5 章
尺寸标注

图 5-11　创建线性尺寸标注

5.2.2 对齐标注

对齐尺寸标注是指标注两点间的距离，标注的尺寸线平行于两点间的连线，如图 5-12 所示为对齐尺寸标注。

创建对齐尺寸标注有以下 3 种方法，如图 5-13 所示。

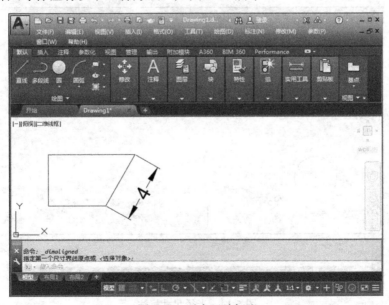

图 5-12　对齐尺寸标注

图 5-13 创建对齐尺寸标注

5.2.3 半径标注

半径尺寸标注用来标注圆或圆弧的半径,如图 5-14 所示。

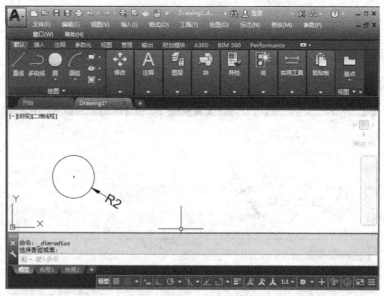

图 5-14 半径尺寸标注

创建半径尺寸标注有以下 3 种方法，如图 5-15 所示。

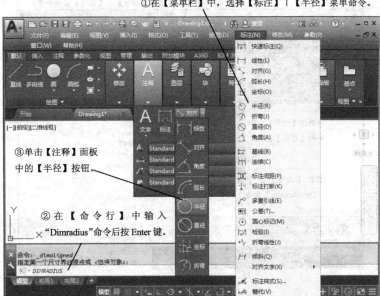

图 5-15 创建半径尺寸标注

5.2.4 直径标注

直径尺寸标注用来标注圆的直径，如图 5-16 所示。

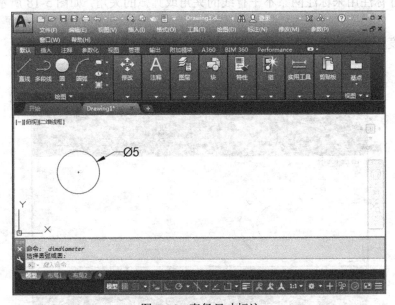

图 5-16 直径尺寸标注

创建直径尺寸标注有以下 3 种方法，如图 5-17 所示。

①在【菜单栏】中，选择【标注】|【直径】菜单命令。

③单击【注释】面板中的【直径】按钮。

②在【命令行】中输入"Dimdiameter"命令后按 Enter 键。

图 5-17　创建直径尺寸标注

5.2.5　角度标注

角度尺寸标注用来标注两条不平行线的夹角或圆弧的夹角，如图 5-18 所示的角度尺寸标注。

创建角度尺寸标注有以下 3 种方法，如图 5-19 所示。

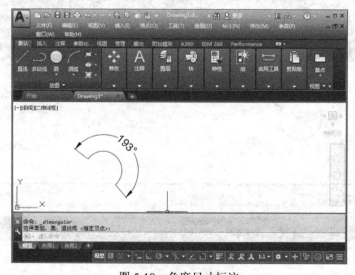

图 5-18　角度尺寸标注

第 5 章
尺寸标注

图 5-19 创建角度尺寸标注

5.2.6 尺寸标注应用案例

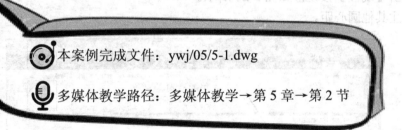

5.2.6.1 案例分析

本案例是在绘制好的图形上进行基本尺寸标注操作，包括标注对齐尺寸、半径尺寸、直径尺寸和角度等操作。

5.2.6.2 案例操作

Step1 标注线性尺寸

① 单击【线性】按钮，如图 5-20 所示。
② 选择两点标注圆心距。

· 115 ·

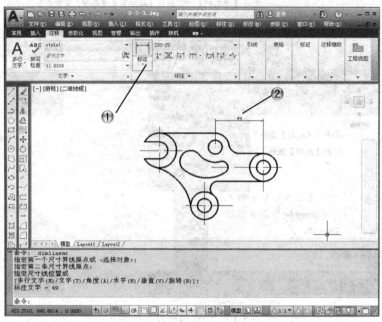

图 5-20　标注线性尺寸

Step2 标注其他圆心距

① 单击【线性】按钮，如图 5-21 所示。
② 标注其他圆心距。

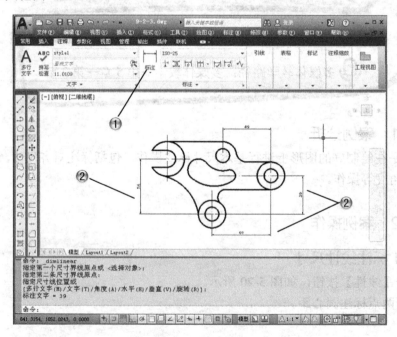

图 5-21　标注圆心距

Step3 标注圆弧圆心距

① 单击【线性】按钮,如图 5-22 所示。
② 标注圆弧圆心距。

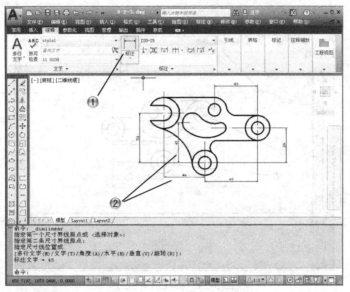

图 5-22　标注圆弧圆心距

Step4 标注其他圆弧圆心距

① 单击【线性】按钮,如图 5-23 所示。
② 标注其他圆弧圆心距。

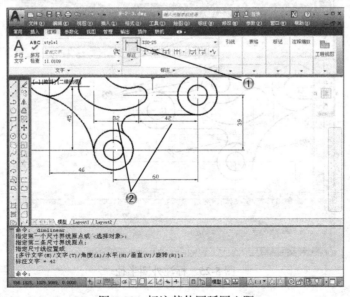

图 5-23　标注其他圆弧圆心距

Step5 标注对齐尺寸

① 单击【对齐】按钮,如图 5-24 所示。
② 选择圆心进行标注。

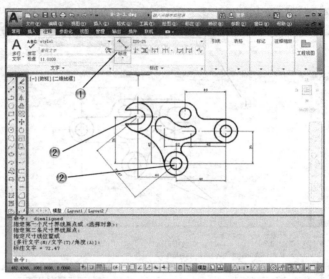

图 5-24 标注对齐尺寸

Step6 标注外圈半径

① 单击【半径】按钮,如图 5-25 所示。
② 选择半径进行外圈半径标注。

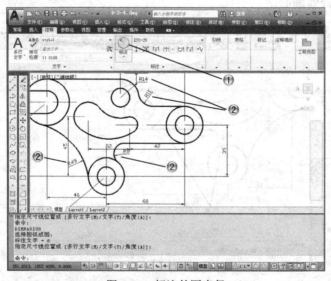

图 5-25 标注外圈半径

Step7 标注内圈半径

① 单击【半径】按钮,如图 5-26 所示。
② 选择半径进行内外圈半径标注。

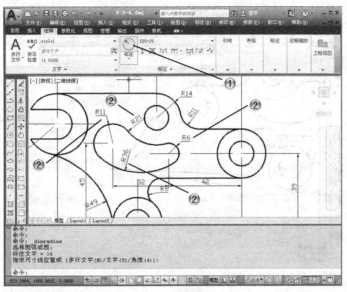

图 5-26 标注内圈半径

Step8 标注圆弧直径

① 单击【直径】按钮,如图 5-27 所示。
② 选择直径进行圆弧直径标注。

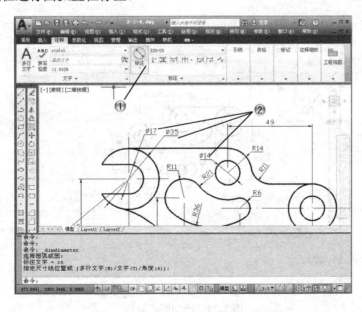

图 5-27 标注圆弧直径

Step9 标注同心圆直径

① 单击【直径】按钮，如图 5-28 所示。
② 选择直径进行同心圆直径标注。

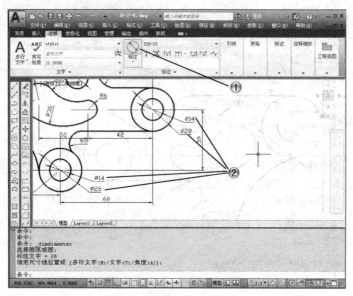

图 5-28　标注同心圆直径

Step10 绘制圆心直线

① 单击【直线】按钮，如图 5-29 所示。
② 绘制直线。

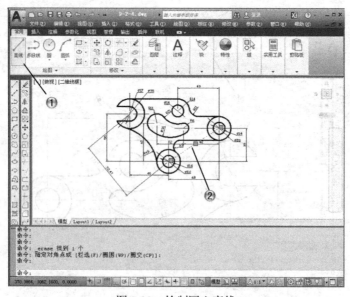

图 5-29　绘制圆心直线

Step11 标注角度

① 单击【角度】按钮，如图 5-30 所示。
② 选择两直线，标注角度。

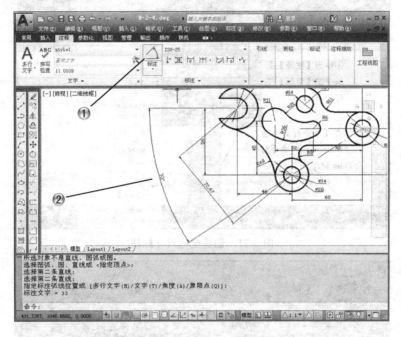

图 5-30 标注角度

5.3 标注特殊尺寸

任何零件都是由点、线、面构成的，这些点、线、面称为要素。有些尺寸需要进行特别的标注，如坐标尺寸、引线尺寸、圆心标记等，下面就讲解这些尺寸的标注方法。

5.3.1 坐标尺寸标注

坐标尺寸标注用来标注指定点到用户坐标系（UCS）原点的坐标方向距离。创建坐标尺寸标注有以下 3 种方法，如图 5-31 所示。

点的坐标标注，如图 5-32 所示。

图 5-31 创建坐标尺寸标注

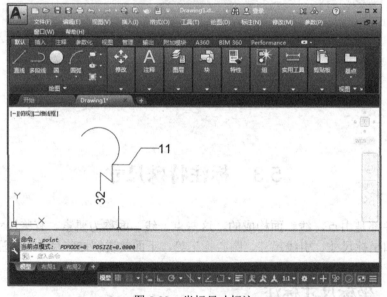

图 5-32 坐标尺寸标注

5.3.2 基线尺寸标注

基线尺寸标注用来标注以同一基准为起点的一组相关尺寸。创建基线尺寸标注有以下 2 种方法，如图 5-33 所示。

如果当前任务中未创建任何标注，执行上述任一操作后，系统将提示用户选择线性标注、坐标标注或角度标注，以用作基线标注的基准。基线尺寸标注，如图 5-34 所示。

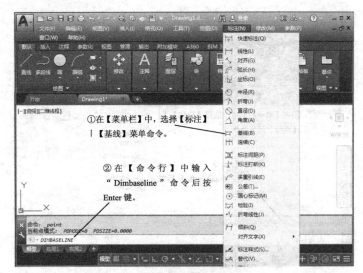

图 5-33 创建基线尺寸标注

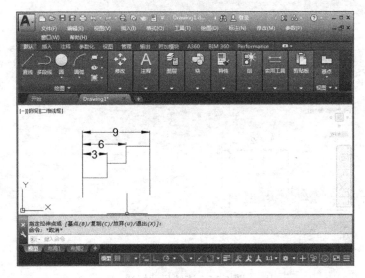

图 5-34 基线尺寸标注

5.3.3 连续尺寸标注

创建连续尺寸标注有以下 2 种方法，如图 5-35 所示。

如果当前任务中未创建任何标注，执行上述任一操作后，系统将提示用户选择线性标注、坐标标注或角度标注，以用作连续标注的基准。

连续尺寸标注用来标注一组连续相关尺寸，即前一尺寸标注是后一尺寸标注的基准，如图 5-36 所示。

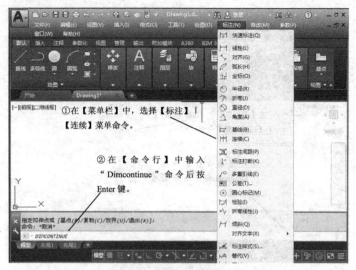

图 5-35 建连续尺寸标注

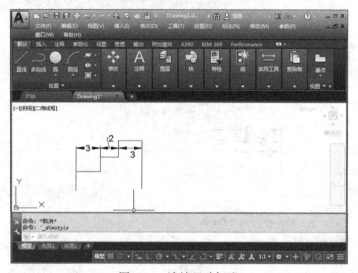

图 5-36 连续尺寸标注

5.3.4 圆心标记

圆心标记用来绘制圆或者圆弧的圆心十字型标记或是中心线。圆心标记的创建方法有以下两种，如图 5-37 所示。

如果用户既需要绘制十字型标记又需要绘制中心线，则首先必须在【修改标注样式】对话框的【符号与箭头】选项卡中选择【圆心标记】为【直线】选项，并在【大小】微调框中输入相应的数值来设定圆心标记的大小（若只需要绘制十字型标记则选择【圆心标记】为【标记】选项），如图 5-38 所示。

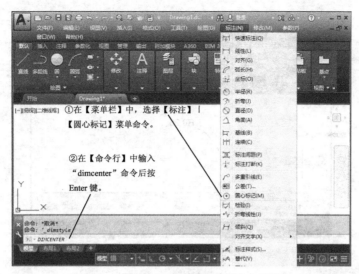

图 5-37 创建圆心标记

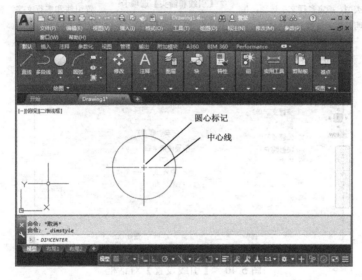

图 5-38 圆心标记

5.3.5 引线尺寸标注

创建引线尺寸标注的方法：在【命令行】中输入"qleader"命令后按 Enter 键。

引线尺寸标注是从图形上的指定点引出连续的引线，用户可以在引线上输入标注文字，如图 5-39 所示。

此时打开【引线设置】对话框，如图 5-40 所示。

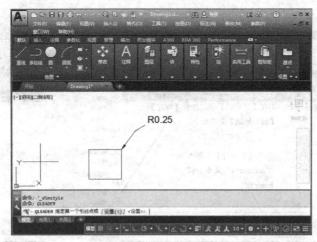

图 5-39　引线尺寸标注

①【注释】选项卡：设置引线注释类型、指定多行文字选项，并指明是否需要重复使用注释。

②【引线和箭头】选项卡：设置引线和箭头格式。

③【附着】选项卡：设置引线和多行文字注释的附着位置。

图 5-40　【引线设置】对话框

5.3.6　特殊标注应用案例

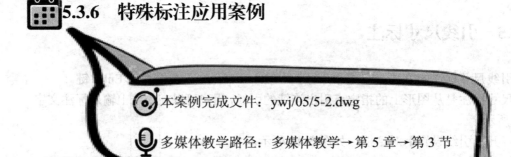

本案例完成文件：ywj/05/5-2.dwg

多媒体教学路径：多媒体教学→第 5 章→第 3 节

5.3.6.1　案例分析

本案例是在基本尺寸标注的基础上进行特殊尺寸标注操作，包括基线尺寸标注、连续尺寸标注、圆心标记和引线尺寸标注等操作。

5.3.6.2 案例操作

Step1 标注线性尺寸

① 单击【线性】按钮，如图 5-41 所示。
② 标注线性尺寸。

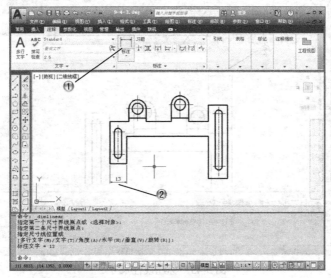

图 5-41　标注线性尺寸

Step2 标注基线尺寸

① 单击【基线】按钮，如图 5-42 所示。
② 标注基线尺寸。

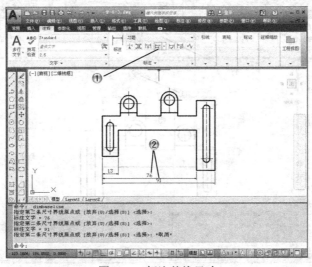

图 5-42　标注基线尺寸

Step3 标注线性尺寸

① 单击【线性】按钮,如图 5-43 所示。
② 标注线性尺寸。

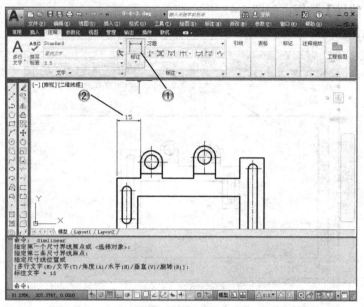

图 5-43　标注线性尺寸

Step4 标注连续尺寸

① 单击【连续】按钮,如图 5-44 所示。
② 标注连续尺寸。

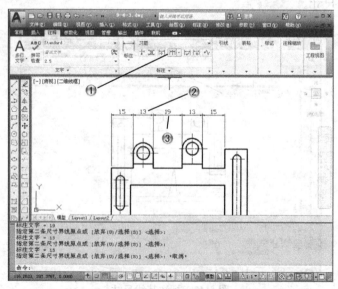

图 5-44　标注连续尺寸

Step5 标注圆心

① 单击【圆心标记】按钮，如图 5-45 所示。
② 标记圆心。

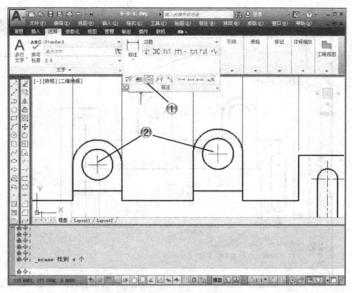

图 5-45 标注圆心

Step6 引线标注

① 输入引线命令，如图 5-46 所示。
② 标记引线。

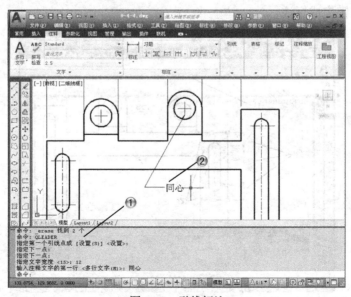

图 5-46 引线标注

Step7 圆心坐标标注

① 单击【坐标】按钮，如图 5-47 所示。
② 标注圆心坐标。

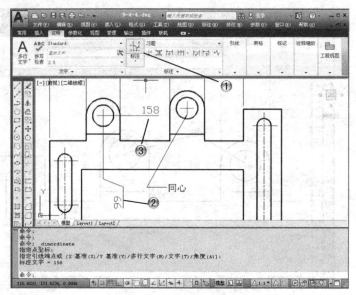

图 5-47　圆心坐标标注

Step8 快速标注

① 单击【快速坐标】按钮，如图 5-48 所示。
② 选择对象。
③ 按 Enter 键完成标注。

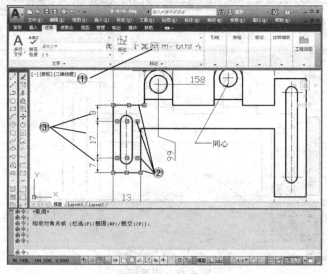

图 5-48　快速标注

> **Step9 快速标注其余图形**

① 单击【快速坐标】按钮，如图 5-49 所示。
② 选择对象。
③ 按 Enter 键完成其余快速标注。

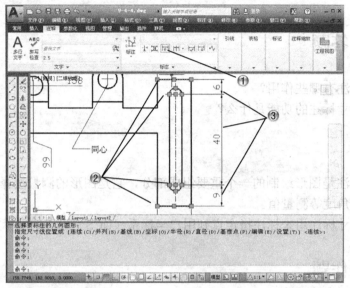

图 5-49　快速标注其余图形

5.4　本章小结

本章主要介绍了 AutoCAD 2018 的尺寸标注创建与编辑等命令，从而使绘制的图形更加完整和准确。通过本章的学习，读者应该可以熟练掌握 AutoCAD 2018 中尺寸标注的方法。

5.5　课后练习

5.5.1　填空题

（1）一个完整的尺寸标注包括____、____、____和____4 个组成元素。
（2）线性尺寸标注用来标注图形的____尺寸、____尺寸。
（3）连续尺寸标注用来标注一组连续相关尺寸，即前一尺寸标注是后一尺寸标注的____。

答案：

（1）尺寸线，延伸线，尺寸箭头，标注文字。
（2）水平，垂直。
（3）基准。

5.5.2 问答题

（1）尺寸标注有哪些作用？
（2）坐标尺寸标注的功能是什么？

答案：

（1）尺寸标注是图形绘制的一个重要组成部分，它是图形的测量注释，可以测量和显示对象的长度、角度等测量值。
（2）坐标尺寸标注用来标注指定点到用户坐标系（UCS）原点的坐标方向距离。

5.5.3 操作题

如图 5-50 所示，使用本章学过的命令来创建瓦房三视图的标注。

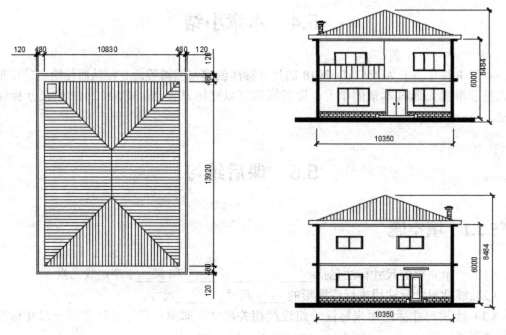

图 5-50　瓦房三视图

练习内容:

(1) 绘制俯视图。
(2) 标注尺寸。
(3) 绘制其他视图。
(4) 标注尺寸。

第 6 章　精确绘图设置

本章导读

在 AutoCAD 绘图时，需要缩小或者放大图形以便于观察。除非利用 AuotCAD 提供的工具进行精确作图，否则画图的图形元素看似相接，实际放大后进行观察或者用绘图仪绘出时，往往是断开的、冒头的或者是交错的。AutoCAD 软件提供了很多精确绘图的工具，如定位端点、中点、元素的中心点、元素的交点等命令。利用这些命令可以很容易地实现精确绘图，除了能够得到高质量的图纸之外，精确绘图还可以提高尺寸标注的效率。

本章主要讲解 AutoCAD 2018 的精确绘图设置，为读者后续提升绘图水平提供支持。

学习要求	知识点 \ 学习目标	了解	理解	应用	实践
	栅格和捕捉	√	√	√	√
	对象捕捉	√	√	√	√
	极轴追踪	√	√	√	√

6.1　栅格和捕捉

在绘图过程中，用户仍然可以根据需要对图形的单位、线型、图层等内容进行重新设置，以免因设置不合理而影响绘图效率。

6.1.1 基本介绍

要提高绘图的速度和效率,可以显示并捕捉栅格点的矩阵。还可以控制其间距、角度和对齐。【捕捉模式】和【显示图形栅格】开关按钮位于主窗口底部的【应用程序状态栏】,如图 6-1 所示。

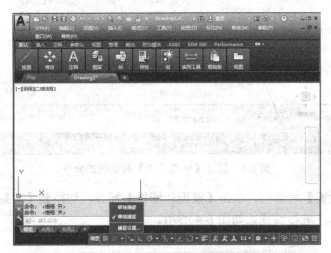

图 6-1 【捕捉模式】和【显示图形栅格】开关按钮

6.1.2 栅格

栅格是点的矩阵,遍布指定为图形栅格界限的整个区域。使用栅格类似于在图形下放置一张坐标纸。利用栅格可以对齐对象并直观显示对象之间的距离。如果放大或缩小图形,可能需要调整栅格间距,使其更适合新的放大比例,如图 6-2 所示为打开栅格绘图区的效果。

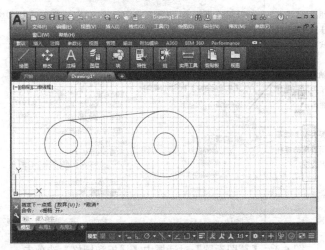

图 6-2 打开栅格绘图区的效果

打开【草图设置】对话框的命令，如图 6-3 所示。

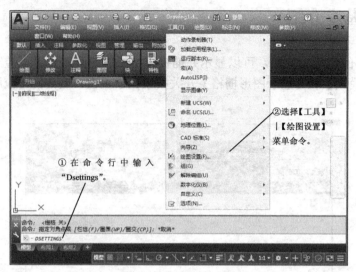

图 6-3　打开【草图设置】对话框的命令

打开【草图设置】对话框，单击【捕捉和栅格】标签，切换到【捕捉和栅格】选项卡，可以对栅格捕捉属性进行设置，如图 6-4 所示。

> ☆ 提示
>
> 【极轴距离】的设置需与极坐标追踪或对象捕捉追踪结合使用。如果两个追踪功能都未选择，则【极轴距离】设置无效。

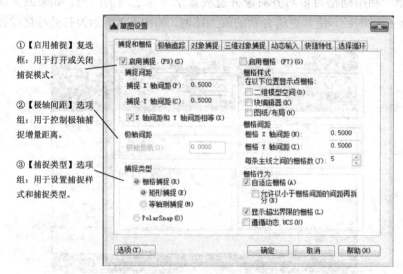

图 6-4　【草图设置】对话框中【捕捉和栅格】选项卡

6.1.3 捕捉

捕捉模式用于限制十字光标，使其按照用户定义的间距移动。

当【捕捉】模式打开时，光标似乎附着或捕捉到不可见的栅格。捕捉模式有助于使用箭头键或定点设备来精确地定位点，如图 6-5 所示。

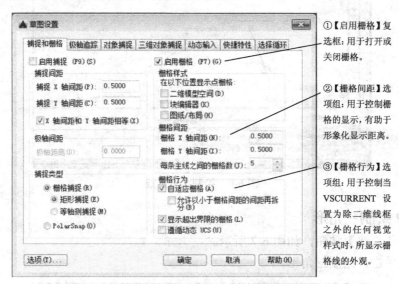

图 6-5 【草图设置】对话框【捕捉和栅格】选项卡

6.1.4 栅格和捕捉应用案例

6.1.4.1 案例分析

本案例是使用栅格和捕捉绘制一个电气元件的精确绘图操作，主要用来熟悉栅格和捕捉操作命令。

6.1.4.2 案例操作

Step1 绘制水平直线

① 单击【直线】按钮，如图 6-6 所示。
② 两次单击，绘制水平直线。

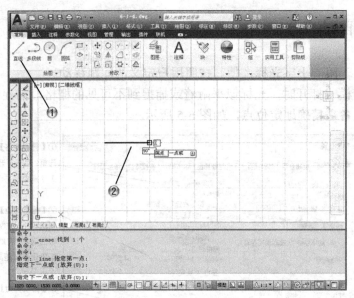

图 6-6 绘制水平直线

> **Step2 绘制三角形**

① 单击【直线】按钮,如图 6-7 所示。
② 三次单击,绘制三角形。

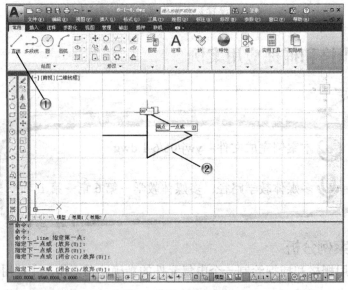

图 6-7 绘制三角形

> **Step3 绘制垂直直线**

① 单击【直线】按钮,如图 6-8 所示。
② 两次单击,绘制垂直直线。

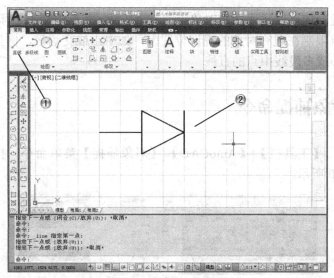

图 6-8　绘制垂直直线

!Step4 完成图形

取消栅格显示，查看图形，如图 6-9 所示。

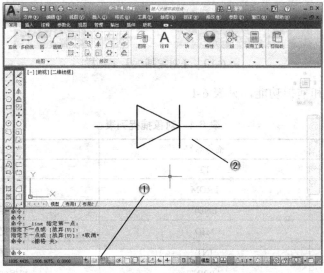

图 6-9　完成图形

6.2　对象捕捉

当绘制精度要求非常高的图纸时，细小的差错也许会造成重大的失误，为尽可能提高绘图的精度，AutoCAD 提供了对象捕捉功能，这样可快速、准确地绘制图形。

使用对象捕捉功能可以迅速指定对象上的精确位置，而不必输入坐标值或绘制构造线。该功能可将指定点限制在现有对象的确切位置上，如中点或交点等，例如使用对象捕捉功能可以绘制到圆心或多段线中点的直线。

6.2.1 对象捕捉命令

选择【工具】|【工具栏】|【AutoCAD】|【对象捕捉】菜单命令，打开【对象捕捉】工具栏，如图 6-10 所示。

图 6-10 【对象捕捉】工具栏

对象捕捉名称和捕捉功能，见表 6-1。

表 6-1 对象捕捉列表

图标	命令缩写	对象捕捉名称
	TT	临时追踪点
	FROM	捕捉自
	ENDP	捕捉到端点
	MID	捕捉到中点
	INT	捕捉到交点
	APPINT	捕捉到外观交点
	EXT	捕捉到延长线
	CEN	捕捉到圆心
	QUA	捕捉到象限点
	TAN	捕捉到切点
	PER	捕捉到垂足
	PAR	捕捉到平行线
	INS	捕捉到插入点

续表

图标	命令缩写	对象捕捉名称
○	NOD	捕捉到节点
	NEA	捕捉到最近点
	NON	无捕捉
	OSNAP	对象捕捉设置

6.2.2 使用对象捕捉

如果需要对【对象捕捉】属性进行设置,选择【工具】|【草图设置】菜单命令,打开【草图设置】对话框,单击【对象捕捉】标签,切换到【对象捕捉】选项卡,如图 6-11 所示。

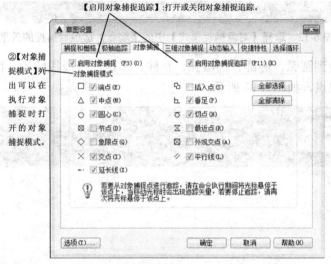

图 6-11 【草图设置】对话框中的【对象捕捉】选项卡

对象捕捉有以下两种方式。

(1) 如果在运行某个命令时设计对象捕捉,则当该命令结束时,捕捉也结束,这叫单点捕捉。这种捕捉形式一般是单击对象捕捉工具栏的相关命令按钮。

(2) 如果在运行绘图命令前设置捕捉,则该捕捉在绘图过程中一直有效,该捕捉形式在【草图设置】对话框的【对象捕捉】选项卡中进行设置。

【端点】：捕捉到圆弧、椭圆弧、直线、多线、多段线线段、样条曲线、面域或射线最近的端点，或捕捉宽线、实体或三维面域的最近角点，如图6-12所示。

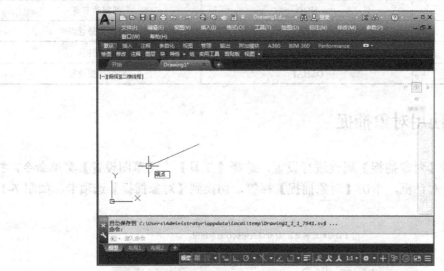

图6-12　选择【对象捕捉模式】中的【端点】选项后捕捉的效果

【中点】：捕捉到圆弧、椭圆、椭圆弧、直线、多线、多段线线段、面域、实体、样条曲线或参照线的中点，如图6-13所示。

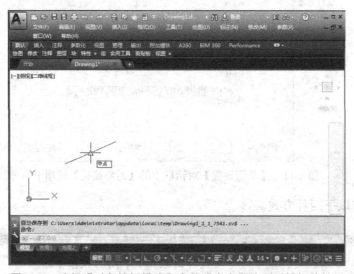

图6-13　选择【对象捕捉模式】中的【中点】选项后捕捉的效果

【圆心】：捕捉到圆弧、圆、椭圆或椭圆弧的圆点，如图6-14所示。
【节点】：捕捉到点对象、标注定义点或标注文字起点，如图6-15所示。
【象限点】：捕捉到圆弧、圆、椭圆或椭圆弧的象限点，如图6-16所示。

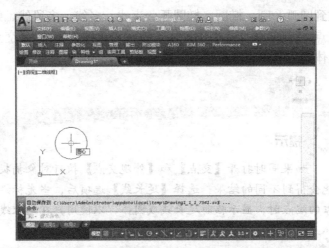

图 6-14　选择【对象捕捉模式】中的【圆心】选项后捕捉的效果

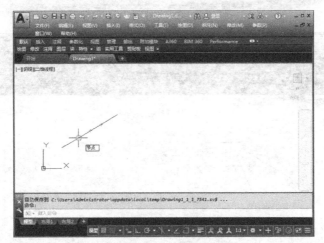

图 6-15　选择【对象捕捉模式】中的【节点】选项后捕捉的效果

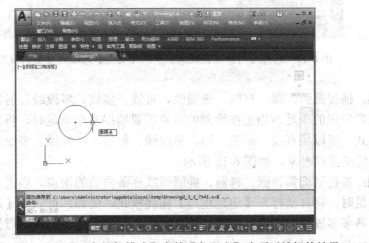

图 6-16　选择【对象捕捉模式】中的【象限点】选项后捕捉的效果

【交点】：捕捉到圆弧、圆、椭圆、椭圆弧、直线、多线、多段线、射线、面域、样条曲线或参照线的交点。【延长线交点】不能用作执行对象捕捉模式。【交点】和【延长线交点】不能和三维实体的边或角点一起使用，如图6-17所示。

提示

如果同时打开【交点】和【外观交点】执行对象捕捉，可能会得到不同的结果。选择【延长线】选项后，当光标经过对象的端点时，显示临时延长线或圆弧，以便用户在延长线或圆弧上指定点。

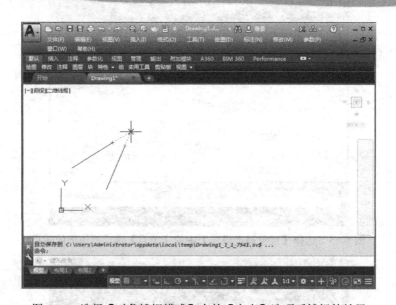

图6-17　选择【对象捕捉模式】中的【交点】选项后捕捉的效果

【垂足】：捕捉圆弧、圆、椭圆、椭圆弧、直线、多线、多段线、射线、面域、实体、样条曲线或参照线的垂足。当正在绘制的对象需要捕捉多个垂足时，将自动打开【递延垂足】捕捉模式。可以用直线、圆弧、圆、多段线、射线、参照线、多线或三维实体的边作为绘制垂直线的基础对象，如图6-18所示。

【切点】：捕捉到圆弧、圆、椭圆、椭圆弧或样条曲线的切点。当正在绘制的对象需要捕捉多个垂足时，将自动打开【递延垂足】捕捉模式。例如，可以用【递延切点】来绘制与两条弧、两条多段线弧或两条圆相切的直线。当靶框经过【递延切点】捕捉点时，将显示标记和AutoSnap工具栏提示，如图6-19所示。

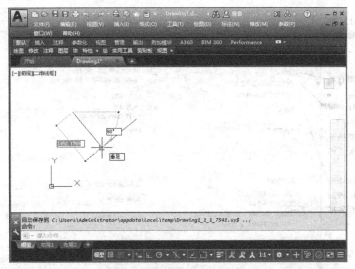

图 6-18 选择【对象捕捉模式】中的【垂足】选项后捕捉的效果

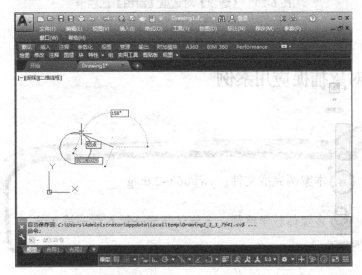

图 6-19 选择【对象捕捉模式】中的【切点】选项后捕捉的效果

6.2.3 自动捕捉设置

如果需要对【自动捕捉】属性进行设置,则选择【工具】|【选项】菜单命令,打开如图 6-20 所示的【选项】对话框,单击【绘图】标签,切换到【绘图】选项卡。

单击【自动捕捉设置】选项组中的【颜色】按钮后,打开【图形窗口颜色】对话框,在【颜色】下拉列表框中可以任意选择一种颜色。

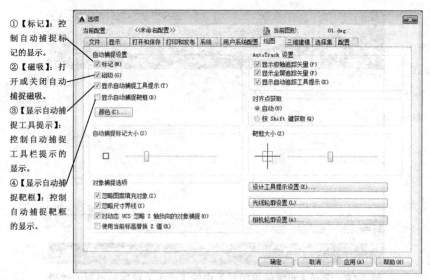

①【标记】：控制自动捕捉标记的显示。
②【磁吸】：打开或关闭自动捕捉磁吸。
③【显示自动捕捉工具提示】：控制自动捕捉工具栏提示的显示。
④【显示自动捕捉靶框】：控制自动捕捉靶框的显示。

图 6-20 【选项】对话框【绘图】选项卡

6.2.4 对象捕捉应用案例

本案例完成文件：ywj/06/6-2.dwg

多媒体教学路径：多媒体教学→第 6 章→第 2 节

6.2.4.1 案例分析

本案例是绘制一个轴承座的图形，主要使用对象捕捉命令进行绘图的实际操作。

6.2.4.2 案例操作

Step1 设置对象捕捉参数

①选择【工具】|【草图设置】菜单命令，打开【草图设置】对话框，设置对象捕捉。如图 6-21 所示。

②单击【确定】按钮。

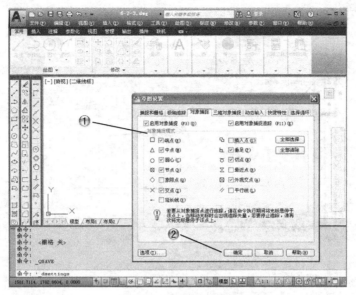

图 6-21　设置对象捕捉

!Step2 绘制矩形

①单击【矩形】按钮，如图 6-22 所示。
②在【命令行】中输入尺寸，绘制矩形。

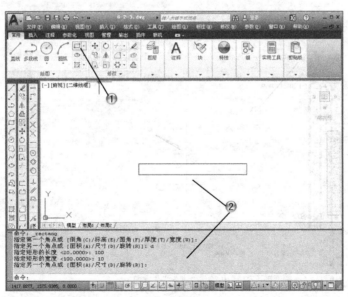

图 6-22　绘制矩形

!Step3 绘制中心线

①单击【直线】按钮，如图 6-23 所示。
②两次单击，绘制中心线。

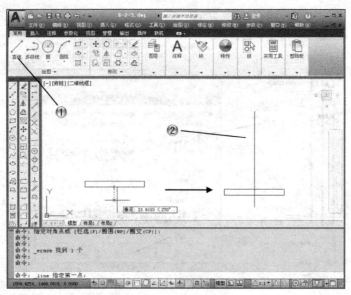

图 6-23 绘制中心线

Step4 绘制同心圆

① 单击【圆心,半径】按钮,如图 6-24 所示。
② 绘制半径为 20 和 10 的同心圆。

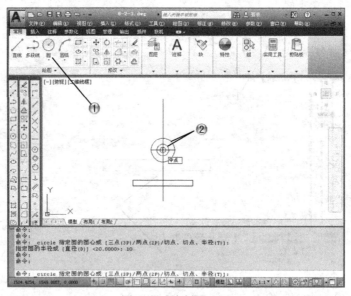

图 6-24 绘制同心圆

Step5 绘制切线

① 单击【直线】按钮,如图 6-25 所示。
② 绘制两条相切直线。

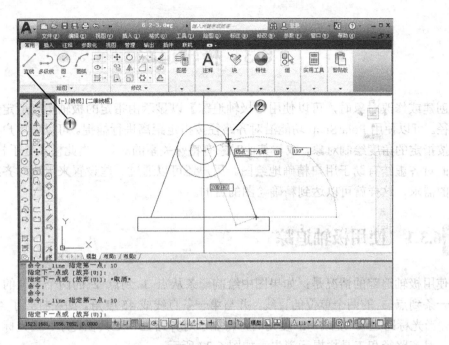

图 6-25 绘制切线

!Step6 绘制相交线

① 单击【直线】按钮,如图 6-26 所示。
② 绘制两条垂直相交线。

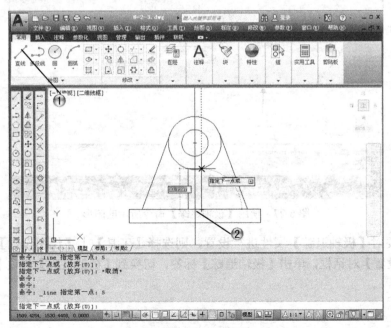

图 6-26 绘制相交线

6.3 极轴追踪

创建或修改对象时，可以使用【极轴追踪】以显示由指定的极轴角度所定义的临时对齐路径。可以使用 PolarSnap 功能沿对齐路径按指定距离进行捕捉。可以使用户在绘图的过程中按指定的角度绘制对象，或与其他对象有特殊关系的对象，当此模式处于打开状态时，临时的对齐虚线有助于用户精确地绘图。用户还可以通过一些设置来更改对齐路线以适合自己的需求，这样就可以达到精确绘图的目的。

6.3.1 使用极轴追踪

使用极轴追踪的情况是：如果图中绘制一条从点 1 到点 2 的两个单位的直线，然后绘制一条到点 3 的两个单位的直线，并与第一条直线成 45 度角。如果打开了 45 度极轴角增量，当光标跨过 0 度或 45 度角时，将显示对齐路径和工具栏提示。当光标从该角度移开时，对齐路径和工具栏提示消失，如图 6-27 所示。

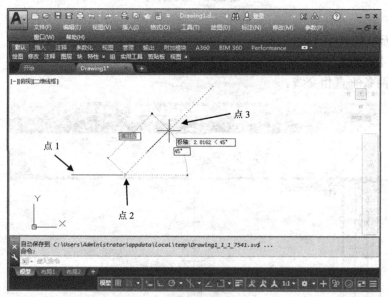

图 6-27 使用【极轴追踪】命令所示的图形

如果需要对【极轴追踪】属性进行设置，则选择【工具】|【绘图设置】菜单命令，打开【草图设置】对话框，单击【极轴追踪】标签，切换到【极轴追踪】选项卡，如图 6-28 所示。

提示

附加角度是绝对的,而非增量的。添加分数角度之前,必须将 AUPREC 系统变量设置为合适的十进制精度以防止不需要的舍入。例如,如果 AUPREC 的值为 0(默认值),则所有输入的分数角度将舍入为最接近的整数。

① 【启用极轴追踪】:打开或关闭极轴追踪。
② 【极轴角设置】选项组:设置极轴追踪的对齐角度。

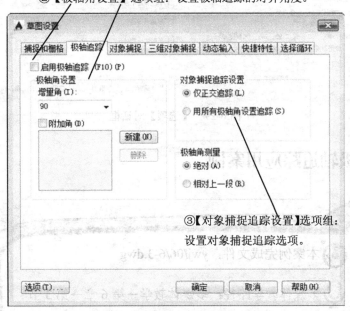

③ 【对象捕捉追踪设置】选项组:设置对象捕捉追踪选项。

图 6-28 【草图设置】对话框中的【极轴追踪】选项卡

6.3.2 自动追踪

选择【工具】|【选项】菜单命令,打开如图 6-29 所示的【选项】对话框,在【AutoTrack 设置】选项组中进行【自动追踪】的设置。

①【显示极轴追踪矢量】：当极轴追踪打开时，将沿指定角度显示一个矢量。使用极轴追踪，可以沿角度绘制直线。

②【显示全屏追踪矢量】：控制追踪矢量的显示。追踪矢量是辅助用户按特定角度或与其他对象特定关系绘制对象的构造线。如果启用此复选框，对齐矢量将显示为无限长的线。

③【显示自动追踪工具提示】：控制自动追踪工具提示的显示。工具提示是一个标签，它显示追踪坐标。

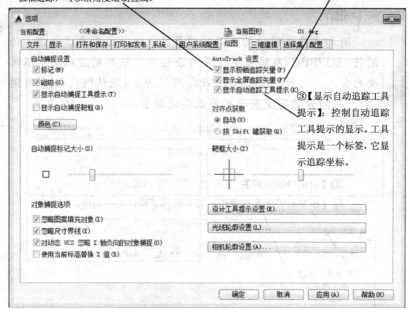

图 6-29 【选项】对话框

6.3.3 极轴追踪应用案例

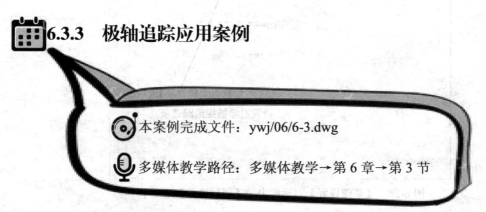

本案例完成文件：ywj/06/6-3.dwg

多媒体教学路径：多媒体教学→第 6 章→第 3 节

6.3.3.1 案例分析

本案例是使用极轴追踪绘制一个板子的二维图形，目的是使用户熟悉极轴追踪的实际操作。

6.3.3.2 案例操作

Step1 设置增量角

① 选择【工具】|【草图设置】菜单命令，打开【草图设置】对话框，设置极轴追踪。如图 6-30 所示。

② 单击【确定】按钮。

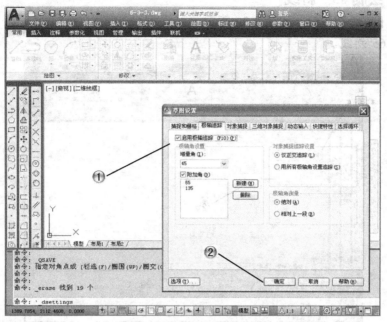

图 6-30　设置增量角

Step2 绘制两条直线

① 单击【直线】按钮,如图 6-31 所示。
② 绘制两条直线。

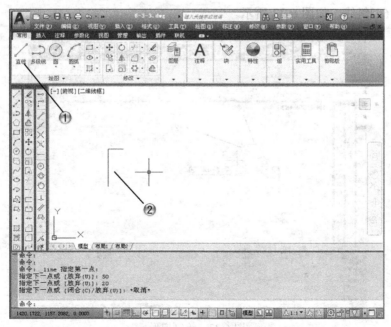

图 6-31　绘制两条直线

Step3 绘制 65° 斜线

① 单击【直线】按钮，如图 6-32 所示。
② 绘制 65°斜线。

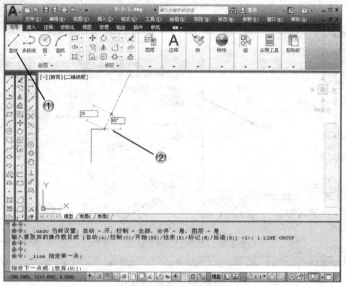

图 6-32　绘制 65° 斜线

Step4 绘制梯形

① 绘制直线。
② 绘制 65°斜线，如图 6-33 所示。

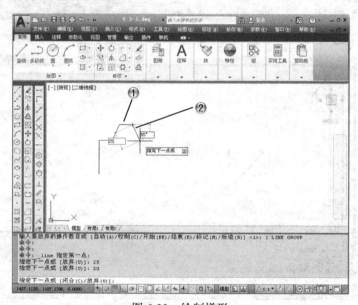

图 6-33　绘制梯形

Step5 绘制第三个 65°斜线

① 绘制直线。

② 绘制 65°斜线,如图 6-34 所示。

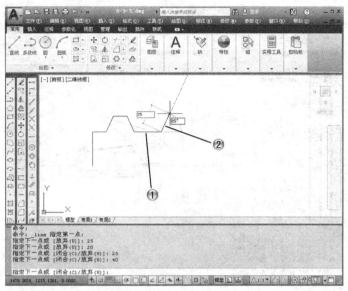

图 6-34　绘制第三个 65°斜线

Step6 绘制第二个梯形

① 绘制直线。

② 绘制 65°斜线,如图 6-35 所示。

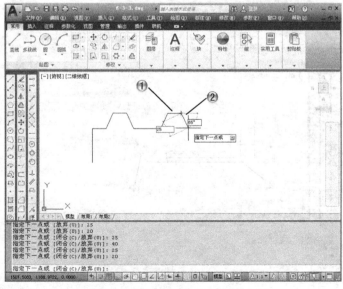

图 6-35　绘制第二个梯形

Step7 绘制凹槽

① 绘制两条直线。

② 绘制凹槽,如图 6-36 所示。

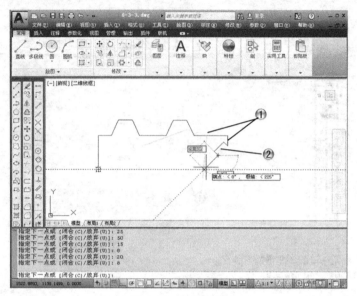

图 6-36 绘制凹槽

Step8 封闭图形

① 绘制直线。

② 封闭图形,如图 6-37 所示。

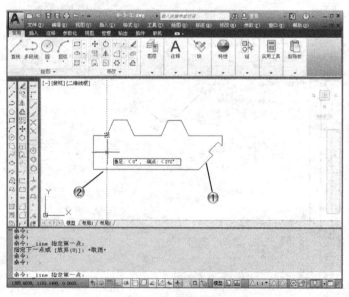

图 6-37 封闭图形

Step9 绘制 135° 斜线

① 绘制直线。

② 绘制 135°斜线,如图 6-38 所示。

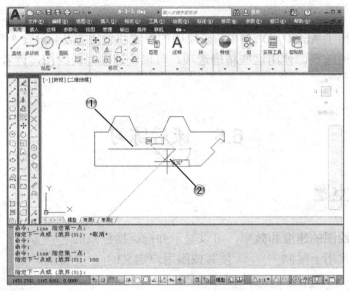

图 6-38　绘制 135° 斜线

Step10 绘制内梯形

① 绘制直线。

② 封闭图形,如图 6-39 所示。

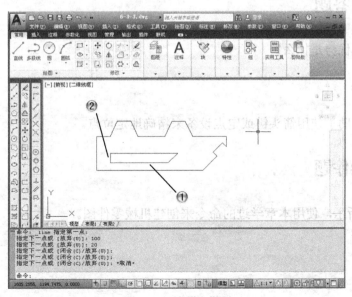

图 6-39　绘制内梯形

6.4　本章小结

本章主要介绍了 AutoCAD 2018 精确绘图的设置和使用方法，设置选项包括栅格捕捉、对象捕捉和极轴追踪等，使用这些精确选项，可以快速准确的绘图，读者可以结合练习进行学习。

6.5　课后练习

6.5.1　填空题

（1）要提高绘图的速度和效率，可以显示并捕捉栅格点的＿＿＿。
（2）捕捉模式用于限制＿＿＿，使其按照用户定义的＿＿＿移动。

答案：

（1）矩阵。
（2）十字光标，间距。

6.5.2　问答题

捕捉模式的优势是什么？

答案：

捕捉模式有助于使用箭头键或定点设备来精确地定位点。

6.5.3　操作题

如图 6-40 所示，使用本章学过的命令来创建机械零件图。

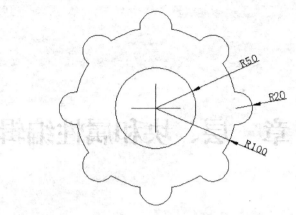

图 6-40 机械零件图

练习内容：

(1) 设置对象捕捉。
(2) 绘制机械零件平面。
(3) 标注尺寸。

第 7 章 层、块和属性编辑

在使用 AutoCAD 绘制图形时，会遇到大量相似的图形实体，如果重复绘制，效率极其低下。AutoCAD 提供了一种有效的工具——"块"。块是一组相互集合的实体，它可以作为单个目标加以应用，可以由 AutoCAD 中的任何图形实体组成。图纸的图层就像不同颜色但覆盖在一起的透明薄膜，各个图层共同组成完成的图纸。

本章主要讲述 AutoCAD 2018 图层的创建、状态和特性，以及图层管理的方法，同时介绍块和属性编辑的使用。

学习要求	学习目标 知识点	了解	理解	应用	实践
	图层管理	√	√	√	√
	块操作	√	√	√	√
	属性编辑	√	√	√	

7.1 图层管理

在绘图设计中，用户可以为设计概念相关的一组对象创建和命名图层，并为这些图层指定通用特性。对于一个图形可创建的图层数和在每个图层中创建的对象数都是没有限制的，只要将对象分类并置于各自的图层中，即可方便、有效地对图形进行编辑和管理。

7.1.1 创建图层

通过创建图层，可以将类型相似的对象指定给同一个图层使其相关联。例如，可以将构造线、文字、标注和标题栏置于不同的图层上，然后进行控制，创建图层的方法如下。

(1) 在【默认】选项卡的【图层】面板中单击【图层特性】按钮，将打开【图层特性管理器】工具选项板，图层列表中将自动添加名称为"0"的图层，所添加的图层呈被选中即高亮显示状态。

(2) 在【名称】列为新建的图层命名。图层名最多可包含 255 个字符，其中包括字母、数字和特殊字符，如"￥"符号等，但图层名中不可包含空格。

(3) 如果要创建多个图层，可以多次单击【新建图层】按钮，并以同样的方法为每个图层命名，按名称的字母顺序来排列图层，创建完成的图层如图 7-1 所示。

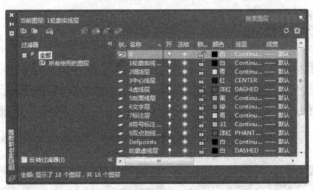

图 7-1 【图层特性管理器】工具选项板

每个新图层的特性都被指定为默认设置，即在默认情况下，新建图层与当前图层的状态、颜色、线性、线宽等设置相同。当然用户既可以使用默认设置，也可以给每个图层指定新的颜色、线型、线宽和打印样式，其概念和操作将在下面内容中涉及。

7.1.2 命名图层过滤器

绘制一个图形时，可能需要创建多个图层，当只需列出部分图层时，通过【图层特性管理器】工具选项板的过滤图层设置，可以按一定的条件对图层进行过滤，最终只列出满足要求的部分图层。

在过滤图层时，可依据图层名称、颜色、线型、线宽、打印样式或图层的可见性等条件过滤图层。这样，可以更加方便地选择或清除具有特定名称或特性的图层。

选择【格式】|【图层】菜单命令，单击【图层特性管理器】工具选项板中的【新建特性过滤器】按钮 ，打开【图层过滤器特性】对话框，如图 7-2 所示。在该对话框中可以选择或输入图层状态、特性设置。包括状态、名称、开、冻结、锁定、颜色、线型、线宽、透明度、打印样式、打印、新视口、冻结等。

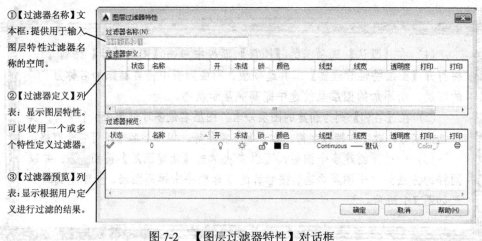

图 7-2　【图层过滤器特性】对话框

7.1.3　删除图层

可以通过从【图层特性管理器】工具选项板中删除图层来从图形中删除不使用的图层。但是只能删除未被参照的图层。被参照的图层包括图层 0 及 Defpoints、包含对象（包括块定义中的对象）的图层、当前图层和依赖外部参照的图层，其操作步骤如图 7-3 所示。

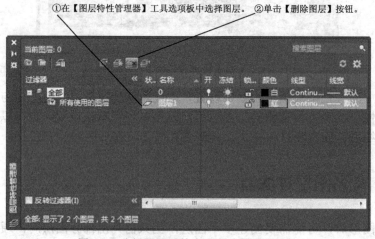

图 7-3　选择图层后单击【删除图层】按钮

> **提示**
>
> 图层特性（如线型和线宽）可以通过【图层特性管理器】工具选项板和【特性】对话框来设置，但对于重命名图层来说，只能在【图层特性管理器】工具选项板中修改，而不能在【特性】对话框中修改。

7.1.4 设置当前图层

绘图时，新创建的对象将置于当前图层上。当前图层可以是默认图层（0），也可以是用户自己创建并命名的图层。通过将其他图层置为当前图层，可以从一个图层切换到另一个图层；随后创建的任何对象都与新的当前图层关联并采用其颜色、线型和其他特性。但是不能将冻结的图层或依赖外部参照的图层设置为当前图层，其操作步骤如图 7-4 所示。

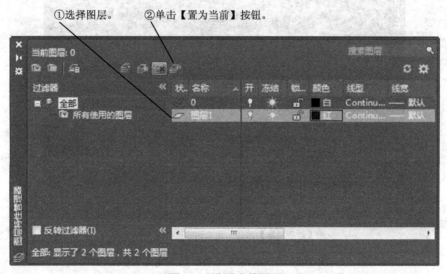

图 7-4 设置当前图层

7.1.5 显示图层细节

单击【图层】面板中的【图层特性】按钮。可以打开【图层特性管理器】工具选项板，如图 7-5 所示。

> ☆ 提示
>
> 【图层特性管理器】工具选项板用来显示图形中的图层列表及其特性。在 AutoCAD 中，使用【图层特性管理器】工具选项板不仅可以创建图层，设置图层的颜色、线型和线宽，还可以对图层进行更多的设置与管理，如图层的切换、重命名、删除及图层的显示控制、修改图层特性或添加说明。

① 【新建特性过滤器】按钮：显示【图层过滤器特性】对话框。
② 【新建组过滤器】按钮：用来创建一个图层过滤器。
③ 【图层状态管理器】按钮：显示【图层状态管理器】对话框。

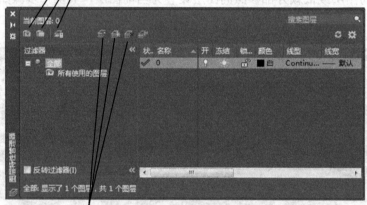

④ 【新建图层】按钮：用来创建新图层。
⑤ 【在所有视口中都被冻结的新图层视口】按钮：创建新图层。
⑥ 【删除图层】按钮：用来删除已经选定的图层。

图 7-5 【图层特性管理器】工具选项板

7.1.6 图层状态管理器

单击【图层特性管理器】工具选项板中的【图层状态管理器】按钮，打开【图层状态管理器】对话框，运用【图层状态管理器】来保存、恢复和管理命名图层状态，如图 7-6 所示。

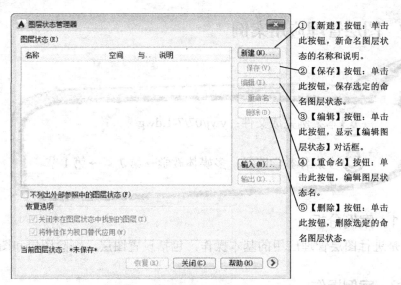

图 7-6 【图层状态管理器】对话框

单击【更多恢复选项】按钮，打开如图 7-7 所示的【图层状态管理器】对话框，以显示更多的恢复设置选项。如果我们一次选中多个对象进行排序，则被选中对象之间的相对显示顺序并不改变，而只改变与其他对象的相对位置。

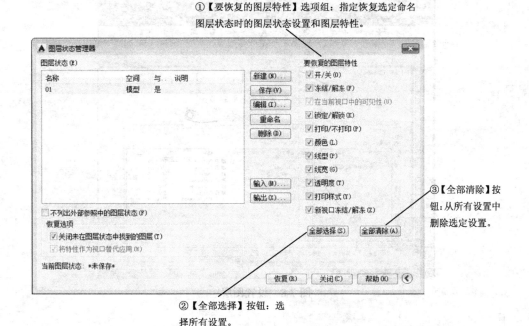

图 7-7 【图层状态管理器】对话框

7.1.7 图层管理应用案例

本案例完成文件：ywj/07/7-1.dwg

多媒体教学路径：多媒体教学→第 7 章→第 1 节

7.1.7.1 案例分析

本案例是进行图层管理应用的基本操作，包括设置图层、删除图层和图层过滤器等操作。

7.1.7.2 案例操作

Step1 设置图层

① 单击【图层特性】按钮，如图 7-8 所示。
② 在【图层特性管理器】工具选项板中设置图层。

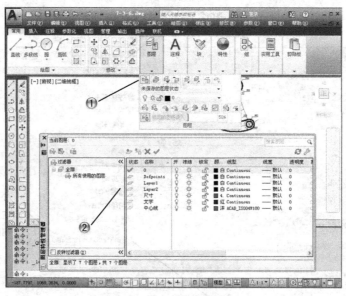

图 7-8 设置图层

Step2 删除图层

① 选择图层，如图 7-9 所示。
② 单击【删除图层】按钮，删除图层。

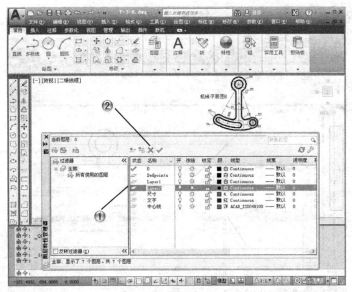

图 7-9　删除图层

Step3 新建图层过滤器

① 单击【新建特性过滤器】按钮,打开【图层过滤器特性】对话框,如图 7-10 所示。
② 在【图层过滤器特性】对话框中设置过滤器定义。
③ 单击【确定】按钮。

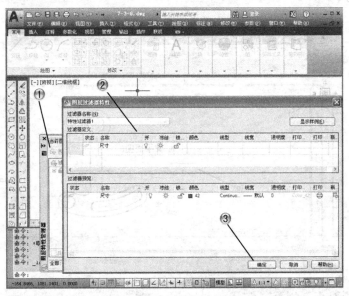

图 7-10　新建图层过滤器

Step4 置为当前图层

① 选择图层,如图 7-11 所示。

· 167 ·

② 单击【置为当前】按钮，置为当前图层。

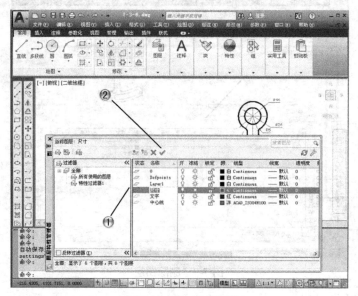

图 7-11　置为当前图层

Step5 尺寸标注

① 单击【线性】按钮，如图 7-12 所示。
② 标注尺寸。

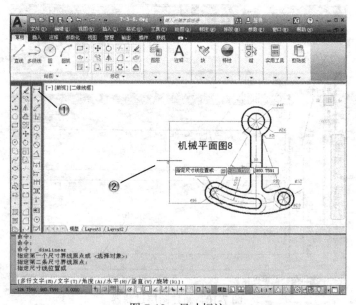

图 7-12　尺寸标注

Step6 保存新图层状态

① 单击【图层状态管理器】按钮，打开【图层状态管理器】对话框，如图 7-13 所示。

② 单击【保存】按钮，打开【要保存的新图层状态】对话框。
③ 单击【确定】按钮，保存新图层状态。

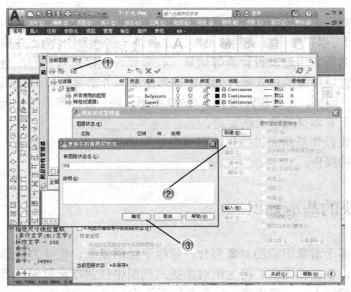

图 7-13　保存新图层状态

!Step7 编辑图层状态

① 在【图层状态管理器】对话框中单击【编辑】按钮，打开【编辑图层状态】对话框，如图 7-14 所示。
② 编辑图层状态。
③ 单击【确定】按钮。

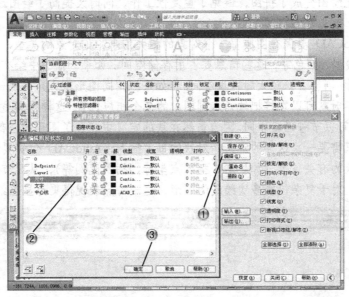

图 7-14　编辑图层状态

7.2 块操作

在绘制图形时，如果图形中有大量相同或相似的内容，或者所绘制的图形与已有的图形文件相同，则可以把要重复绘制的图形创建成块（也称为图块），并根据需要为块创建属性，指定块的名称、用途及设计者等信息，在需要时直接插入它们，当然，用户也可以把已有的图形文件以参照的形式插入到当前图形中（即外部参照），或通过 AutoCAD 设计中心浏览、查找、预览、使用和管理 AutoCAD 图形、块、外部参照等不同的资源文件。块的广泛应用是由于它本身的特点决定的。

概括地讲，块操作是指通过操作达到用户使用块的目的，如创建块，保存块，块插入等对块进行的一些操作。

7.2.1 块的基本知识

块是一个或多个对象组成的对象集合，常用于绘制复杂、重复的图形。一旦一组对象组合成块，就可以根据作图需要将这组对象插入到图中任意指定位置，而且还可以按不同的比例和旋转角度插入。一般来说，块具有如下特点。

(1) 提高绘图速度

用 AutoCAD 绘图时，常常要绘制一些重复出现的图形。如果把这些经常要绘制的图形定义成块保存起来，绘制它们时就可以用插入块的方法实现，即把绘图变成了拼图，避免了重复性工作，同时又提高了绘图速度。

(2) 节省存储空间

AutoCAD 要保存图中每一个对象的相关信息，如对象的类型、位置、图层、线型、颜色等，这些信息要占用存储空间。如果一幅图中绘有大量相同的图形，则会占据较大的磁盘空间。但如果把相同图形事先定义成一个块，绘制它们时就可以直接把块插入到图中的各个相应位置。这样既满足了绘图要求，又可以节省磁盘空间。因为虽然在块的定义中包含了图形的全部对象，但系统只需要一次这样的定义。对块的每次插入，AutoCAD 仅需要记住这个块对象的有关信息（如块名、插入点坐标、插入比例等），从而节省了磁盘空间。对于复杂但需多次绘制的图形，这一特点表现得更为显著。

(3) 便于修改图形

一张工程图纸往往需要多次修改。如在机械设计中,旧国家标准用虚线表示螺栓的内径,新国标把内径用细实线表示。如果对旧图纸上的每一个螺栓按新国家标准修改,既费时又不方便。但如果原来各螺栓是通过插入块的方法绘制的,那么,只要简单地进行再定义块等操作,图中插入的所有该块均会自动进行修改。

(4) 加入属性

很多块还要求有文字信息以进一步解释、说明。AutoCAD 允许为块定义这些文字属性,而且还可以在插入的块中显示或不显示这些属性;从图中提取这些信息并将它们传送到数据库中。

7.2.2 创建块

创建块是把一个或是一组实体定义为一个整体【块】。可以通过以下方式来创建块,如图 7-15 所示。

图 7-15 创建块

执行上述任一操作后,AutoCAD 会打开如图 7-16 所示的【块定义】对话框。

图 7-16 【块定义】对话框

> **提示**
>
> 不能用 DIRECT、LIGHT、AVE_RENDER、RM_SDB、SH_SPOT 和 OVERHEAD 作为有效的块名称。

单击【块定义】对话框【超链接】按钮，打开【插入超链接】对话框，如图 7-17 所示，可以使用该对话框将某个超链接与块定义相关联。

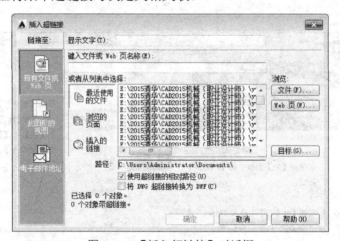

图 7-17 【插入超链接】对话框

7.2.3 将块保存为文件

用户创建的块会保存在当前图形文件的块的列表中，当保存图形文件时，块的信息和图形一起保存。当再次打开该图形时，块信息同时也被载入。但是当用户需要将所定义的块应用于另一个图形文件时，就需要先将定义的块保存，然后再调出使用。

使用 wblock 命令，块就会以独立的图形文件（dwg）的形式保存。同样，任何 dwg 图形文件也可以作为块来插入。

在【命令行】中输入"wblock"后按下 Enter 键。在打开的如图 7-18 所示的【写块】对话框中进行设置后，单击【确定】按钮即可。

> ★提示
>
> 用户在执行 wblock 命令时，不必先定义一个块，只要直接将所选图形实体作为一个图块保存在硬盘上即可。当所输入的块不存在时，AutoCAD 会显示【AutoCAD 提示信息】对话框，提示块不存在，是否要重新选择。在多视窗中，wblock 命令只适用于当前窗口。存储后的块可以重复使用，而不需要从提供这个块的原始图形中选取。

①【源】选项组中有 3 个选项供用户选择。
②【基点】和【对象】选项组中的选项主要用于通过基点或对象的方式来选择目标。
③【目标】选项组：指定文件的新名称和新位置以及插入块时所用的测量单位。

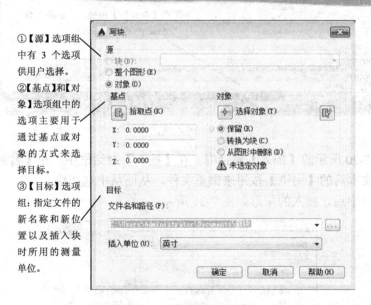

图 7-18　【写块】对话框

7.2.4　插入块

定义块和保存块的目的是为了使用块，使用插入命令来将块插入到当前的图形中。

图块是 CAD 操作中比较核心的工作，许多程序员与绘图工作者都建立了各种各样的图块。由于他们的工作给我们带来了简便，我们能像砖瓦一样使用这些图块。如工程制图中建立各个规格的齿轮与轴承；建筑制图中建立一些门、窗、楼梯、台阶等以便在绘制时方便调用。

当用户插入一个块到图形中，用户必须指定插入的块名，插入点的位置，插入的比例系数以及图块的旋转角度。插入可以分为两类：单块插入和多重插入。下面就分别讲述这两个插入命令。

（1）单块插入

插入块的命令，如图 7-19 所示。

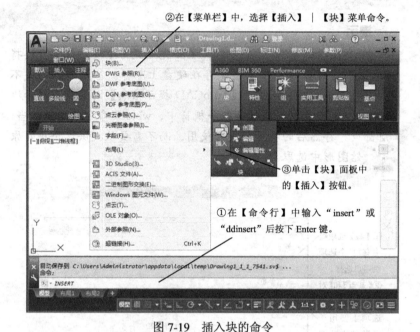

图 7-19　插入块的命令

打开如图 7-20 所示的【插入】对话框。在【插入】对话框中，在【名称】文本框输入块名或是单击文本后的【浏览】按钮来浏览文件，从而从中选择块。

将块插入图中后，插入的图形如图 7-21 所示。

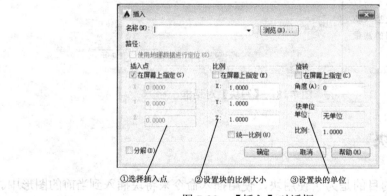

图 7-20　【插入】对话框

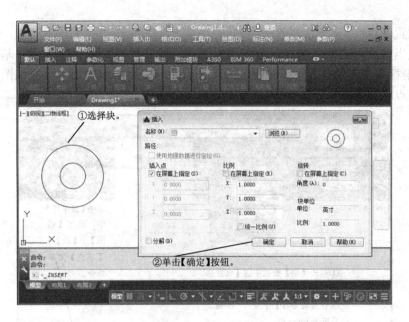

图 7-21 插入后图形

（2）多重插入

有时同一个块在一幅图中要插入多次，并且这种插入有一定的规律性。如阵列方式，这时可以直接采用多重插入命令。这种方法不但大大节省绘图时间，提高绘图速度，而且节约磁盘空间。

在命令行中输入"minsert"后按下 Enter 键，按照命令行提示进行相应的操作即可，如图 7-22 所示。

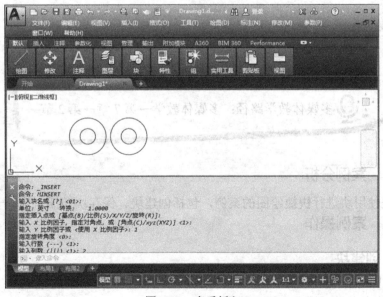

图 7-22 多重插入

（3）设置基点

要设置当前图形的插入基点，可以选用下列三种方法，如图 7-23 所示。基点是用当前 UCS 中的坐标来表示的。当向其他图形插入当前图形或将当前图形作为其他图形的外部参照时，此基点将被用作插入基点。

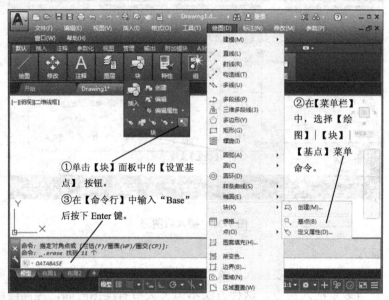

图 7-23　插入基点

7.2.5　块操作应用案例

本案例完成文件：ywj/07/7-2.dwg

多媒体教学路径：多媒体教学→第 7 章→第 2 节

7.2.5.1　案例分析

本案例是使用块进行快捷绘图的案例，包括创建块、保存块和插入块等一系列操作。

7.2.5.2　案例操作

Step1 创建块

①单击【创建块】按钮，打开【块定义】对话框，如图 7-24 所示。

②在【块定义】对话框中设置参数。

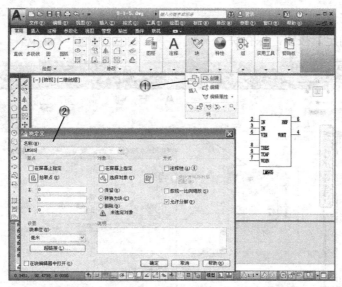

图 7-24　创建块

Step2 选择对象

① 在【块定义】对话框中单击【选择对象】按钮，如图 7-25 所示。
② 选择图形。
③ 单击【确定】按钮。

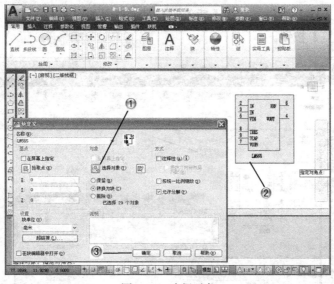

图 7-25　选择对象

Step3 保存块

① 在【命令行】中输入"wblock"后按下 Enter 键，打开【写块】对话框，单击【选择对象】按钮，如图 7-26 所示。

②选择图形块。
③单击【确定】按钮,保存块。

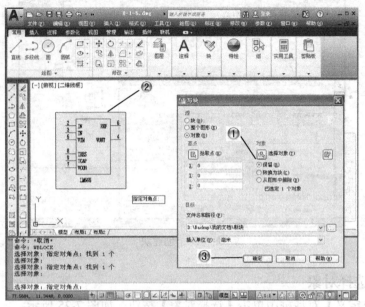

图 7-26 保存块

Step4 插入块

①单击【插入块】按钮,打开【插入块】对话框,如图 7-27 所示。
②单击【浏览】按钮。

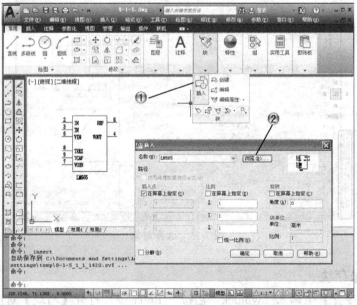

图 7-27 插入块

Step5 选择块文件

① 在打开的【选择图形文件】对话框中选择文件，如图 7-28 所示。
② 单击【打开】按钮。

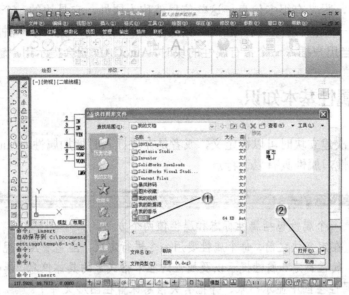

图 7-28 选择块文件

Step6 选择插入点

① 在绘图区单击，如图 7-29 所示。
② 放置插入的块。

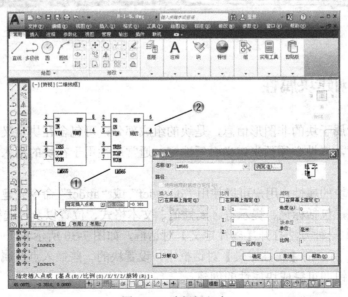

图 7-29 选择插入点

7.3 属性编辑

在一个块中，附带有很多信息，这些信息就称为属性。它是块的一个组成部分，从属于块，可以随块一起保存并随块一起插入到图形中，它为用户提供了一种将文本附于块的交互式标记，每当用户插入一个带有属性的块时，AutoCAD 就会提示用户输入相应的数据。

7.3.1 属性基本知识

属性在第一次建立块时可以被定义，或者是在块插入时增加属性，AutoCAD 还允许用户自定义一些属性，属性具有以下特点。

（1）一个属性包括属性标志和属性值两个方面。

（2）在定义块之前，每个属性要用命令进行定义。由它来具体规定属性缺省值、属性标志、属性提示以及属性的显示格式等的具体信息。属性定义后，该属性在图中显示出来，并把有关信息保留在图形文件中。

（3）在插入块之前，AutoCAD 将通过属性提示要求用户输入属性值。插入块后，属性以属性值表示。因此同一个定义块，在不同的插入点可以有不同的属性值。如果在定义属性时，把属性值定义为常量，则 AutoCAD 将不询问属性值。

7.3.2 创建块属性

块属性是附属于块的非图形信息，是块的组成部分，可包含在块定义中的文字对象。在定义一个块时，属性必须预先定义而后选定。通常属性用于在块的插入过程中进行自动注释。

要创建一个块的属性，用户可以使用"ddattdef"或"attdef"命令先建立一个属性定义来描述属性特征，包括标记、提示符、属性值、文本格式、位置以及可选模式等。

选用下列其中一种方法打开【属性定义】对话框，如图 7-30 所示。

在如图 7-31 所示的【属性定义】对话框中，设置块的一些插入点及属性标记等。然后单击【确定】按钮即可完成块属性的创建。

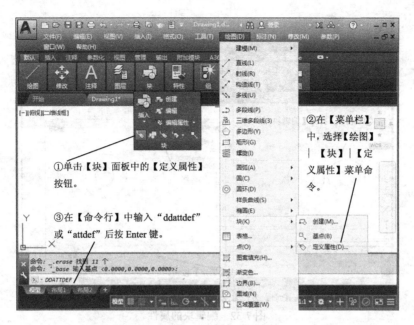

图 7-30　打开【属性定义】对话框

图 7-31　【属性定义】对话框

7.3.3　编辑属性定义

创建完属性后，就可以定义带属性的块，如图 7-32 所示。

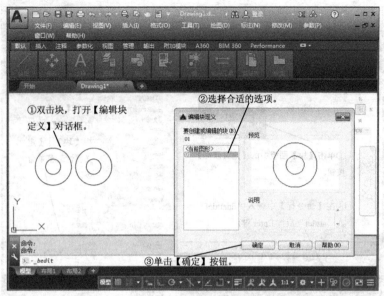

图 7-32 编辑块的属性

7.4 本章小结

本章主要介绍了如何在 AutoCAD 2018 中创建和编辑块、创建和管理属性块，并对图层管理进行了详细地讲解，介绍了图层的设置、创建、管理，以及相关特性的内容。通过本章的学习，读者应该能够熟练掌握创建、编辑和插入块、图层管理的方法，读者需要结合范例进行学习。

7.5 课后练习

7.5.1 填空题

（1）通过创建图层，可以将_____的对象指定给同一个图层使其相关联。
（2）一个属性包括_____和_____两个方面。
（3）块属性是附属于块的_____，是块的_____，可包含在块定义中的文字对象。

答案：

（1）类型相似。
（2）属性标志，属性值。
（3）非图形信息，组成部分。

7.5.2　问答题

（1）过滤图层有哪些条件？
（2）简述块具有哪些特点？

> 答案：

（1）在过滤图层时，可依据图层名称、颜色、线型、线宽、打印样式或图层的可见性等条件过滤图层。
（2）块具有如下特点。
①提高绘图速度
②节省存储空间
③便于修改图形
④加入属性

 **7.5.3　操作题**

如图 7-33 所示，使用本章学过的命令来创建法兰图纸。

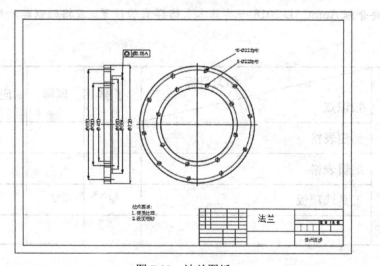

图 7-33　法兰图纸

> 练习内容：

（1）设置图层。
（2）绘制图形和标注。
（3）插入图框块。

第 8 章 表格和工具选项

 **本章导读**

　　创建表格是图形绘制的一个重要组成部分，它是图形的文字表达。AutoCAD 提供了多种表格的方法，可以满足建筑、机械、电子等大多数应用领域的要求。在绘图时使用位置标注，能够对图形的各个部分添加提示和解释等辅助信息，既方便用户绘制，又方便读者阅读。本章将讲述创建表格的方法和技巧。在使用 AutoCAD 绘制图形时，还会用到工具选项板，可以创建自己的绘图工具。

　　本章主要介绍 AutoCAD 2018 一些基本表格样式的设置、表格的创建和编辑，以及工具选项等。

学习要求	知识点 \ 学习目标	了解	理解	应用	实践
	创建表格	√	√	√	√
	编辑表格	√	√	√	√
	工具选项板	√	√	√	

8.1　创建和编辑表格

　　表格是 CAD 图纸中，列举零部件，展示零件信息的必要组成部分，不可或缺。使用表格可以使信息表达得很有条理、便于阅读，同时表格也具备计算功能。表格在建筑类图纸中经常用于门窗表、钢筋表、原料单和下料单等；在机械类图纸中常用于装配图零件明细栏、标题栏和技术说明栏等。

8.1.1 新建表格样式

在 AutoCAD 2018 中，可以通过以下两种方法创建表格样式，如图 8-1 所示。

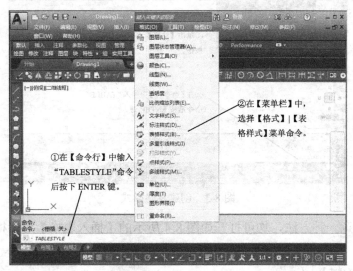

图 8-1 创建表格样式

使用以上任意一种方法，均会打开如图 8-2 所示的【表格样式】对话框。此对话框可以设置当前表格样式，以及创建、修改和删除表格样式。

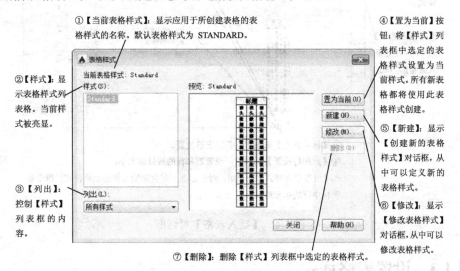

图 8-2 【表格样式】对话框

8.1.2 插入表格

在 AutoCAD 2018 中，可以通过以下两种方法创建表格样式，如图 8-3 所示。

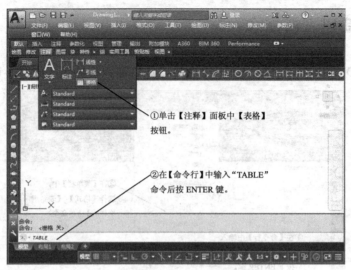

图 8-3　创建表格样式

使用以上任意一种方法，均可打开如图 8-4 所示的【插入表格】对话框。

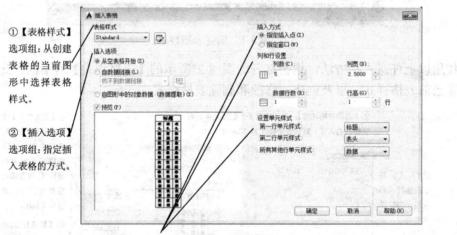

① 【表格样式】选项组：从创建表格的当前图形中选择表格样式。

② 【插入选项】选项组：指定插入表格的方式。

③ 【插入方式】选项组：指定表格位置。
④ 【列和行设置】选项组：设置列和行的数目和大小。
⑤ 【设置单元样式】选项组：对于那些不包含起始表格的表格样式，指定新表格中行的单元格式。

图 8-4　【插入表格】对话框

8.1.3　设置表格样式

在【创建新的表格样式】对话框【新样式名】文本框中输入要建立的表格名称，然后单击【继续】按钮，出现如图 8-5 所示的【新建表格样式】对话框，在对话框中通过对起始表格、常规、单元样式等格式设置，完成对表格样式的设置。

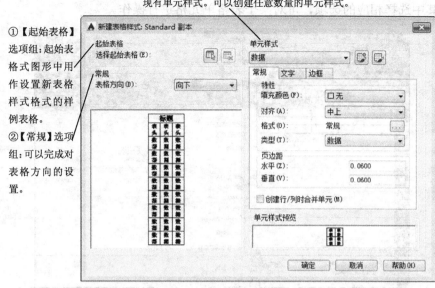

图 8-5　【新建表格样式】对话框

提示

边框设置好后，一定要单击表格边框按钮，应用选定的特征，如不应用，表格中的边框线在打印和预览时都看不见。

8.1.4　编辑表格

在绘图中选择表格后，在表格的四周、标题行上将显示若干个夹点，用户可以根据这些夹点来编辑表格，如图 8-6 所示。

	A	B	C	D	E
1					
2					
3					
4					
5					
6					
7					

图 8-6　选择表格

在 AutoCAD 2018 中，用户还可以使用快捷菜单来编辑表格。当选择整个表格时，单击鼠标右键，将弹出一个快捷菜单，如图 8-7 所示。在其中选择所需的选项，可以对整个表格进行相应的操作；选择表格单元格时，单击鼠标右键，将弹出一个快捷菜单，如图 8-8 所示，在其中选择相应的选项，可对某个表格单元格进行操作。

图 8-7　选择整个表格时的快捷菜单

图 8-8　选择表格单元格时的快捷菜单

从选择整个表格时的快捷菜单中可以看出，用户可以对表格进行剪切、复制、删除、移动、缩放和旋转等简单的操作。

8.1.5 表格设计应用案例

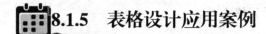

本案例完成文件：ywj/08/8-1.dwg

多媒体教学路径：多媒体教学→第8章→第1节

8.1.5.1 案例分析

本案例是在 AutoCAD 中进行表格的基本操作，包括插入表格、设置表格样式、调整移动表格和编辑表格等操作。

8.1.5.2 案例操作

Step1 插入表格

① 单击【表格】按钮，打开【插入表格】对话框，如图 8-9 所示。
② 设置表格参数。
③ 单击【确定】按钮，插入表格。

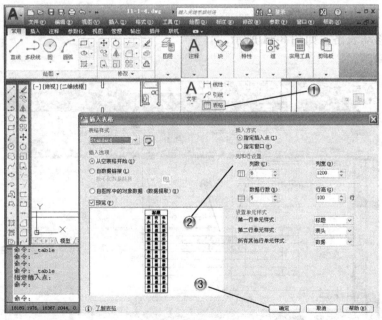

图 8-9 插入表格

Step2 取消合并

① 选择表格单元格，如图 8-10 所示。

② 单击【取消合并单元】按钮，取消表格单元格合并。

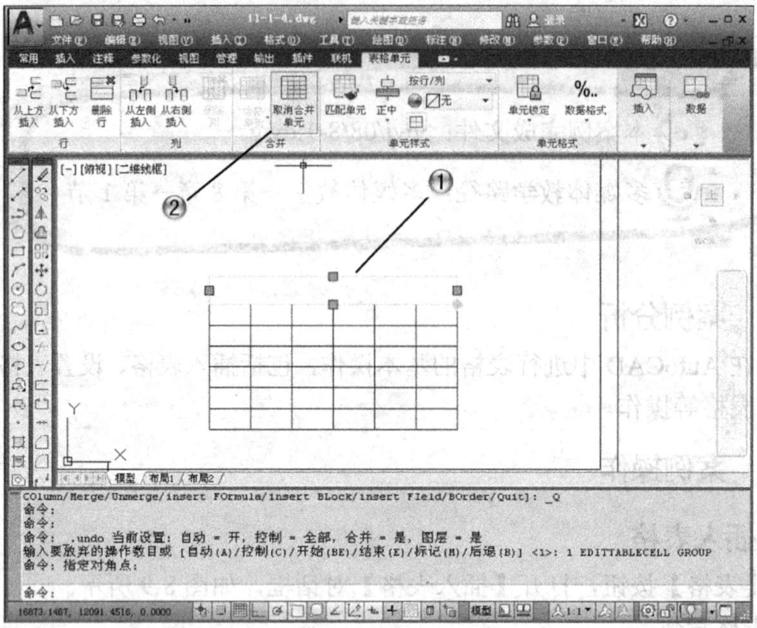

图 8-10 取消合并

> **Step3 移动调整表格**

① 依次移动表格，如图 8-11 所示。
② 调整间距。

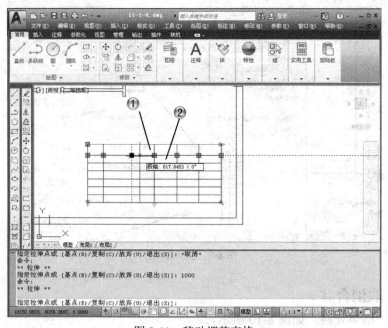

图 8-11 移动调整表格

Step4 合并表格

① 选择表格单元格，如图 8-12 所示。
② 单击【合并单元】按钮，合并表格单元格。

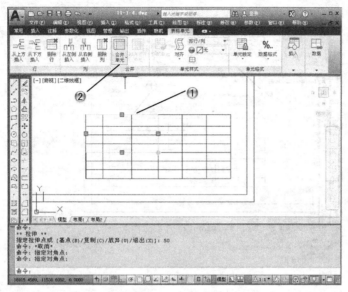

图 8-12 合并表格

Step5 合并表格

① 选择表格单元格，如图 8-13 所示。
② 单击【合并单元】按钮，合并表格单元格。

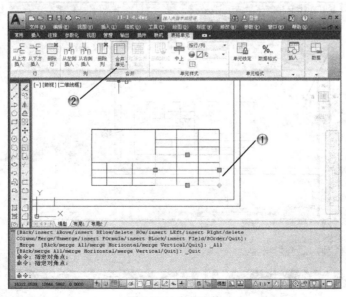

图 8-13 合并表格

Step6 合并表格

① 选择表格单元格,如图 8-14 所示。
② 单击【合并单元】按钮,合并表格单元格。

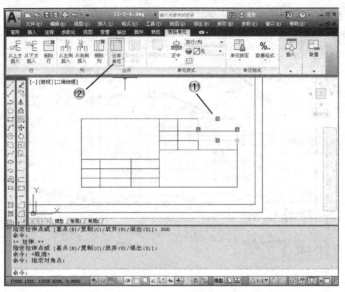

图 8-14 合并表格

Step7 绘制直线

① 单击【直线】按钮,如图 8-15 所示。
② 绘制直线。

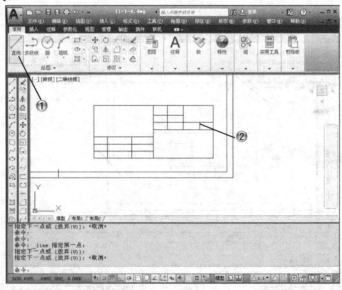

图 8-15 绘制直线

Step8 填写表格

① 单击表格,如图 8-16 所示。
② 添加文字。

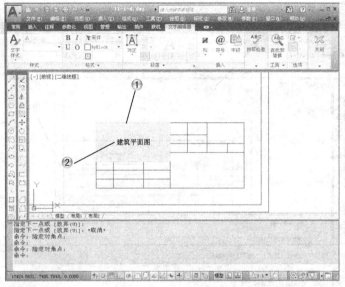

图 8-16　填写表格

Step9 填写其他内容

添加其他文字,如图 8-17 所示。

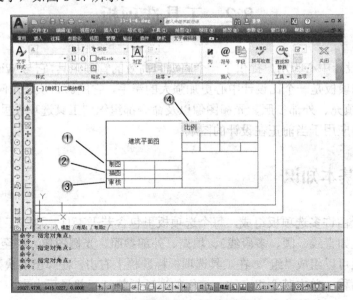

图 8-17　填写其他内容

> **Step10 移动表格**
> ① 单击【移动】按钮，如图 8-18 所示。
> ② 移动表格。

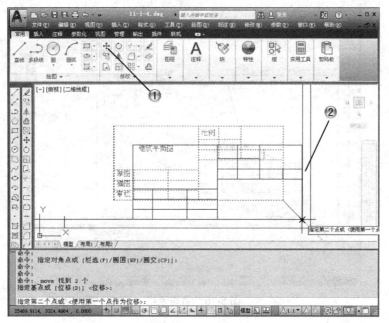

图 8-18　移动表格

8.2　工具选项板

AutoCAD 设计中心为用户提供了一个直观且高效的管理工具，它与 Windows 资源管理器类似。工具选项板是一个比设计中心更加强大的帮手，它能够将块、几何图形（如直线、圆、多段线）、填充、外部参照、光栅图像以及命令都组织到工具选项板里面创建成工具，以便将这些工具应用于当前正在设计的图纸。

8.2.1　基本知识

工具选项板由许多选项板组成，每个选项板里包含若干工具，这些工具可以是块，或者是几何图形（如直线、圆、多段线）、填充、外部参照、光栅图像，甚至可以是命令。

若干选项板可以组成"组"。在工具选项板标题栏上右击，在弹出的快捷菜单的下端列出的就是组的名称。单击某个组名称，该组的选项板就打开并显示出来。也可以直接单击选项板下方重叠在一起的地方，打开所要的选项板。

将工具选项板里的工具使用到当前正在设计的图纸十分简单，单击工具选项板里的工具，命令提示行将显示相应的提示，按照提示进行操作即可。

选择【工具】|【选项板】菜单命令，其中有多个选项板，选择相应命令后即可调出，如图 8-19 所示。

图 8-19 【选项板】菜单

选择【工具】|【选项板】|【特性】菜单命令，调出【特性】工具选项板，如图 8-20 所示。在【特性】工具选项板中可以设置特征属性。

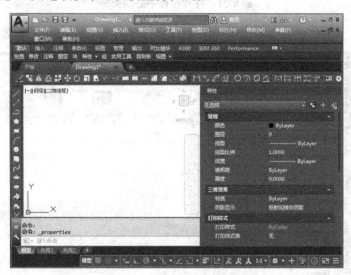

图 8-20 【特性】工具选项板

8.2.2 设计中心

下面介绍一下工具选项板中的设计中心。

(1) 打开设计中心

利用设计中心打开图形的主要操作方法如图 8-21 所示。

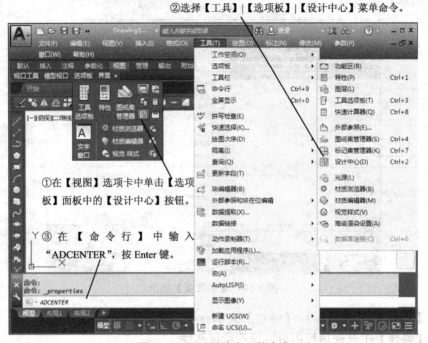

图 8-21 打开设计中心的命令

执行以上任一个命令，都将出现如图 8-22 所示的【设计中心】工具选项板。

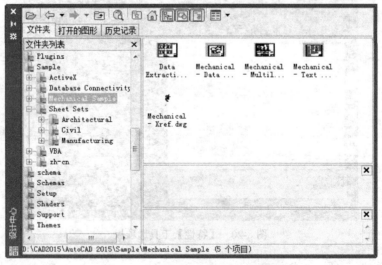

图 8-22 【设计中心】工具选项板

从【文件夹列表】中任意找到一个 AutoCAD 文件，用鼠标右键单击选择文件，在弹出的快捷菜单中选择【在应用程序窗口中打开】命令，将图形打开，如图 8-23 所示。

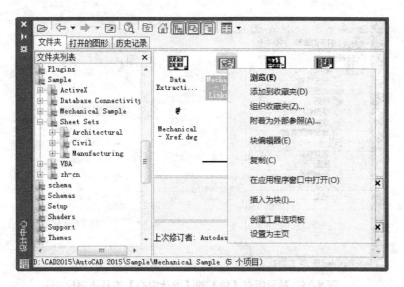

图 8-23 选择【在应用程序窗口中打开】命令

（2）使用设计中心插入块

使用设计中心可以把其他图形中的块引用到当前图形中。

在【文件夹列表】中，双击要插入到当前图形中的图形文件，在右边栏中会显示出图形文件所包含的标注样式、文字样式、图层、块等内容，如图 8-24 所示。

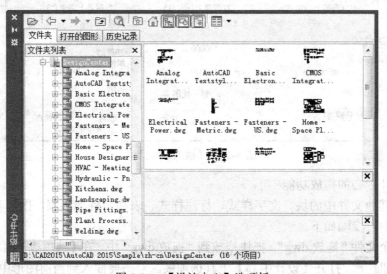

图 8-24 【设计中心】选项板

选择图纸，双击【块】，显示出图形中包含的所有内容，如图 8-25 所示。

双击要插入的块，会出现【插入】对话框，如图 8-26 所示。在【插入】对话框中可以指定插入点的位置、旋转角度和比例等，设置完后单击【确定】按钮，返回当前图形，完成对块的插入。

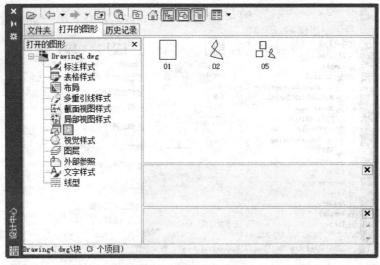

图 8-25 显示所有【块】的【设计中心】工具选项板

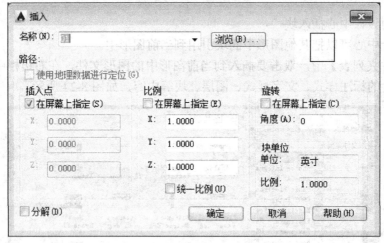

图 8-26 【插入】对话框

(3) 设计中心的拖放功能

可以把其他文件中的块、文字样式、标注样式、表格、外部参照、图层和线型等复制到当前文件中，步骤如下。

新建一个文件"拖放.dwg"，把块拖放到"拖放.dwg"中。在【选项板】面板上单击【设计中心】按钮 ，打开【设计中心】工具选项板。双击要插入到当前图形中的图形文件，在内容区显示图形中包含的标注样式、文字样式、图层、块等内容。双击【块】，显示出图像中包含的所有块。拖动"rou"到当前图形，可以把块复制到"拖放.dwg"文件中。按住 Ctrl 键，选择要复制的所有图层设置，然后按住鼠标左键拖动到当前文件的绘图区，这样就可以把图层的设置一并复制到"拖放.dwg"文件中。

8.3 本章小结

本章主要介绍了 AutoCAD 2018 表格和工具选项板的知识，这些内容是 CAD 绘图的补充，在很多场合会使用到。通过本章案例的学习，读者应该可以使用表格设计方法，减小图形文件的容量，节省存储空间，进而提高绘图速度。

8.4 课后练习

8.4.1 填空题

（1）使用表格可以使信息表达得很有条理、便于阅读，同时表格也具备_____功能。
（2）使用设计中心可以把其他图形中的_____引用到当前图形中。

答案：

（1）计算。
（2）块。

8.4.2 问答题

工具选项板的功能有哪些？

答案：

工具选项板是一个比设计中心更加强大的帮手，它能够将块、几何图形（如直线、圆、多段线）、填充、外部参照、光栅图像以及命令都组织到工具选项板里面创建成工具，以便将这些工具应用于当前正在设计的图纸。

8.4.3 操作题

如图 8-27 所示，使用本章学过的命令来创建建筑图中的表格。

	（校名）		工程 名称		
审 核				设计号	
设 计		（图名）		图 别	
制 图				图 号	

序号	名称	代号	序号	名称	代号
1	板	B	8	墙板	QB
2	屋面板	WB	9	天沟板	TGB
3	空心板	KB	10	梁	L
4	槽形板	CB	11	屋面梁	WL
5	折板	ZB	12	吊车梁	DL
6	密肋板	MB	13	车挡	CD
7	楼梯板	TB	14	圆梁	QL

图 8-27 建筑图表格

 练习内容：

（1）设置表格样式。
（2）插入表格。
（3）设置表格。
（4）添加表格中的文字。

第 9 章 三维绘图

本章导读

在 AutoCAD 2018 中有一项重要的功能,即三维绘图。利用三维图形可以直观地体现模型的位置、状态等信息,更有利于生产制造。三维绘图是二维绘图的延伸,也是绘图中较为高端的手段。

本章主要向用户介绍三维绘图的基础知识,包括三维坐标系统和视点的使用,同时讲解基本的三维图形界面和绘制方法,介绍绘制三维实体的方法和命令,并讲解三维实体的编辑方法,使用户对三维实体绘图有所认识。

学习要求	知识点＼学习目标	了解	理解	应用	实践
	三维界面和坐标系	√	√		
	设置三维视点	√	√	√	
	绘制三维曲面	√	√		
	绘制三维实体	√	√	√	√
	编辑三维对象	√	√	√	
	编辑三维实体	√	√	√	√

9.1 三维界面和坐标系

三维实体是一个直观的立体表现方式,但要在平面的基础上表示三维图形,则需要有一些三维知识,并且对平面的立体图形有所认识。在 AutoCAD 2018 中包含三维绘图的界面,更加适合三维绘图的习惯。另外要进行三维绘图,首先要了解用户坐标。下面来认识一下三维坐标系统和视点,并了解用户坐标系统的一些基本操作。

9.1.1 三维界面

打开 AutoCAD 2018 后,选择提示栏中的【三维建模】选项,进入三维界面,如图 9-1 所示。

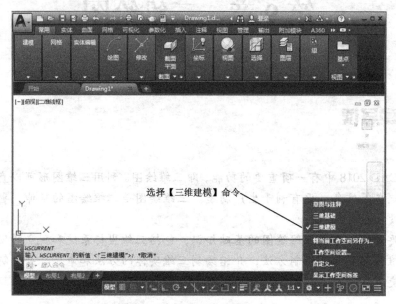

图 9-1　选择【三维建模】命令

AutoCAD 2018 三维建模界面,如图 9-2 所示。

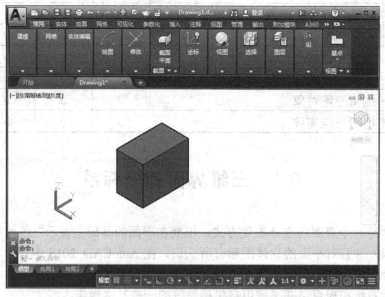

图 9-2　三维建模界面

9.1.2 坐标系

AutoCAD 的大多数几何编辑命令取决于 UCS 的位置和方向，图形将绘制在当前 UCS 的 XY 平面上。UCS 命令设置用户坐标系在三维空间中的方向。它定义二维对象的方向和 THICKNESS 系统变量的拉伸方向。它也提供 ROTATE（旋转）命令的旋转轴，并为指定点提供默认的投影平面。当使用定点设备定义点时，定义的点通常置于 XY 平面上。如果 UCS 旋转使 Z 轴位于与观察平面平行的平面上（XY 平面对于观察者来说显示为一条边），那么可能很难查看该点的位置。这种情况下，将把该点定位在与观察平面平行的包含 UCS 原点的平面上。例如，如果观察方向沿着 X 轴，那么用定点设备指定的坐标将定义在包含 UCS 原点的 YZ 平面上。

不同对象新建的 UCS 也有所不同，如表 9-1 所示。

表 9-1 不同对象新建 UCS 的情况

对象	确定 UCS 的情况
圆弧	圆弧的圆心成为新 UCS 的原点，X 轴通过距离选择点最近的圆弧端点
圆	圆的圆心成为新 UCS 的原点，X 轴通过选择点
直线	选择距离最近的端点成为新 UCS 的原点，选择新 X 轴，直线位于新 UCS 的 XZ 平面上。直线第二个端点在新系统中的 Y 坐标为 0
二维多段线	多段线的起点为新 UCS 的原点，X 轴沿从起点到下一个顶点的线段延伸

9.1.3 创建 UCS

启动 UCS 可以执行下面两种操作之一，如图 9-3 所示。

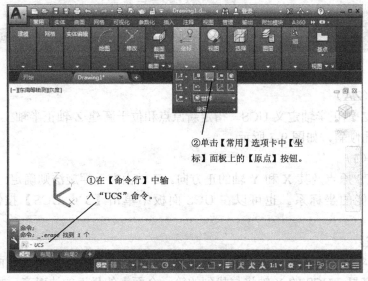

图 9-3 启动 UCS 的命令

> **提示**
>
> 该命令不能选择下列对象：三维实体、三维多段线、三维网络、视窗、多线、面、样条曲线、椭圆、射线、构造线、引线、多行文字。

下列 6 种方法可以建立新坐标。

（1）原点

通过指定当前用户坐标系 UCS 的新原点，保持其 X、Y 和 Z 轴方向不变，从而定义新的 UCS，如图 9-4 示。

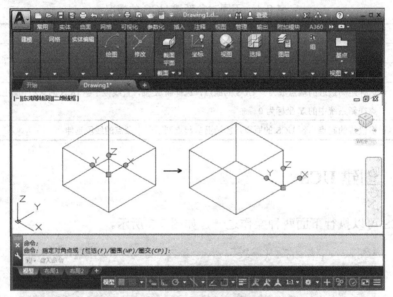

图 9-4　点定义坐标系

（2）Z 轴（ZA）

用特定的 Z 轴正半轴定义 UCS。指定新原点和位于新建 Z 轴正半轴上的点。"Z 轴"选项使 XY 平面倾斜，如图 9-5 所示。

（3）三点（3）

指定新 UCS 原点及其 X 和 Y 轴的正方向。Z 轴由右手螺旋法则确定。可以使用此选项指定任意可能的坐标系。也可以在 UCS 面板中单击【3 点 UCS】按钮，效果如图 9-6 所示。

（4）面（F）

将 UCS 与实体对象的选定面对齐。要选择一个面，在此面的边界内或面的边上单击，被选中的面将亮显，UCS 的 X 轴将与找到的第一个面上的最近的边对齐，如图 9-7 所示。

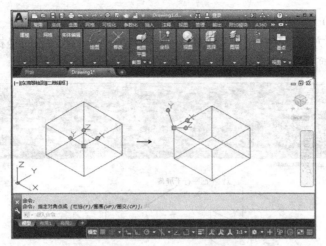

图 9-5　自定 Z 轴定义坐标系

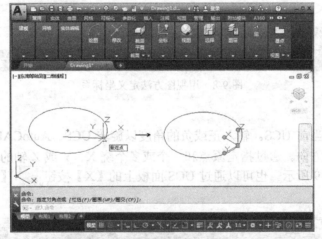

图 9-6　3 点确定 UCS

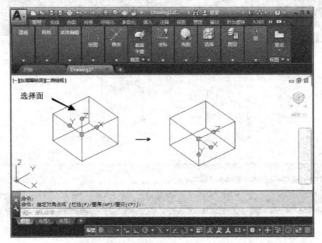

图 9-7　选择面定义坐标系

(5) 视图（V）

以垂直于观察方向（平行于屏幕）的平面为 XY 平面，建立新的坐标系。UCS 原点保持不变，如图 9-8 所示。

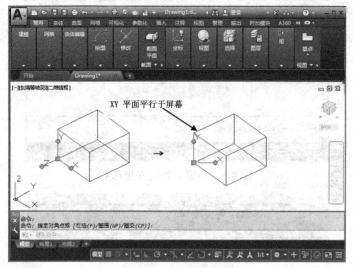

图 9-8 用视图方法定义坐标系

(6) X/Y/Z

绕指定轴旋转当前 UCS。输入正或负的角度以旋转 UCS。AutoCAD 用右手法则来确定绕该轴旋转的正方向。通过指定原点和一个或多个绕 X、Y 或 Z 轴的旋转，可以定义任意的 UCS，如图 9-9 所示。也可以通过 UCS 面板上的【X】按钮 ，【Y】按钮 ，【Z】 按钮来实现。

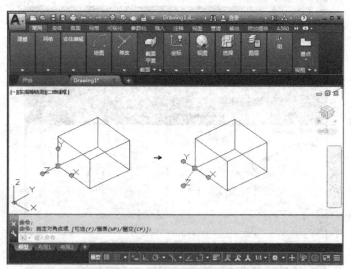

图 9-9 坐标系绕坐标轴旋转

9.1.4 UCS 操作

下面介绍对 UCS 的操作方法，包括命名、正交和设置等。

（1）命名 UCS

新建了 UCS 后，还可以对 UCS 进行命名。

用户可以使用下面的方法启动 UCS 命名工具，如图 9-10 所示。

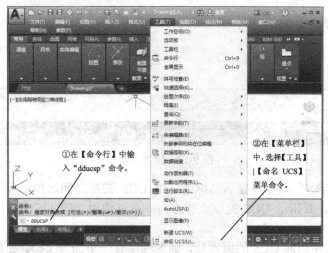

图 9-10　启动 UCS 命名工具

这时会打开【UCS】对话框，如图 9-11 所示。【UCS】对话框的参数用来设置和管理 UCS 坐标。

（2）正交 UCS

指定 AutoCAD 提供的六个正交 UCS 之一。这些 UCS 设置通常用于查看和编辑三维模型，默认情况下，正交 UCS 设置将相对于世界坐标系（WCS）的原点和方向确定当前 UCS 的方向。UCSBASE 系统变量控制 UCS，这个 UCS 是正交设置的基础。使用 UCS 命令的移动选项可修改正交 UCS 设置中的原点或 Z 向深度。

图 9-11　【UCS】对话框

（3）设置 UCS

要了解当前用户坐标系的方向，可以显示用户坐标系图标。有几种版本的图标可供使用，可以改变其大小、位置和颜色。

为了指示 UCS 的位置和方向，将在 UCS 原点或当前视口的左下角显示 UCS 图标。可以选择三种图标中的一种来表示 UCS，如图 9-12 所示。

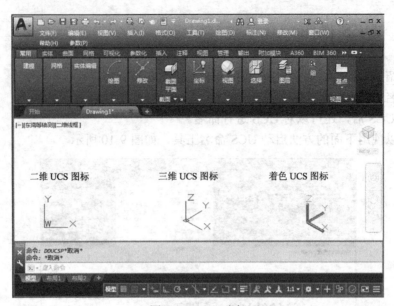

图 9-12　UCS 坐标

使用"UCSICON"命令在显示二维或三维 UCS 图标之间选择。可显示着色三维视图的着色 UCS 图标。要指示 UCS 的原点和方向，可以使用"UCSICON"命令在 UCS 原点显示 UCS 图标。

如果图标显示在当前 UCS 的原点处，则图标中有一个加号（+）。如果图标显示在视口的左下角，则图标中没有加号。

如果存在多个视口，则每个视口都显示自己的 UCS 图标。

可使用多种方法显示 UCS 图标，以帮助用户了解工作平面的方向。如图 9-13 所示是一些图标的样例。

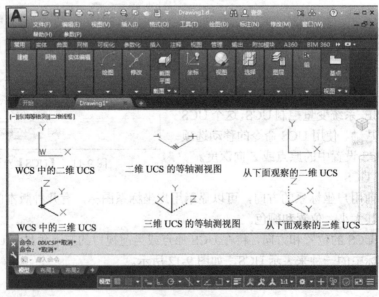

图 9-13　不同状态显示的 UCS

9.2 设置三维视点

三维视点是观察三维物体的立体观察角度。绘制三维图形时常需要改变视点，以满足从不同角度观察图形各部分的需要。

设置三维视点主要有两种方法：视点设置命令（VPOINT）和用【视点预设】对话框选择视点两种方法。

9.2.1 使用【视点】命令

视点设置命令用来设置观察模型的方向。

在【命令行】中输入"VPOINT"，按下 Enter 键，命令行窗口提示如下：

命令: VPOINT

当前视图方向: VIEWDIR=-1.0000,-1.0000,1.0000

指定视点或 [旋转（R）] <显示指南针和三轴架>:

这里有几种方法可以设置视点。

（1）使用输入的 X、Y 和 Z 坐标定义视点，创建定义观察视图的方向矢量。定义的视图如同是观察者在该点向原点（0,0,0）方向观察。

命令行窗口提示如下：

命令: VPOINT

当前视图方向: VIEWDIR=0.0000,0.0000,1.0000

指定视点或 [旋转（R）] <显示指南针和三轴架>:0,1,0

正在重生成模型。

（2）使用旋转（R）：使用两个角度指定新的观察方向。

命令行窗口提示如下：

指定视点或 [旋转（R）] <显示指南针和三轴架>: R

输入 XY 平面中与 X 轴的夹角 <当前值>:

　　　　//指定一个角度,第一个角度指定为在 XY 平面中与 X 轴的夹角。

输入 XY 平面中与 X 轴的夹角 <当前值>:

　　　　//指定一个角度,第二个角度指定为与 XY 平面的夹角，位于 XY 平面的上方或下方。

（3）使用指南针和三轴架：在命令行中直接按 Enter 键，则按默认选项显示指南针和三轴架，用来定义视窗中的观察方向，如图 9-14 所示。

这里，右上角指南针为一个球体的俯视图，十字光标代表视点的位置。拖动鼠标，使十字光标在指南针范围内移动，光标位于小圆环内表示视点在 Z 轴正方向，光标位于两个圆环之间表示视点在 Z 轴负方向，移动光标，就可以设置视点。图 9-15 所示为模型的不同视点位置。

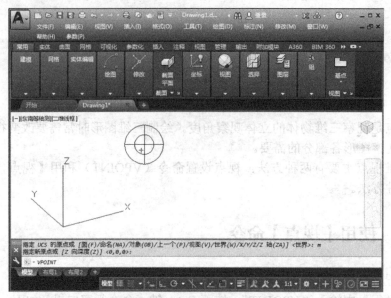

图 9-14　使用指南针和三轴架

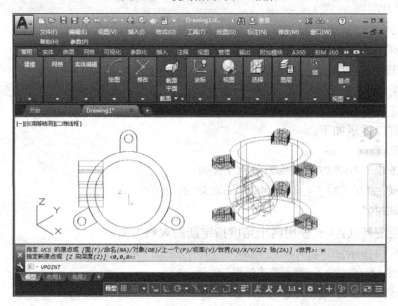

图 9-15　不同的视点设置

9.2.2　使用【视点预置】对话框

还可以用对话框的方式选择视点，如图 9-16 所示。

按 Enter 键，打开【视点预设】对话框如图 9-17 所示。

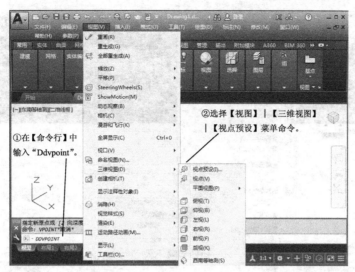

图 9-16 打开【视点预设】对话框命令

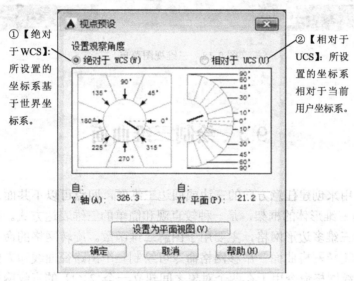

图 9-17 【视点预设】对话框

9.2.3 其他特殊视点

在视点摄制过程中,还可以选取预定义标准观察点,可以从 AutoCAD 2018 中预定义的 10 个标准视图中直接选取。

在【菜单栏】中,选择【视图】|【三维视图】的 10 个标准命令,如图 9-18 所示,即可定义观察点。这些标准视图包括:俯视图、仰视图、左视图、右视图、主视图、后视图、西南等轴侧视图、东南等轴侧视图、东北等轴侧视图和西北等轴侧视图。

图 9-18 三维视图菜单

9.3 绘制三维曲面

三维面命令用来创建任意方向的三边或四边三维面,四点可以不共面。三维线框模型(Wire model)是三维形体的框架,是一种较直观和简单的三维表达方式。使用三维网格命令可以生成矩形三维多边形网格,主要用于图解二维函数。旋转网格的命令是将对象绕指定轴旋转,生成旋转网格曲面。平移网格命令可绘制一个由路径曲线和方向矢量所决定的多边形网格。直纹网格命令用于在两个对象之间建立一个 2×N 的直纹网格曲面。边界网格命令是把四个称为边界的对象创建为孔斯曲面片网格。

AutoCAD2018 可绘制的三维图形有线框模型、表面模型和实体模型等图形,并且可以对三维图形进行编辑。AutoCAD 2018 中的三维线框模型只是空间点之间相连直线、曲线信息的集合,没有面和体的定义,因此,它不能消隐、着色或渲染。但是它有简洁、好编辑的优点。

9.3.1 绘制三维面

绘制三维面模型的命令调用方法,如图 9-19 所示。
绘制成的三边平面、四边面和多个面如图 9-20 所示。

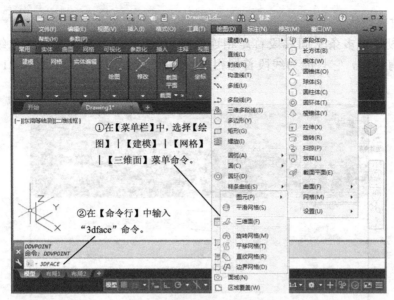

图 9-19　绘制三维面模型命令

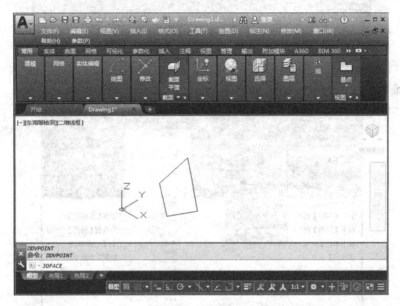

图 9-20　三维面

9.3.2　绘制基本三维曲面

（1）三维线条

二维绘图中使用的直线（Line）和样条曲线（Spline）命令可直接用于绘制三维图形，操作方式与二维绘制相同，在此不重复，只是绘制三维线条时，在输入点的坐标值时，要输入 X、Y、Z 的坐标值。

（2）三维多段线

三维多段线由多条空间线段首尾相连的多段线，其可以作为单一对象编辑，但其与二维多线段有区别，它只能为线段首尾相连，不能设计线段的宽度，图 9-21 所示为三维多段线。

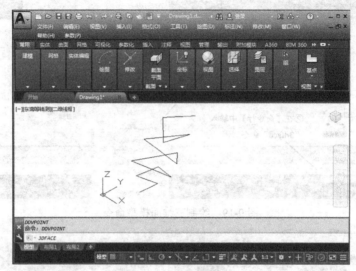

图 9-21　三维多段线

绘制三维多段线的命令，如图 9-22 所示。

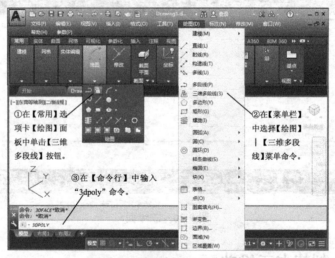

图 9-22　绘制三维多段线命令

9.3.3　绘制三维网格

绘制三维网格能命令调用方法是在【命令行】中输入"3dmesh"命令，绘制成的三维网格如图 9-23 所示。

第 9 章
三维绘图

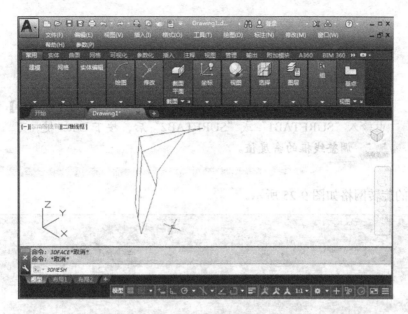

图 9-23 三维网格

9.3.4 绘制旋转曲面

绘制旋转曲面的命令调用方法，如图 9-24 所示。

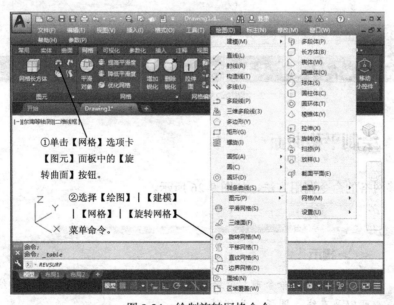

图 9-24 绘制旋转网格命令

提示

在执行此命令前,应绘制好轮廓曲线和旋转轴。在【命令行】中输入"SURFTAB1"或"SURFTAB2"后,按下 Enter 键,可调整线框的密度值。

绘制成的旋转网格如图 9-25 所示。

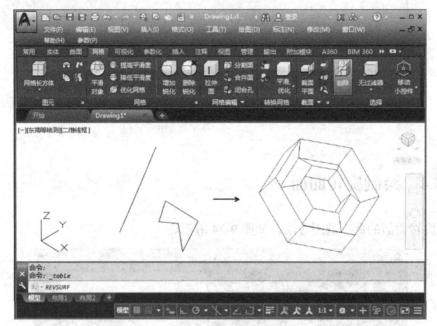

图 9-25　旋转网格

9.3.5　绘制平移曲面

绘制平移网格的命令调用方法,如图 9-26 所示。

 提示

在执行此命令前,应绘制好轮廓曲线和方向矢量。轮廓曲线可以是直线、圆弧、曲线等。

图 9-26 绘制平移网格命令

绘制成的平移曲面如图 9-27 所示。

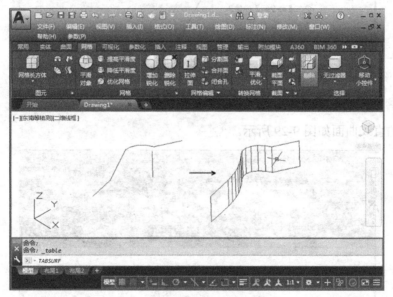

图 9-27 平移曲面

9.3.6 绘制直纹曲面

绘制直纹曲面的命令调用方法，如图 9-28 所示。

> **提示**
> 要生成直纹曲面,两对象只能封闭曲线对封闭曲线,开放曲线对开放曲线。

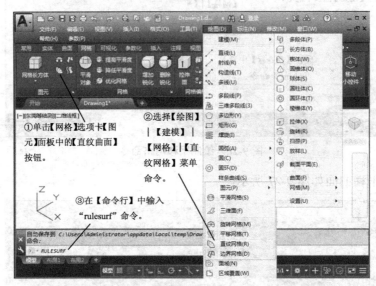

图 9-28 绘制直纹网格命令

绘制成的直纹曲面如图 9-29 所示。

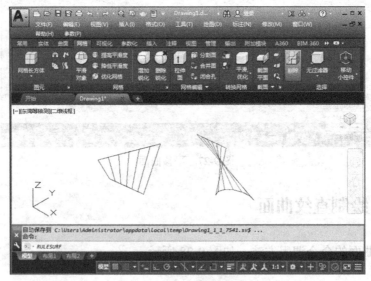

图 9-29 直纹网格

9.3.7 绘制边界曲面

边界可以是圆弧、直线、多线段、样条曲线和椭圆弧，并且必须形成闭合环和公共端点。孔斯曲面片是插在四个边界间的双三次曲面（一条 M 方向上的曲线和一条 N 方向上的曲线）。绘制边界网格的命令调用方法，如图 9-30 所示。

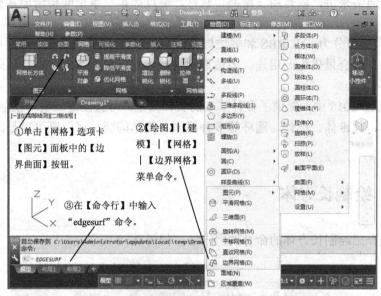

图 9-30 绘制边界网格命令

绘制成的边界网格如图 9-31 所示。

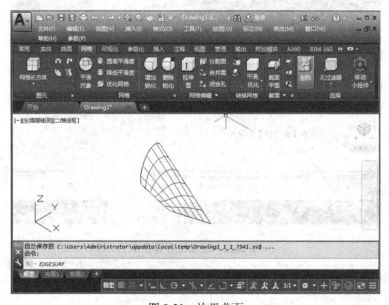

图 9-31 边界曲面

9.4 绘制三维实体

三维实体通俗来讲，就是用三维制作软件，通过虚拟三维空间构建出具有三维数据的模型。

3D 建模大概可分为：NURBS 和多边形网格。NURBS 对要求精细、弹性与复杂的模型有较好的应用，适合量化生产用途。多边形网格建模是靠拉面方式，适合做效果图与复杂场景动画。

在 AutoCAD 2018 中，提供了多种基本的实体模型，可直接建立实体模型，如长方体、球体、圆柱体、圆锥体、楔体、圆环等多种模型。简单的圆柱底面既可以是圆，也可以是椭圆。

9.4.1 绘制长方体

下面首先介绍绘制长方体的命令调用方法，如图 9-32 所示。

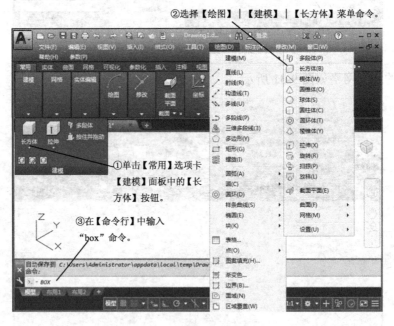

图 9-32 绘制长方体命令

绘制完成的长方体如图 9-33 所示。

第 9 章
三维绘图

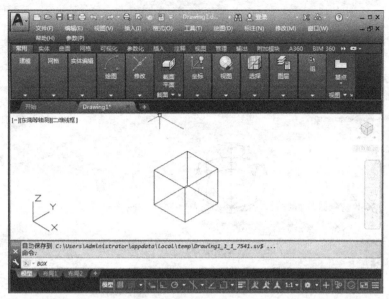

图 9-33　绘制好的长方体

9.4.2　绘制球体

绘制圆柱体的命令调用方法，如图 9-34 所示。

绘制完成的球体如图 9-35 所示。

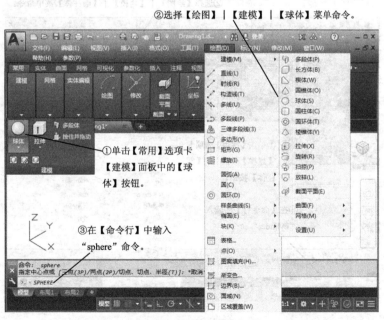

图 9-34　绘制圆柱体命令

· 221 ·

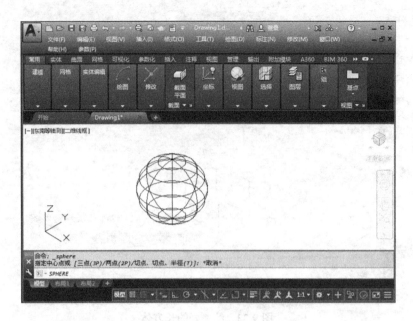

图 9-35　球体

9.4.3　绘制圆柱体

绘制圆柱体的命令调用方法，如图 9-36 所示。

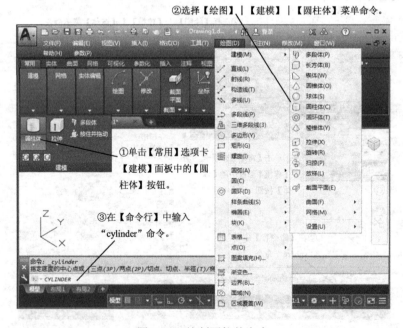

图 9-36　绘制圆柱体命令

绘制完成的圆柱体如图 9-37 所示。

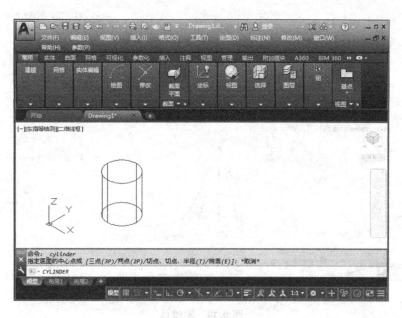

图 9-37　圆柱体

9.4.4　绘制圆锥体

绘制圆锥体的命令调用方法，如图 9-38 所示。

绘制完成的圆锥体如图 9-39 所示。

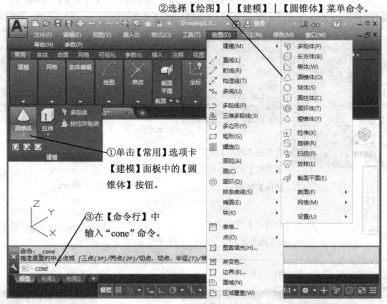

图 9-38　绘制圆锥体命令

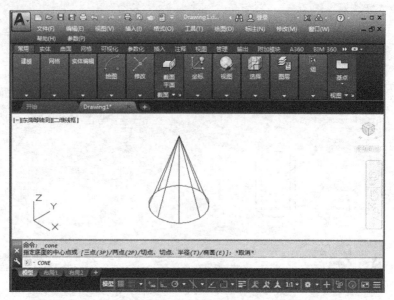

图 9-39 圆锥体

9.4.5 绘制棱楔体

绘制楔形体的命令调用方法，如图 9-40 所示。

绘制完成的楔体如图 9-41 所示。

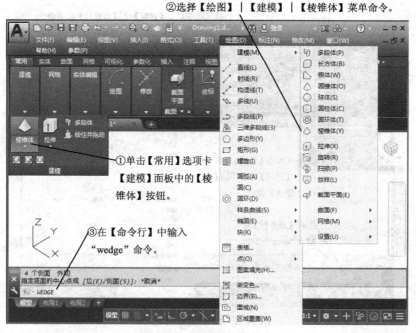

图 9-40 绘制楔形体命令

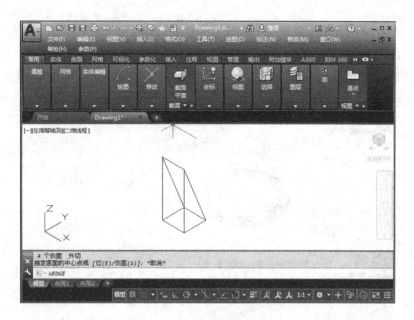

图 9-41 棱楔体

9.4.6 绘制圆环体

绘制圆环体的命令调用方法，如图 9-42 所示。
绘制完成的圆环体如图 9-43 所示。

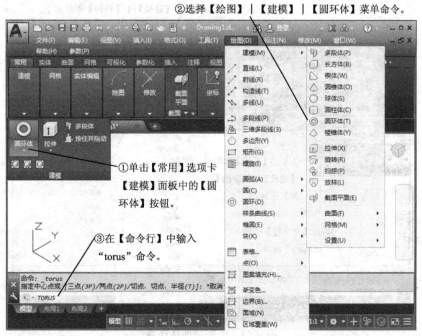

图 9-42 绘制圆环体命令

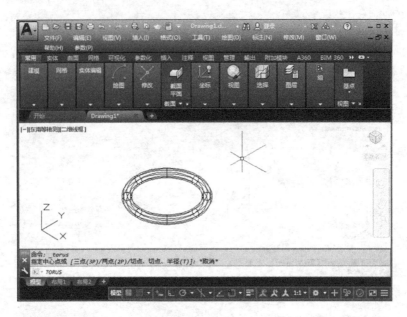

图 9-43 圆环体

9.4.7 绘制拉伸实体

绘制拉伸体的命令调用方法，如图 9-44 所示。
绘制完成的拉伸实体如图 9-45 所示。

图 9-44 绘制拉伸体命令

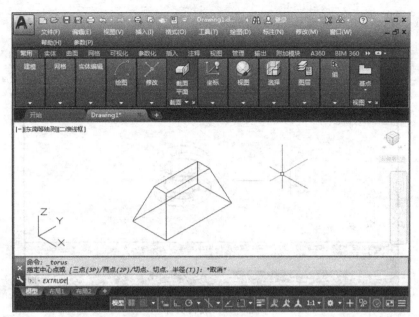

图 9-45 拉伸实体

9.4.8 绘制旋转实体

绘制旋转体的命令调用方法，如图 9-46 所示。

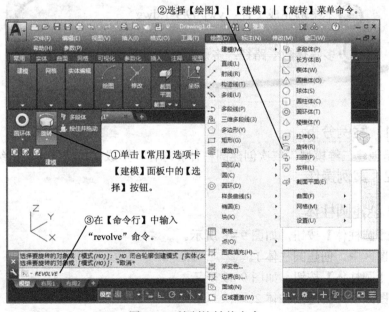

图 9-46 绘制旋转体命令

绘制完成的旋转实体如图 9-47 所示。

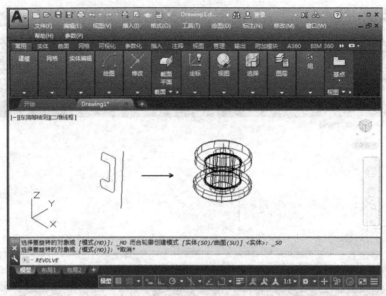

图 9-47 旋转实体

9.4.9 绘制三维实体应用案例

本案例完成文件：ywj/09/9-1.dwg

多媒体教学路径：多媒体教学→第 9 章→第 4 节

9.4.9.1 案例分析

本案例是创建三维模型，依次创建圆柱体和球体，形成实体特征再进行编辑。

9.4.9.2 案例操作

Step1 创建圆柱体

① 单击【圆柱体】按钮，如图 9-48 所示。
② 在绘图区中，创建圆柱体 1。
③ 单击【圆柱体】按钮，如图 9-49 所示。
④ 在绘图区中，创建圆柱体 2。

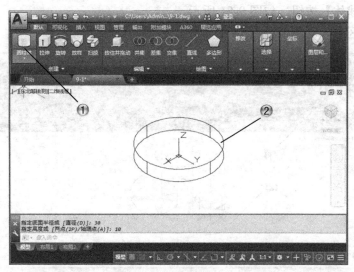

图 9-48 创建圆柱体 1

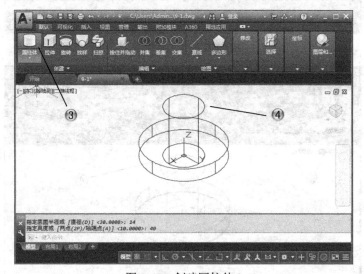

图 9-49 创建圆柱体 2

 提示

创建的圆柱体的中心，都在默认几何坐标系的 (0,0,0) 点上。

Step2 创建圆柱体和球体

① 单击【圆柱体】按钮，如图 9-50 所示。
② 在绘图区中，在坐标（30,0,0）上创建圆柱体 3。

③ 单击【球体】按钮，如图 9-51 所示。
④ 在绘图区中，创建半径为 14 的球体。

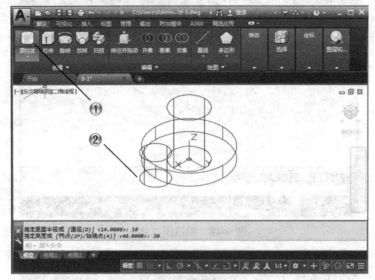

图 9-50　创建圆柱体 3

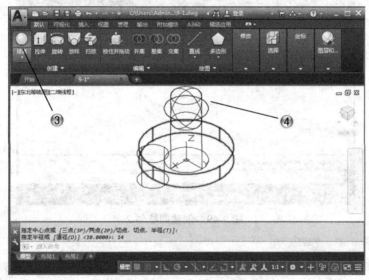

图 9-51　创建球体

9.5　编辑三维对象

三维对象创建后，要对其进行修改，修改命令包括拉伸面、移动面、旋转面、倾斜面，是对形状的改变。

9.5.1 拉伸面

拉伸面主要用于对实体的某个面进行拉伸处理,从而形成新的实体。拉伸面的命令,如图 9-52 所示。

进行拉伸面操作,实体经过拉伸面操作后的结果如图 9-53 所示。

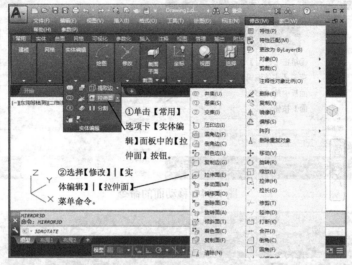

图 9-52 拉伸面的命令

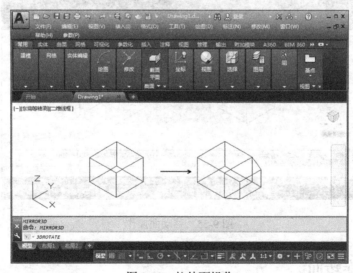

图 9-53 拉伸面操作

9.5.2 移动面

移动面主要用于对实体的某个面进行移动处理,从而形成新的实体。移动面的命令,如图 9-54 所示。

进行移动面操作，实体经过移动面操作后的结果如图9-55所示。

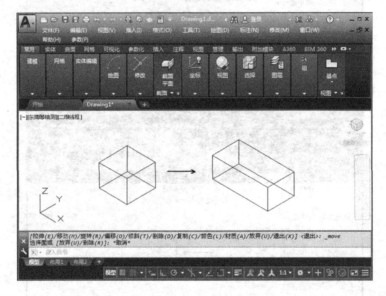

图 9-54 移动面的命令

图 9-55 移动面操作

9.5.3 旋转面

旋转面主要用于对实体的某个面进行旋转处理，从而形成新的实体。旋转面的命令，如图9-56所示。

进行旋转面操作，实体经过旋转面操作后的结果如图9-57所示。

图 9-56 旋转面的命令

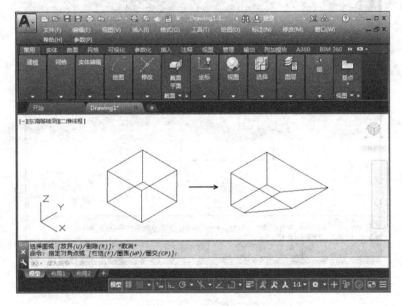

图 9-57 旋转面操作

9.5.4 倾斜面

倾斜面主要用于对实体的某个面进行旋转处理，从而形成新的实体。倾斜面的命令，如图 9-58 所示。

进行倾斜面操作，实体经过倾斜面操作后的结果如图 9-59 所示。

图 9-58　倾斜面的命令

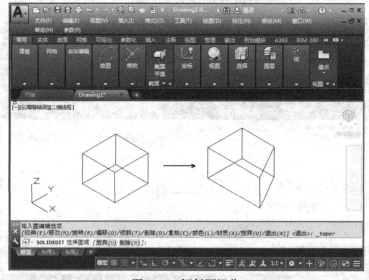

图 9-59　倾斜面操作

9.6　编辑三维实体

三维模型创建后，要对其进行编辑，增加或者去除特征等操作，称为编辑三维实体。

9.6.1　剖切实体

AutoCAD 2018 提供了对三维实体进行剖切的功能，用户可以利用这个功能很方便地绘制实体的剖切面。剖切命令调用方法，如图 9-60 所示。

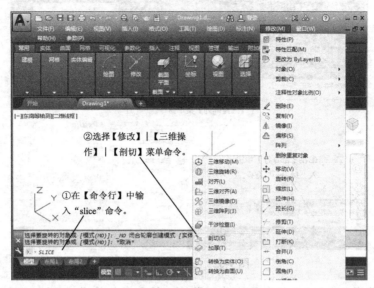

图 9-60　剖切命令

剖切后的实体，如图 9-61 所示。

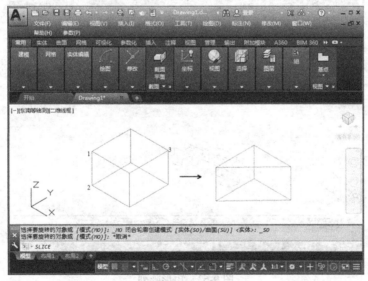

图 9-61　剖切实体

9.6.2　三维阵列

三维阵列命令用于三维空间创建对象的矩形和环形阵列。三维阵列的命令调用方法，如图 9-62 所示。

图 9-62　三维阵列命令

输入正值将沿 X、Y、Z 轴的正向生成阵列。输入负值将沿 X、Y、Z 轴的负向生成阵列。矩形阵列得到的图形如图 9-63 所示。

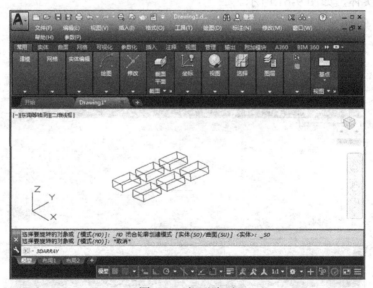

图 9-63　矩形阵列

9.6.3　三维镜像

三维镜像命令用来沿指定的镜像平面创建三维镜像。三维镜像命令调用方法，如图 9-64 所示。

三维镜像得到的图形如图 9-65 所示。

第 9 章
三维绘图

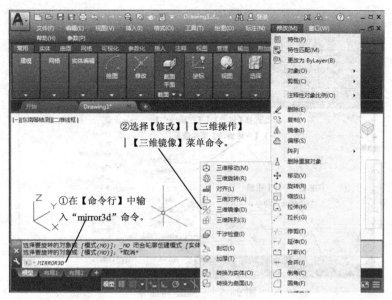

图 9-64　三维镜像命令

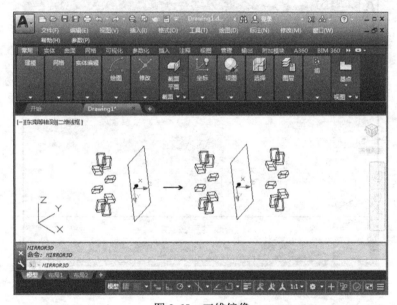

图 9-65　三维镜像

9.6.4　三维旋转

三维旋转命令用于三维空间内旋转三维对象。三维旋转的命令调用方法，如图 9-66 所示。

三维实体和旋转后的效果如图 9-67 所示。

· 237 ·

图 9-66　三维旋转命令

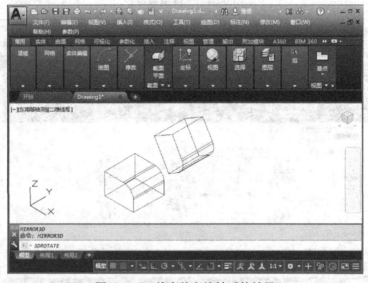

图 9-67　三维实体和旋转后的效果

9.6.5　编辑三维实体应用案例

本案例完成文件：ywj/09/9-2.dwg

多媒体教学路径：多媒体教学→第 9 章→第 6 节

9.6.5.1 案例分析

本案例是在前面案例基础上,完成基本三维模型绘制后,对模型进行布尔运算,再进行剖切,最后设置模型显示。

9.6.5.2 案例操作

Step1 布尔运算

① 单击【并集】按钮,如图 9-68 所示。

② 在绘图区中,选择圆柱体和球体,创建并集。

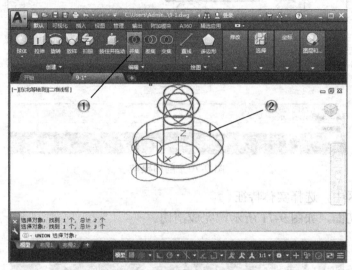

图 9-68 创建并集

③ 单击【差集】按钮,如图 9-69 所示。

④ 在绘图区中,选择并集结果和圆柱体,创建差集。

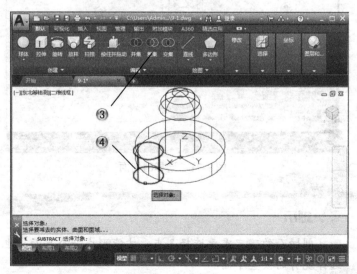

图 9-69 创建差集

!Step2 剖切模型

① 单击【剖切】按钮，如图 9-70 所示。

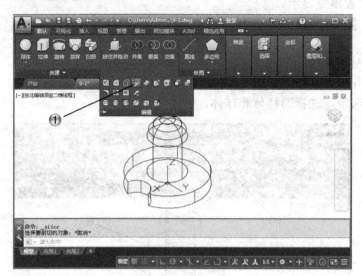

图 9-70　剖切模型

② 在绘图区中，选择实体特征。

③ 选择剖切面，如图 9-71 所示，完成剖切。

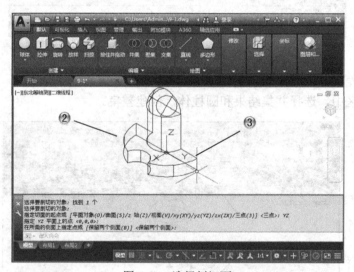

图 9-71　选择剖切面

☆提示

　　剖切面的确定需要选择 3 点，才能形成一个平面，也可以选择现有的模型平面。

Step3 设置模型显示

① 在【默认】选项卡中选择【灰度】选项,如图 9-72 所示。
② 单击【自定义快速访问工具栏】中的【保存】按钮,保存模型。

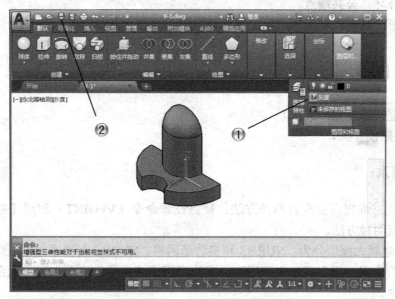

图 9-72 设置模型显示

9.7 本章小结

本章介绍了在 AutoCAD 2018 中绘制三维图形对象中的方法,其中主要包括创建三维坐标和视点、绘制三维实体对象和三维实体的编辑等内容。通过本章学习,读者应该能掌握 AutoCAD 2018 绘制三维图形的基本命令。

9.8 课后练习

9.8.1 填空题

(1) AutoCAD2018 可绘制的三维图形有____、____和____等图形,并且可以对三维图形进行编辑。
(2) 边界可以是圆弧、直线、多线段、样条曲线和椭圆弧,并且必须形成____和____。
(3) 三维阵列命令用于三维空间创建对象的____和____阵列。

答案：

（1）线框模型，表面模型，实体模型。
（2）闭合环，公共端点。
（3）矩形，环形。

9.8.2 问答题

（1）设置三维视点的方法？
（2）3D 建模分类？

答案：

（1）设置三维视点主要有两种方法：视点设置命令（VPOINT）和用【视点预设】对话框选择视点两种方法。

（2）3D 建模大概可分为：NURBS 和多边形网格。NURBS 对要求精细、弹性与复杂的模型有较好的应用，适合量化生产用途。多边形网格建模是靠拉面方式，适合做效果图与复杂场景动画。

9.8.3 操作题

如图 9-73 所示，使用本章学过的命令来创建建筑标准楼层三维模型。

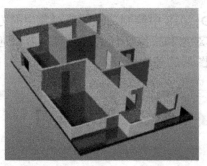

图 9-73 标准楼层三维模型

练习内容：

（1）创建地板。
（2）创建墙壁。
（3）布尔运算。
（4）创建门。

第 10 章　高手应用案例 1
——二维机械图设计应用

本章导读

机械图纸是用标明尺寸的图形和文字来说明工程建筑、机械、设备等的结构、形状、尺寸及其他要求的一种技术文件。除了纸质图纸外，还有电子图纸。图纸的大小标准分为国际标准组织（ISO）和国标（GB）等。本章介绍的接头零件案例是二维图纸绘制，是对 CAD 机械绘图的综合练习。

学习要求	学习目标 知识点	了解	理解	应用	实践
	学习二维图纸布局	√	√		
	掌握对应视图的绘制方法	√	√	√	√
	掌握尺寸标注和符号标注	√	√	√	√

10.1　案例分析

10.1.1　知识链接

机械制图是用图样确切表示机械的结构形状、尺寸大小、工作原理和技术要求的学科。机械制图优先采用 A 类标准图纸，主要有：A0（1189mm×841mm）、A1（841mm×594mm）、A2（594mm×420mm）、A3（420mm×297mm）、A4（297mm×210mm）、A5（210mm×

148mm）等 11 种规格。必要时也允许选用规定的加长幅面 B 类和 C 类，加长幅面的尺寸由基本幅面的短边成整数倍增加后得出。

图纸比例是图中图形与实物相应要素的线性尺寸之比。需要按比例绘制图样时，应由规定的系列中选取适当的比例。

图纸中的尺寸，以 mm 为单位时，不需注明计量单位代号或名称。若采用其他单位则必须注明相应计量单位或名称。尺寸线用细实线绘制，必须单独画出，不能用其他图线代替，一般也不得与其他图线重合或画在其延长线上。并应尽量避免尺寸线之间及尺寸线与尺寸界线之间相交。尺寸线应与所标注的线段平行，平行标注的各尺寸线的间距要均匀，间隔应大于 5mm，同一张图纸的尺寸线间距应相等。

10.1.2 设计思路

本章将介绍接头零件的图纸绘制方法，首先绘制零件的主视图，主要使用直线命令进行绘制，之后使用镜像、圆角等命令进行编辑修改；之后绘制零件的侧视图，这时要用到阵列命令；最后进行尺寸标注和符号标注，并添加图框和标题栏。

通过这个案例的操作，如图 10-1 所示，讲述图纸绘制中直线、镜像、圆角和填充等命令和技巧的综合运用，将熟悉如下内容：

（1）主视图的绘制方法。
（2）对应侧剖图的绘制。
（3）视图尺寸标注。
（4）图幅和标题栏设置。

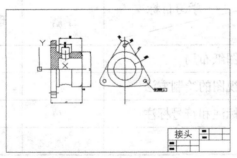

图 10-1 接头图纸

10.2 案例操作

本案例完成文件：ywj//10/10-1.dwg

多媒体教学路径：多媒体教学→第 10 章

10.2.1 创建主视图

绘制图纸之前,首先设置图层,常用的图层一般有 4 种;之后绘制主视图的直线外形,使用镜像创建对称的部分,最后进行填充。

Step1 设置图层

① 单击【默认】选项卡中的【图层特性】按钮,如图 10-2 所示。

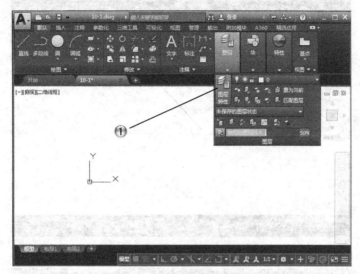

图 10-2　选择图层特性命令

② 在弹出的【图层特性管理器】中单击【新建图层】按钮,如图 10-3 所示。
③ 依次新创建 3 个图层,并设置图层属性。

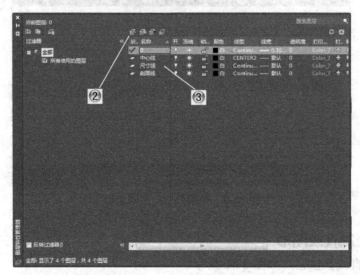

图 10-3　新建图层

!Step2 绘制中心线

① 单击【默认】选项卡中的【直线】按钮,如图 10-4 所示。
② 在绘图区中,绘制中心线。
③ 单击【直线】按钮,如图 10-5 所示。
④ 在绘图区中,绘制直线图形。

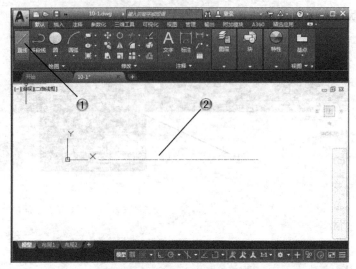

图 10-4　绘制长 50 的中心线

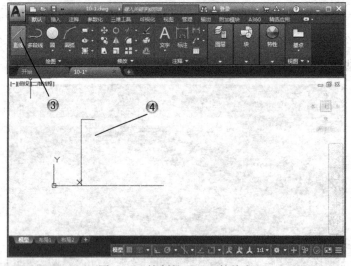

图 10-5　绘制长 36、7 的线段

!Step3 绘制直线图形

① 单击【直线】按钮,如图 10-6 所示。
② 在绘图区中,绘制长 14、4 的线段。

③ 单击【直线】按钮，如图 10-7 所示。
④ 在绘图区中，绘制长为 2、16、2 的线段。

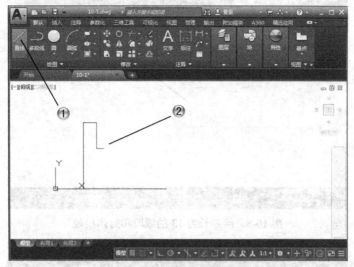

图 10-6　绘制长 14、4 的线段

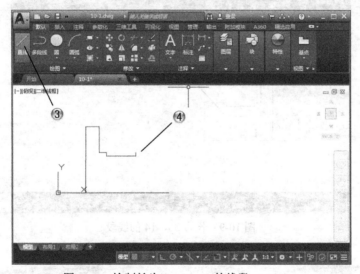

图 10-7　绘制长为 2、16、2 的线段

Step4 绘制直线图形

① 单击【直线】按钮，如图 10-8 所示。
② 在绘图区中，绘制长为 13 的线段和封闭线段。
③ 单击【直线】按钮，如图 10-9 所示。
④ 在绘图区中，绘制长为 30、14 的线段。

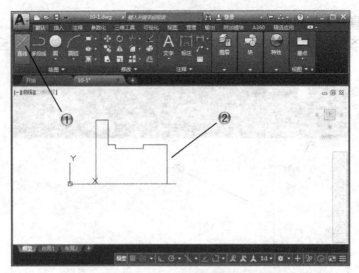

图 10-8　绘制长为 13 的线段和封闭线段

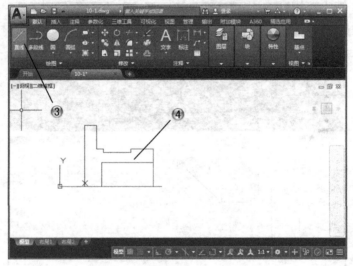

图 10-9　长为 30、14 的线段

> 提示
>
> 绘制对称图形时，可以只绘制一半的图形，之后进行镜像操作，比较方便。

Step5 绘制圆角

① 单击【圆角】按钮，如图 10-10 所示。
② 在绘图区中，绘制半径为 4 的圆角。
③ 单击【圆角】按钮，如图 10-11 所示。

④ 在绘图区中，绘制半径为 2 的圆角。

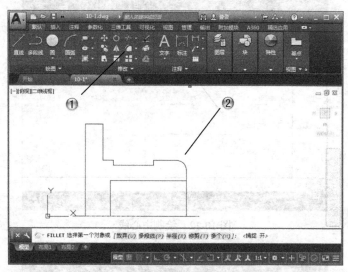

图 10-10　绘制半径为 4 的圆角

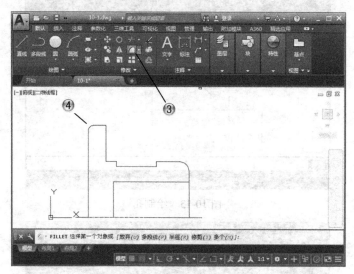

图 10-11　绘制半径为 2 的圆角

Step6 绘制孔图形

① 单击【直线】按钮，如图 10-12 所示。
② 在绘图区中，绘制中心线。
③ 单击【直线】按钮，如图 10-13 所示。
④ 在绘图区中，绘制两条直线作为孔。
⑤ 单击【圆弧】按钮，如图 10-14 所示。
⑥ 在绘图区中，绘制两条圆弧。

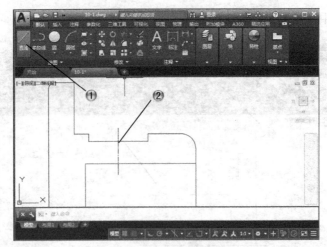

图 10-12 绘制中心线

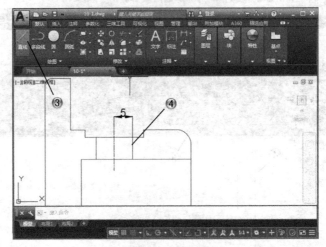

图 10-13 绘制孔

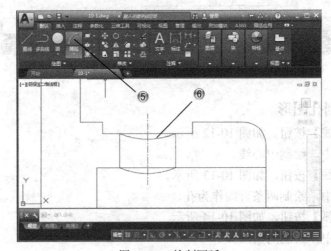

图 10-14 绘制圆弧

提示

在绘制孔、圆等细节时,需要添加其中心线,表示这是一个对称的图形特征。

Step7 绘制孔图形

① 单击【直线】按钮,如图 10-15 所示。
② 在绘图区中,绘制中心线。
③ 单击【直线】按钮,如图 10-16 所示。
④ 在绘图区中,绘制孔直线。

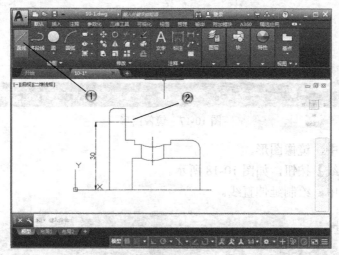

图 10-15　绘制中心线

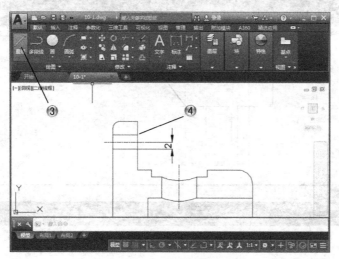

图 10-16　绘制孔

Step8 镜像图形

①单击【默认】选项卡中的【镜像】按钮,如图 10-17 所示。

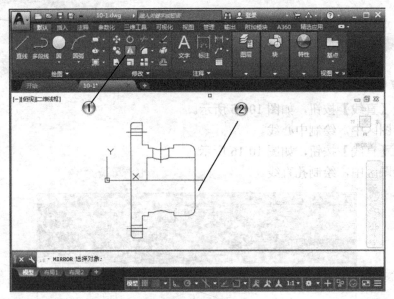

图 10-17 镜像图形

②在绘图区中,镜像图形。
③单击【直线】按钮,如图 10-18 所示。
④在绘图区中,绘制延伸直线。

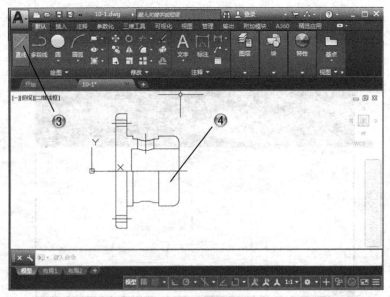

图 10-18 绘制延伸的直线

Step9 图案填充

① 单击【默认】选项卡中的【图案填充】按钮,如图 10-19 所示。
② 在绘图区中,选择区域进行填充。

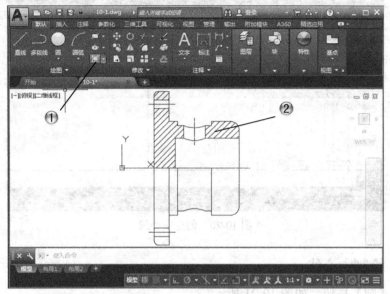

图 10-19 填充图形区域

> 提示
>
> 填充图形的比例、角度和图案等特征,在【图案填充创建】选项卡中进行设置。

10.2.2 创建侧视图

创建主视图后,再创建对应的侧视图,主要使用圆形命令绘制,并进行阵列特征的创建。

Step1 创建中心线

① 单击【直线】按钮,如图 10-20 所示。
② 在绘图区中,绘制两条中心线。

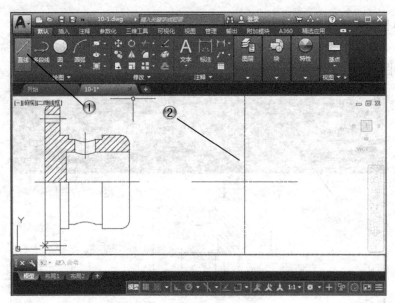

图 10-20　创建中心线

Step2 绘制中心线

① 单击【圆】按钮,如图 10-21 所示。
② 在绘图区中,绘制半径为 22 的圆形。

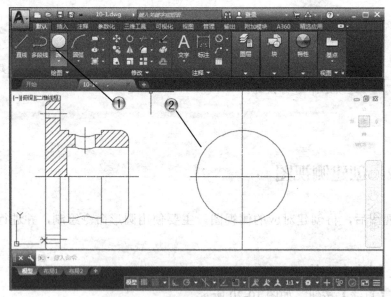

图 10-21　创建半径为 22 的圆形

③ 单击【圆】按钮,如图 10-22 所示。
④ 在绘图区中,绘制半径为 2、6 的圆形。

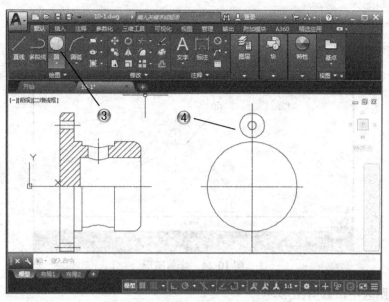

图 10-22　创建半径为 2、6 的圆形

Step3 绘制阵列图形

① 单击【直线】按钮，如图 10-23 所示。
② 在绘图区中，绘制两条切线。

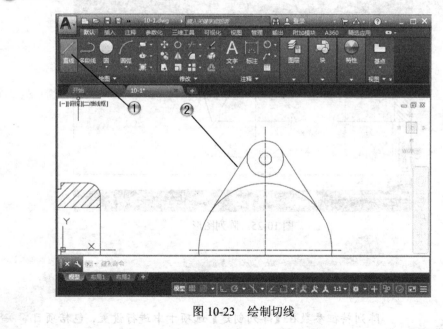

图 10-23　绘制切线

③ 单击【修剪】按钮，如图 10-24 所示。

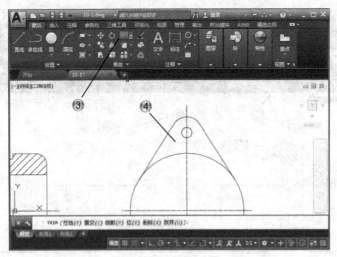

图 10-24 修剪图形

④ 在绘图区中，修剪图形。
⑤ 单击【环形阵列】按钮，如图 10-25 所示。
⑥ 在绘图区中，创建圆形阵列图形。

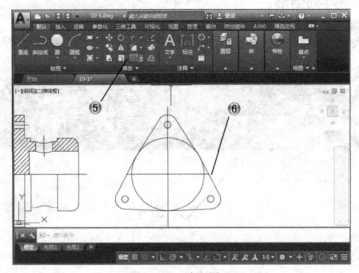

图 10-25 阵列图形

阵列特征参数在【阵列创建】选项卡中进行设置，包括项目数、介于、填充等参数。

Step4 创建圆形

①单击【圆】按钮,如图 10-26 所示。
②在绘图区中,绘制半径为 14 的圆形。

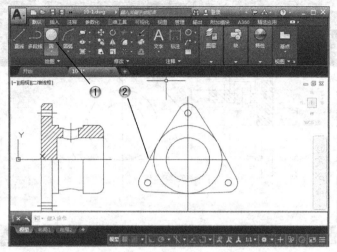

图 10-26　创建半径为 14 的圆形

10.2.3　创建标注和图框

完成两个视图之后,使用线性命令标注视图的尺寸;在侧视图部分,使用半径和直径标注命令,最后使用直线和文字命令创建符号标注和图框。

Step1 创建主视图尺寸

①单击【线性】按钮,如图 10-27 所示。

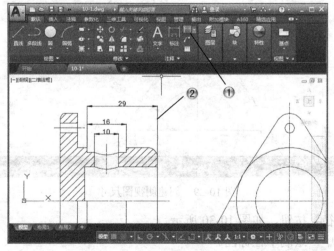

图 10-27　创建主视图尺寸

②在绘图区中，绘制线性标注。
③单击【线性】按钮，如图10-28所示。
④在绘图区中，绘制线性标注。

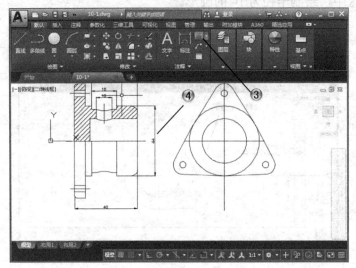

图10-28 创建主视图其余尺寸

Step2 创建侧视图尺寸

①单击【直径】按钮，如图10-29所示。
②在绘图区中，绘制直径标注。

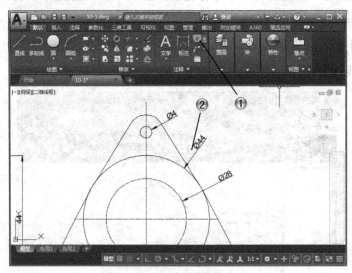

图10-29 创建侧视图尺寸

③单击【半径】按钮，如图10-30所示。
④在绘图区中，绘制半径标注。

第 10 章 高手应用案例 1——二维机械图设计应用

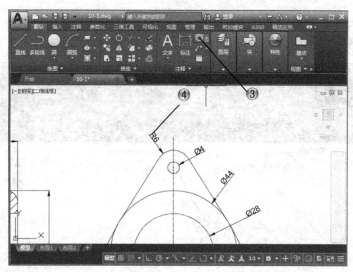

图 10-30 创建圆弧半径尺寸

半径标注和直径标注不同，可以在【注释】选项组的列表中进行选择。

Step3 创建粗糙度标注

① 单击【直线】按钮，如图 10-31 所示。
② 在绘图区中，绘制粗糙度符号。

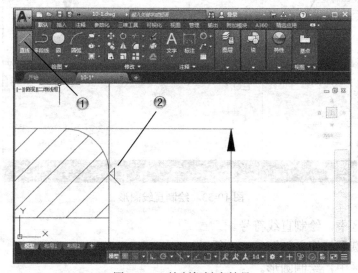

图 10-31 绘制粗糙度符号

③ 单击【文字】按钮，如图 10-32 所示。
④ 在绘图区中，添加文字。

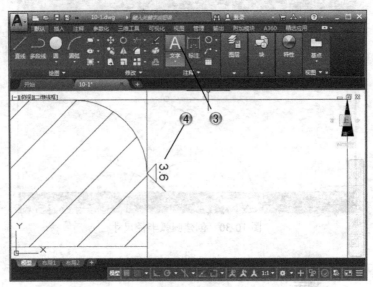

图 10-32　添加文字

Step4 创建基准标注

① 单击【直线】按钮，如图 10-33 所示。

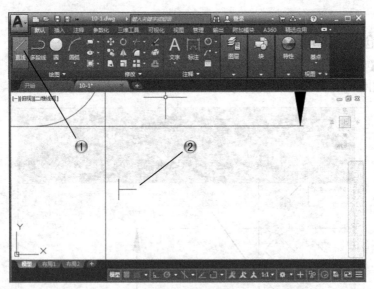

图 10-33　绘制直线图形

② 在绘图区中，绘制直线符号。
③ 单击【圆】按钮，如图 10-34 所示。
④ 在绘图区中，绘制圆形。

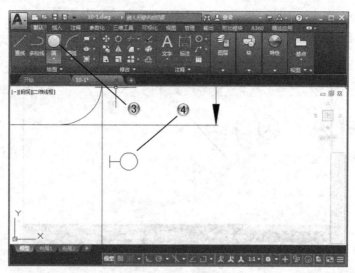

图 10-34 绘制圆形

⑤单击【文字】按钮，如图 10-35 所示。
⑥在绘图区中，添加文字。

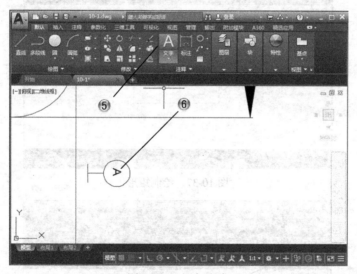

图 10-35 添加文字

Step5 创建形位公差

①单击【引线】按钮，如图 10-36 所示。
②在绘图区中，绘制箭头引线。
③单击【矩形】按钮，如图 10-37 所示。
④在绘图区中，绘制矩形。
⑤单击【直线】按钮，如图 10-38 所示。
⑥在绘图区中，绘制直线图形。

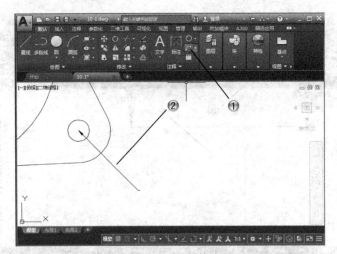

图 10-36 绘制箭头

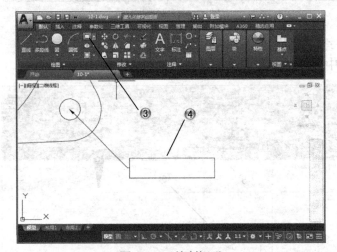

图 10-37 绘制矩形

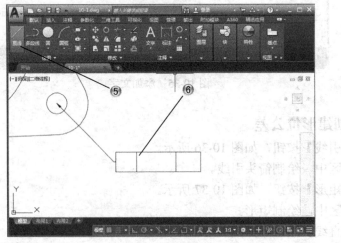

图 10-38 绘制直线

Step6 完成形位公差

① 单击【圆】按钮,如图 10-39 所示。
② 在绘图区中,绘制圆形。
③ 单击【直线】按钮,如图 10-40 所示。

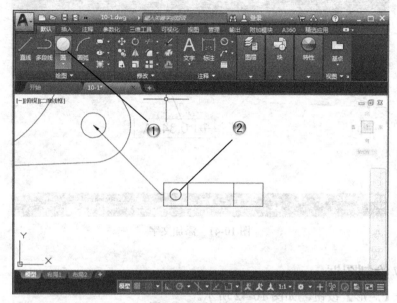

图 10-39 绘制圆形

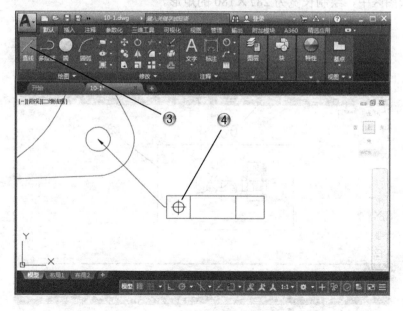

图 10-40 绘制交叉直线

④ 在绘图区中,绘制直线符号。
⑤ 单击【文字】按钮,如图 10-41 所示。

⑥在绘图区中，添加文字。

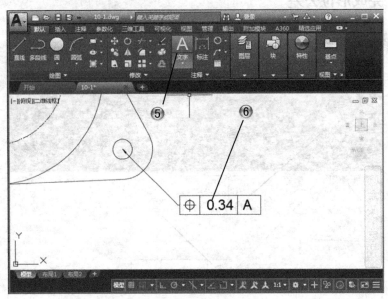

图 10-41　添加文字

Step7 绘制图框

①单击【矩形】按钮，如图 10-42 所示。
②在绘图区中，绘制长宽为 287×180 的矩形。

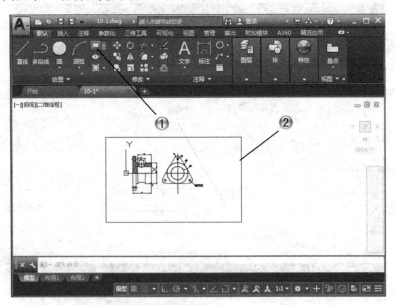

图 10-42　绘制长宽 287×180 的矩形

③单击【直线】按钮，如图 10-43 所示。
④在绘图区中，绘制直线图形。

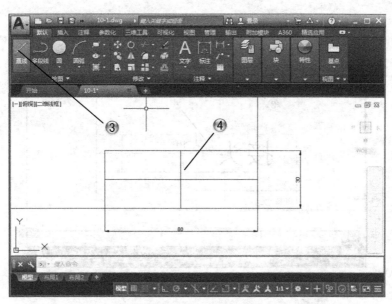

图 10-43　绘制直线图形

Step8 绘制标题栏

① 单击【直线】按钮，如图 10-44 所示。
② 在绘图区中，绘制标题栏框。
③ 单击【文字】按钮，如图 10-45 所示。
④ 在绘图区中，添加文字。

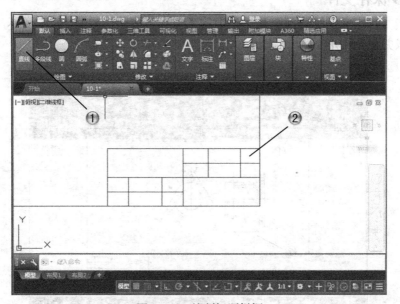

图 10-44　绘制标题栏框

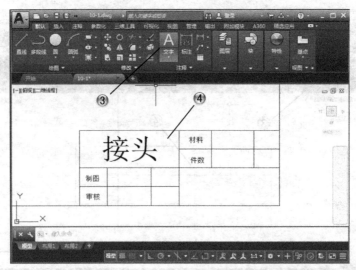

图 10-45 添加文字

图纸的图框和标题栏可按照机械制图中的标准绘制,它包含了图纸的名称、绘制人员、比例、材质等信息。

Step9 保存文件

① 单击【自定义快速访问工具栏】中的【保存】按钮,如图 10-46 所示。
② 完成并保存图形文件。

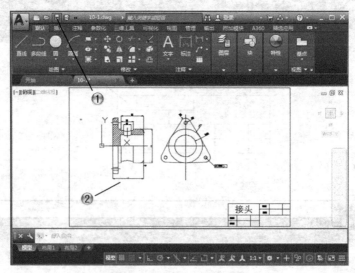

图 10-46 完成并保存文件

10.3 本章小结

本章介绍了二维图纸的绘制方法，使用接头零件的模型，创建零件的两个视图，表达零件的尺寸造型和技术参数，是对前面章节所学知识的综合练习。通过本章的学习，应该对机械二维图纸的绘制有进一步的了解。

10.4 课后练习

10.4.1 填空题

（1）绘制机械图纸的常用图层有_____种。
（2）CAD 的图线特性有_____、_____、_____。
（3）图层的特有属性设置是_____。

答案：

（1）4。
（2）颜色，线宽，线型。
（3）透明度。

10.4.2 问答题

（1）如何新增图层？
（2）如何删除图层？

答案：

（1）选择【图层特性】按钮，在【图层特性管理器】中单击【新建图层】按钮，并修改其属性。
（2）在【图层特性管理器】中选择图层，取消其当前属性，单击【删除图层】按钮。

10.4.3 操作题

本章练习绘制连接零件图纸，学习圆形和编辑草图的命令使用方法，零件如图 10-47 所示。

图 10-47　连接零件

　练习内容：

（1）绘制主视图。
（2）绘制侧视图。
（3）添加尺寸标注。
（4）添加图框。

第 11 章 高手应用案例 2
——三维机械图设计应用

本章导读

三维模型是物体的多边形表示,通常用计算机或者其他视频设备进行显示。显示的物体可以是现实世界的实体,也可以是虚构的物体。任何自然界存在的东西都可以用三维模型表示。本章介绍 AutoCAD 的三维机械建模案例,通过套头零件的创建过程,学习 CAD 三维建模方法。

	知识点	学习目标	了解	理解	应用	实践
学习要求	掌握三维机械图的建模理论			√		
	掌握拉伸建模命令			√	√	√
	掌握实体布尔运算命令			√	√	√

11.1 案例分析

11.1.1 知识链接

三维模型经常用三维建模工具这种专门的软件生成,但是也可以用其他方法生成。作为点和其他信息集合的数据,三维模型可以手工生成,也可以按照一定的算法生成。尽管通常按照虚拟的方式存在于计算机或者计算机文件中，但是在纸上描述的类似模型也可以认为是三维模型。

现在，三维模型已经用于各种不同的领域。在医疗行业使用它们制作器官的精确模型；电影行业将它们用于活动的人物、物体以及现实电影；视频游戏产业将它们作为计算机与视频游戏中的资源；在科学领域将它们作为化合物的精确模型；建筑业将它们用来展示虚拟的建筑物或者风景表现；工程界将它们用于设计新设备、交通工具、结构以及其他应用领域；在最近几十年，地球科学领域开始构建三维地质模型。

在 AutoCAD 软件中有一项重要功能，即三维绘图。三维绘图是二维绘图的延伸，也是绘图中较为高端的手段。

11.1.2　设计思路

本章将介绍套头零件（见图 11-1）的三维建模过程，首先使用拉伸命令创建主体；再创建细节特征，使用布尔运算创建孔等特征。

通过这个套头零件案例的操作，讲述三维拉伸命令和三维零件创建技巧的综合运用，将熟悉如下内容：

（1）拉伸命令的使用。

（2）布尔合集运算。

（3）布尔差集运算。

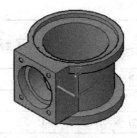

图 11-1　套头零件

11.2　案例操作

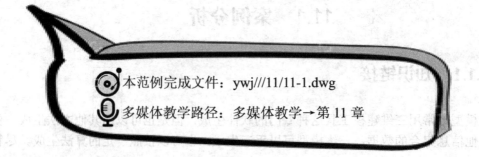

本范例完成文件：ywj///11/11-1.dwg

多媒体教学路径：多媒体教学→第 11 章

11.2.1 创建零件主体

创建特征前绘制草图，之后使用拉伸命令创建特征，最后进行布尔合集运算，完成主体。

Step1 创建拉伸体

① 单击【圆】按钮，如图 11-2 所示。
② 在绘图区中，绘制圆形。

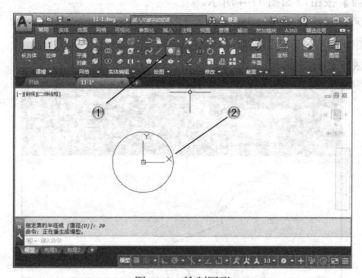

图 11-2　绘制圆形

③ 单击【拉伸】按钮，如图 11-3 所示。
④ 在绘图区中，拉伸圆形。

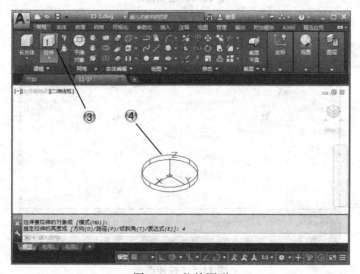

图 11-3　拉伸圆形

> ★ 提示
>
> 拉伸的圆柱体也可以使用【圆柱体】命令进行创建，不同的是拉伸命令可以创建复杂拉伸体。

Step2 创建拉伸体

① 单击【圆】按钮，如图 11-4 所示。
② 在绘图区中，绘制圆形。
③ 单击【拉伸】按钮，如图 11-5 所示。
④ 在绘图区中，拉伸圆形。

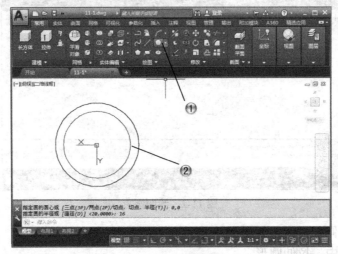

图 11-4　绘制圆形

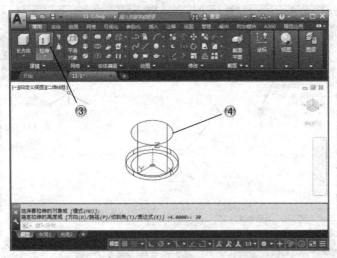

图 11-5　拉伸圆形

第 11 章 高手应用案例 2——三维机械图设计应用

Step3 复制特征

① 单击【复制】按钮,如图 11-6 所示。
② 在绘图区中,复制圆柱体特征。

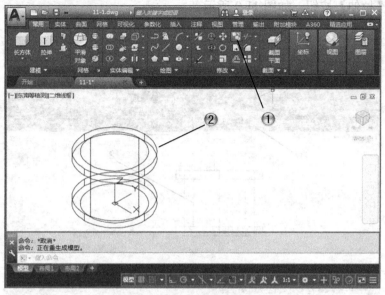

图 11-6 复制圆柱体

③ 单击【可视化】选项卡中的【Y】按钮,如图 11-7 所示。
④ 在绘图区中,绕 Y 轴旋转坐标系 90°。

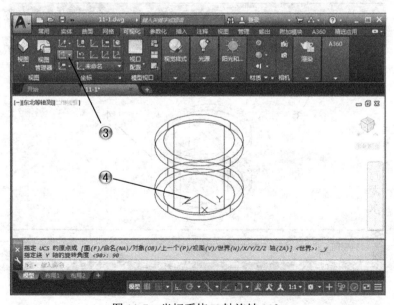

图 11-7 坐标系统 Y 轴旋转 90°

Step4 创建拉伸体

① 单击【矩形】按钮,如图 11-8 所示。
② 在绘图区中,绘制矩形。
③ 单击【拉伸】按钮,如图 11-9 所示。
④ 在绘图区中,拉伸矩形。

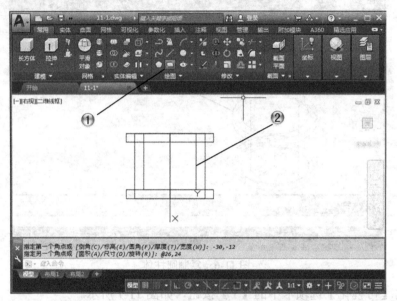

图 11-8 绘制矩形

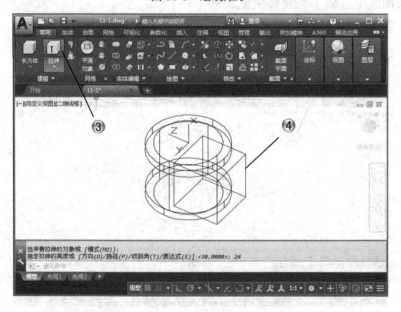

图 11-9 拉伸矩形

Step5 布尔并集运算

① 单击【常用】选项卡中的【实体，并集】按钮，如图 11-10 所示。
② 在绘图区中，选择并集特征，完成并集。

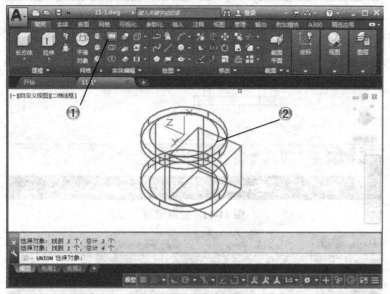

图 11-10　布尔并集运算

>
>
> 布尔并集运算是将所有的独立特征，合并成一个整体，以进行下一步的细节操作。

11.2.2　创建细节特征

创建完主体后，再创建其余拉伸特征，之后使用布尔差集运算，完成孔特征的创建。

Step1 创建圆柱体

① 单击【圆】按钮，如图 11-11 所示。
② 在绘图区中，绘制圆形。
③ 单击【拉伸】按钮，如图 11-12 所示。
④ 在绘图区中，拉伸圆形。

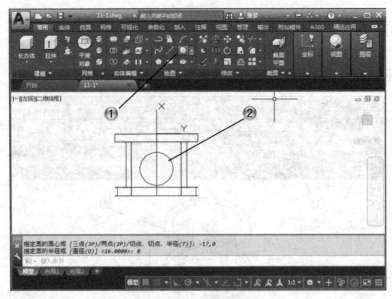

图 11-11 绘制圆形

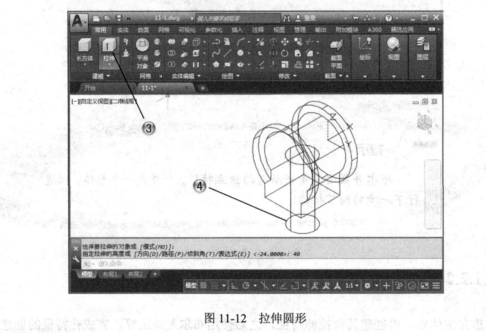

图 11-12 拉伸圆形

❗Step2 创建圆柱体

① 单击【圆】按钮,如图 11-13 所示。
② 在绘图区中,绘制圆形。
③ 单击【拉伸】按钮,如图 11-14 所示。
④ 在绘图区中,拉伸圆形。

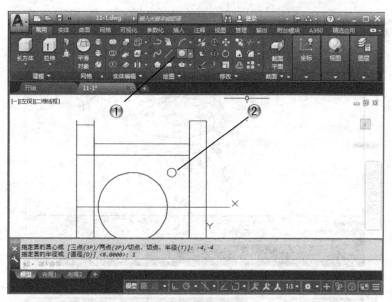

图 11-13 绘制小圆

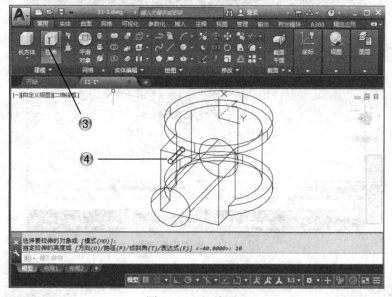

图 11-14 拉伸圆形

!Step3 阵列圆柱体

① 单击【常用】选项卡中的【矩形阵列】按钮，如图 11-15 所示。
② 在绘图区中，选择圆柱体特征。
③ 在弹出的【阵列创建】选项卡中设置参数，创建阵列，如图 11-16 所示。
④ 在【阵列创建】选项卡中，单击【关闭阵列】按钮 ✕。

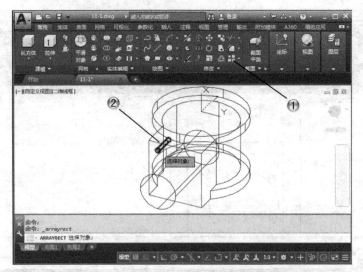

图 11-15　阵列圆柱体

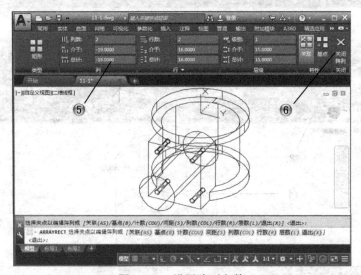

图 11-16　设置阵列参数

> ☆ 提示
>
> 阵列参数根据实际进行设置，主要参数有【列数】、【行数】、【介于】等。

Step4 布尔差集运算

① 单击【常用】选项卡中的【实体，差集】按钮，如图 11-17 所示。

② 在绘图区中，选择差集特征，完成差集。

第 11 章
高手应用案例 2——三维机械图设计应用

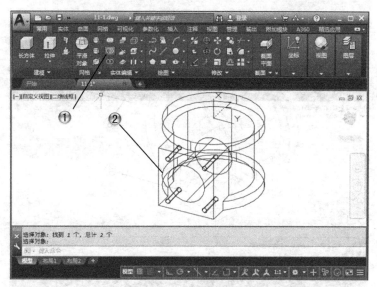

图 11-17　布尔差集运算

!Step5 创建圆柱体

① 单击【圆】按钮，如图 11-18 所示。

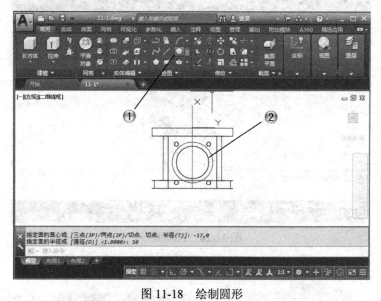

图 11-18　绘制圆形

② 在绘图区中，绘制圆形。
③ 单击【移动】按钮，如图 11-19 所示。
④ 在绘图区中，移动圆形。
⑤ 单击【拉伸】按钮，如图 11-20 所示。
⑥ 在绘图区中，拉伸圆形。

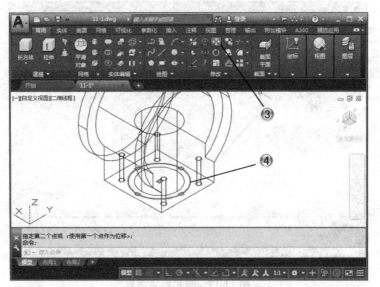

图 11-19　移动圆形

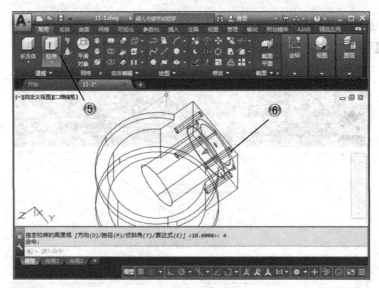

图 11-20　拉伸圆形

> **提示**
>
> 草图的位置不在需要的位置时，可以进行三维移动，所以草绘图形的平面不是不变的。

Step6 布尔差集运算

① 单击【常用】选项卡中的【实体，差集】按钮，如图 11-21 所示。
② 在绘图区中，选择差集特征，完成差集。

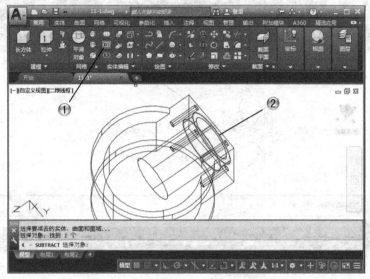

图 11-21　布尔差集运算

Step7 创建圆柱体

① 单击【可视化】选项卡中的【UCS，上一个】按钮，恢复上一步的坐标系，如图 11-22 所示。

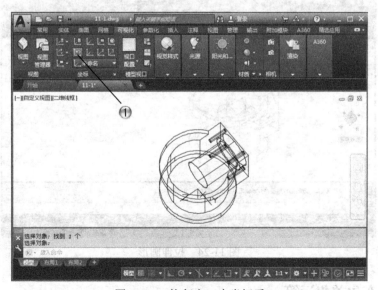

图 11-22　恢复上一步坐标系

②单击【圆】按钮,如图 11-23 所示。
③在绘图区中,绘制圆形。

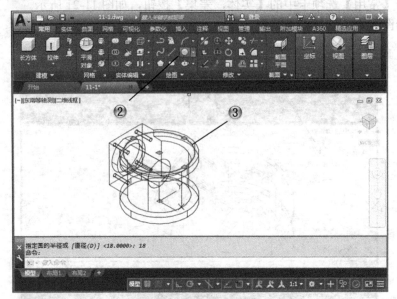

图 11-23 绘制圆形

④单击【拉伸】按钮,如图 11-24 所示。
⑤在绘图区中,拉伸圆形。

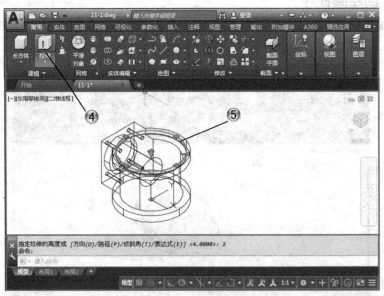

图 11-24 拉伸圆形

Step8 布尔差集运算

①单击【常用】选项卡中的【实体,差集】按钮,如图 11-25 所示。

② 在绘图区中,选择差集特征,完成差集。

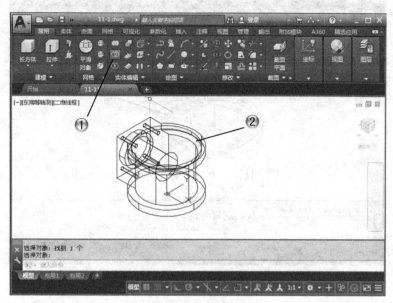

图 11-25　布尔差集运算

Step9 创建圆柱体

① 单击【圆】按钮,如图 11-26 所示。
② 在绘图区中,绘制圆形。
③ 单击【拉伸】按钮,如图 11-27 所示。
④ 在绘图区中,拉伸圆形。

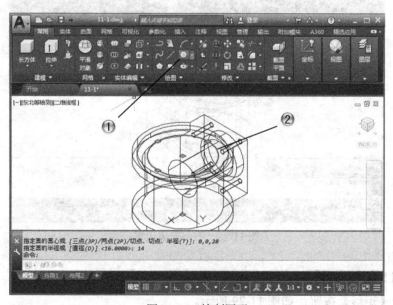

图 11-26　绘制圆形

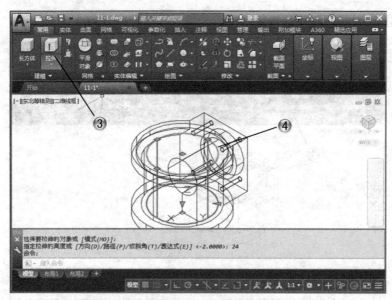

图 11-27 拉伸圆形

Step10 布尔差集运算

① 单击【实体，差集】按钮，如图 11-28 所示。
② 在绘图区中，选择差集特征，完成差集。

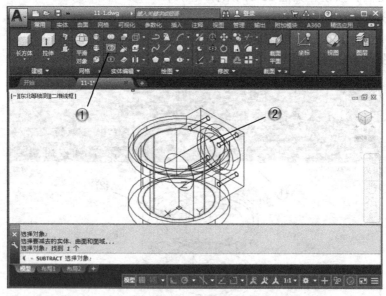

图 11-28 布尔差集运算

Step11 创建草图

① 单击【矩形】按钮，如图 11-29 所示。
② 在绘图区中，绘制矩形。

第 11 章
高手应用案例 2——三维机械图设计应用

③ 单击【圆】按钮，如图 11-30 所示。
④ 在绘图区中，绘制两个圆形。

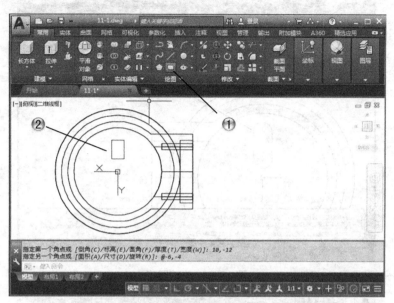

图 11-29 绘制矩形

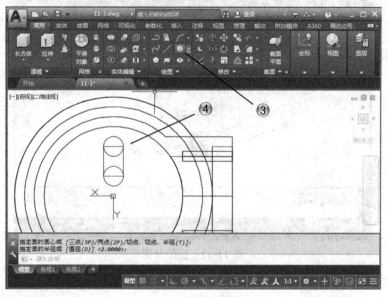

图 11-30 绘制圆形

Step12 拉伸草图

① 单击【修剪】按钮，如图 11-31 所示。
② 在绘图区中，修剪圆形。
③ 单击【拉伸】按钮，如图 11-32 所示。

④在绘图区中，拉伸草图。

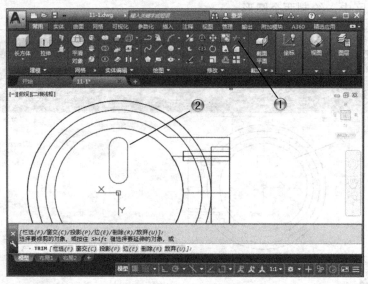

图 11-31 修剪图形

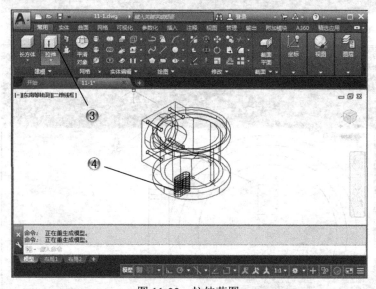

图 11-32 拉伸草图

> 提示
>
> 拉伸非整体草图，会形成曲面特征，所以这里创建的是拉伸曲面，之后再进行加厚操作形成实体。

Step13 拉伸草图

① 单击【加厚】按钮，如图 11-33 所示。
② 在绘图区中，选择曲面，实体化曲面。

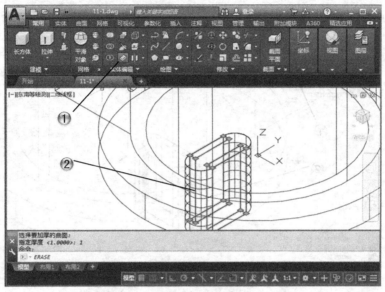

图 11-33　加厚曲面

③ 单击【加厚】按钮，如图 11-34 所示。
④ 在绘图区中，选择曲面，实体化曲面。

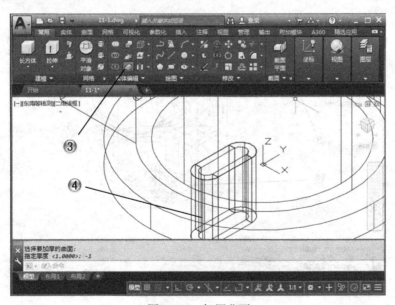

图 11-34　加厚曲面

Step14 布尔运算

① 单击【实体,并集】按钮,如图 11-35 所示。
② 在绘图区中,选择并集特征,完成并集。

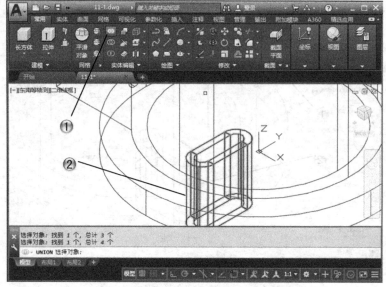

图 11-35　布尔并集运算

③ 单击【实体,差集】按钮,如图 11-36 所示。
④ 在绘图区中,选择差集特征,完成差集。

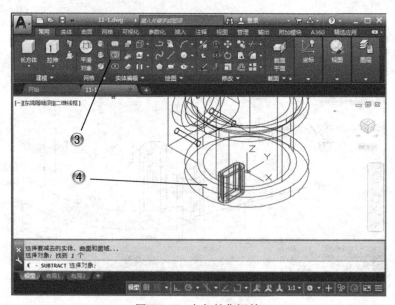

图 11-36　布尔差集运算

Step15 保存文件

① 单击【自定义快速访问工具栏】中的【保存】按钮,如图 11-37 所示。
② 完成并保存图形文件。

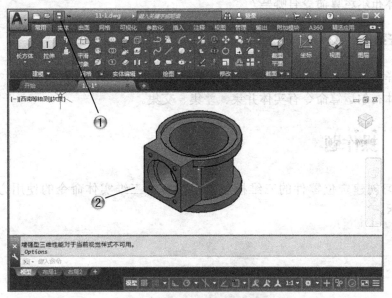

图 11-37　完成并保存文件

11.3　本章小结

本章介绍了在 AutoCAD 2018 中创建三维图形对象的方法,其中主要包括创建拉伸特征、布尔运算等内容。通过本章学习,读者可以掌握 AutoCAD 绘制三维机械图的基本方法。

11.4　课后练习

11.4.1　填空题

(1) 坐标系的作用是_____。
(2) 常用实体建模命令有_____、_____、_____、_____等。

 答案:

(1) 定位草图平面和模型位置。
(2) 长方体,圆柱体,圆锥体,球体。

11.4.2 问答题

（1）曲面如何转化为实体？
（2）实体布尔运算命令有哪些？

答案：

（1）选择【加厚】按钮 ，在绘图区选择曲面即可创建实体。
（2）实体布尔运算命令有实体并集、差集、交集。

11.4.3 操作题

本章练习创建定位零件的三维模型，学习各种三维实体命令的使用方法，零件如图 11-38 所示。

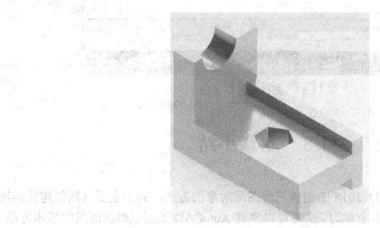

图 11-38　定位零件

练习内容：

（1）创建拉伸主体。
（2）创建圆柱体。
（3）使用布尔差集命令创建孔等特征。

第 12 章 高手应用案例 3
——装配图设计应用

本章导读

装配设计的过程就是把零件组装成部件或产品模型,通过配对条件在各部件之间建立约束关系、确定其位置关系、建立各部件之间链接关系的过程。本章介绍的装配图案例是装配模型的图纸表达方式,主要表达其工作原理和装配关系。

学习要求	学习目标 知识点	了解	理解	应用	实践
	学习装配体的三视图布局		√		
	掌握图层的设置方法		√	√	√
	掌握图框和标题栏的创建方法		√	√	√

12.1 案例分析

12.1.1 知识链接

在机器设计过程中,装配图的绘制位于零件图之前,并且装配图与零件图的表达内容不同,它主要用于机器或部件的装配、调试、安装、维修等场合,也是生产中的一种重要的技术文件,具有非常的逻辑性,必须懂得建筑工程图纸。

在产品或部件的设计过程中，一般是先设计装配图，然后再根据装配图进行零件设计，画出零件图；在产品或部件的制造过程中，先根据零件图进行零件加工和检验，再依据装配图所制定的装配工艺规程将零件装配成机器或部件；在产品或部件的使用、维护及维修过程中，也经常要通过装配图来了解产品或部件的工作原理及构造。

在装配设计中，有以下两种装配方法：
(1) 自底向上装配，是指首先创建部件的几何模型，再组合成子装配，最后生成装配部件。
(2) 自顶向下装配，是指在装配中创建与其它部件相关的部件模型，在装配部件的顶级向下产生子装配和部件的装配方法。在这种装配设计方法中，任何在装配级上对部件的改变都会自动反映到个别组件中。

12.1.2 设计思路

本章将介绍轴承底座装配模型的图纸绘制，如图 12-1 所示，首先绘制主视图，主视图包含半剖部分，显示底座内部的特征；之后绘制俯视图和剖视图；最后进行尺寸标注和图框的绘制。

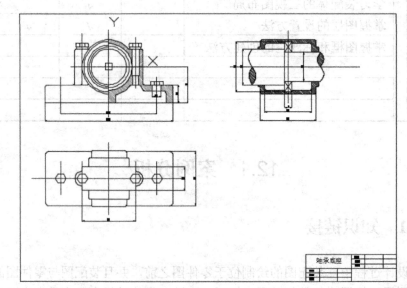

图 12-1 轴承底座图纸

通过这个案例的操作，讲述装配模型三视图的绘制方法，以及各种绘图和修改命令的综合应用，将熟悉如下内容：

（1）主视图绘制。
（2）俯视图绘制。
（3）剖视图绘制。
（4）尺寸标注和图幅标题栏设置。

12.2 案例操作

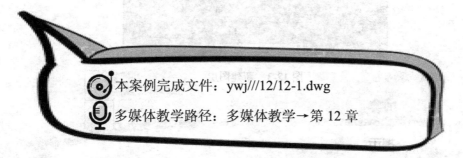

本案例完成文件：ywj///12/12-1.dwg
多媒体教学路径：多媒体教学→第 12 章

12.2.1 创建主视图

绘制装配图纸，首先设置图层，创建主视图，主视图是对称图形，包含剖视图部分。

Step1 设置图层

① 单击【默认】选项卡中的【图层特性】按钮，如图 12-2 所示。

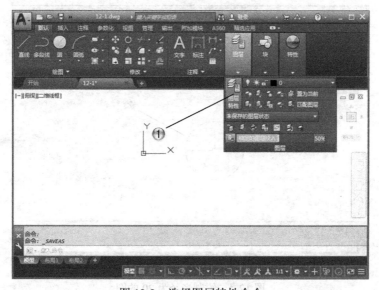

图 12-2 选择图层特性命令

② 在弹出的【图层特性管理器】中单击【新建图层】按钮，如图 12-3 所示。
③ 依次新创建 3 个图层，并设置图层属性。

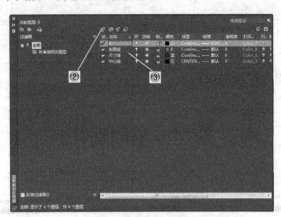

图 12-3　新建图层

 提示

一般图层设置都应该设置不同的颜色，为了绘图便于观察，这里同样设置不同的图层颜色。

Step2 绘制中心线

① 单击【圆】按钮，如图 12-4 所示。

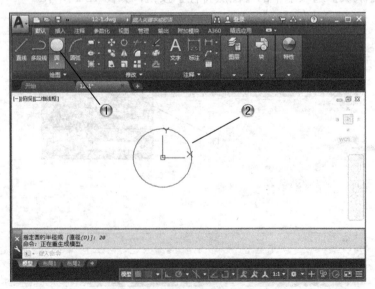

图 12-4　绘制半径为 20 的圆

② 在绘图区中,绘制半径为 20 的圆。
③ 单击【圆】按钮,如图 12-5 所示。
④ 在绘图区中,绘制半径为 22、24 的圆。
⑤ 单击【圆】按钮,如图 12-6 所示。
⑥ 在绘图区中,绘制半径为 28、30 的圆。

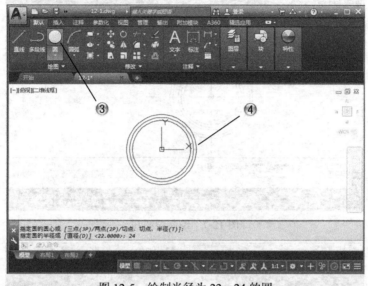

图 12-5　绘制半径为 22、24 的圆

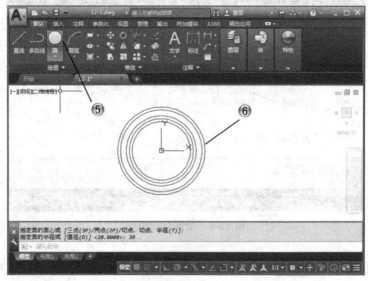

图 12-6　绘制半径为 28、30 的圆

Step3 创建直线图形

① 单击【直线】按钮,如图 12-7 所示。
② 在绘图区中,绘制中心线。

③ 单击【直线】按钮，如图 12-8 所示。
④ 在绘图区中，绘制直线图形。

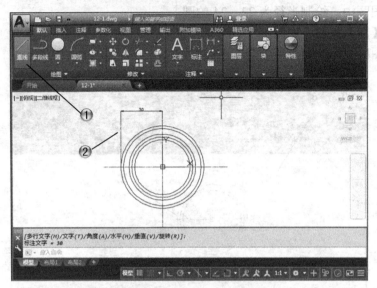

图 12-7　绘制中心线

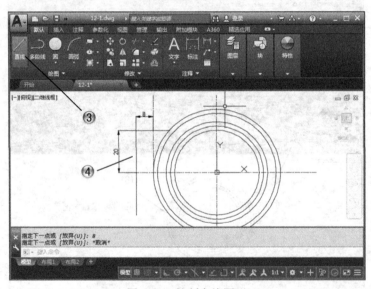

图 12-8　绘制直线图形

Step4 创建螺栓图形

① 单击【直线】按钮，如图 12-9 所示。
② 在绘图区中，绘制直线图形。
③ 单击【直线】按钮，如图 12-10 所示。
④ 在绘图区中，绘制螺栓图形。

第 12 章
高手应用案例 3——装配图设计应用

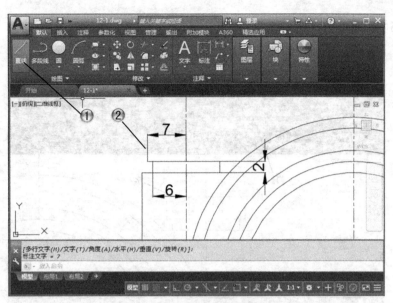

图 12-9　绘制直线图形

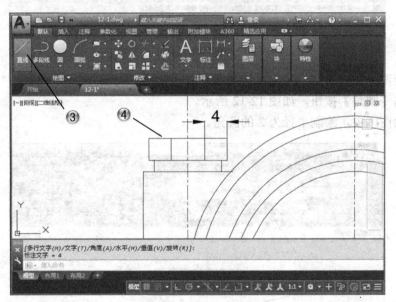

图 12-10　绘制螺栓图形

孔、圆柱等特征，根据中心线进行定位，一般是对称的图形。

Step5 绘制圆角

① 单击【圆角】按钮，如图 12-11 所示。

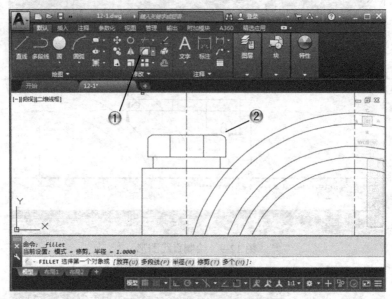

图 12-11　创建半径为 1 的圆角

② 在绘图区中，绘制半径为 1 的圆角。
③ 单击【圆角】按钮，如图 12-12 所示。
④ 在绘图区中，绘制半径为 2 的圆角。

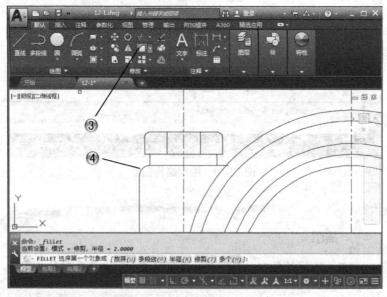

图 12-12　创建半径为 2 的圆角

Step6 修剪螺栓图形

①单击【直线】按钮,如图 12-13 所示。

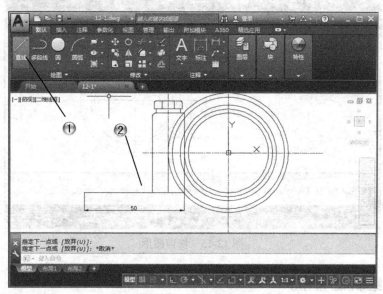

图 12-13 绘制直线图形

②在绘图区中,绘制直线图形。
③单击【圆角】按钮,如图 12-14 所示。
④在绘图区中,绘制半径为 2 的圆角。
⑤单击【修剪】按钮,如图 12-15 所示。
⑥在绘图区中,修剪螺栓图形。

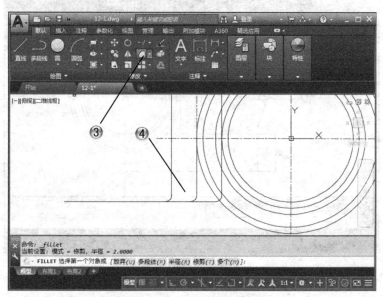

图 12-14 创建半径为 2 的圆角

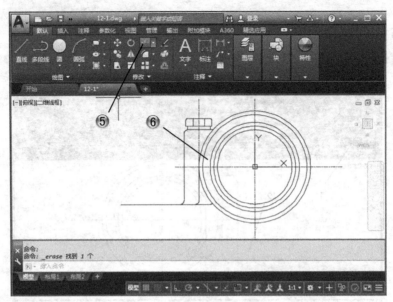

图 12-15　修剪图形

!Step7 绘制底座图形

① 单击【直线】按钮，如图 12-16 所示。
② 在绘图区中，绘制底座直线图形。
③ 单击【圆角】按钮，如图 12-17 所示。
④ 在绘图区中，绘制半径为 4 的圆角。

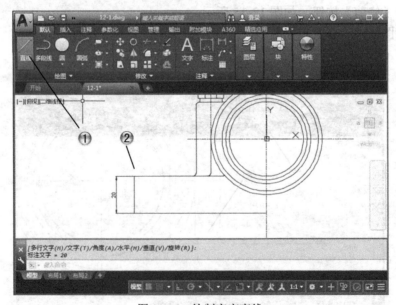

图 12-16　绘制底座直线

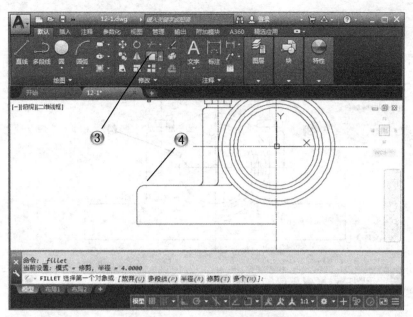

图 12-17 创建半径为 4 的圆角

Step8 镜像图形

① 单击【镜像】按钮，如图 12-18 所示。
② 在绘图区中，镜像图形。
③ 单击【修剪】按钮，如图 12-19 所示。
④ 在绘图区中，修剪图形。

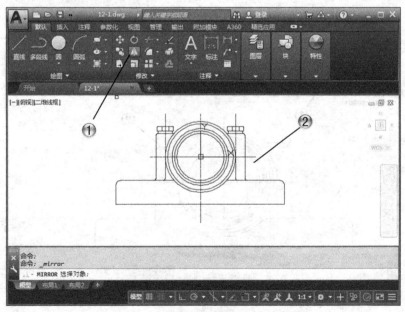

图 12-18 镜像图形

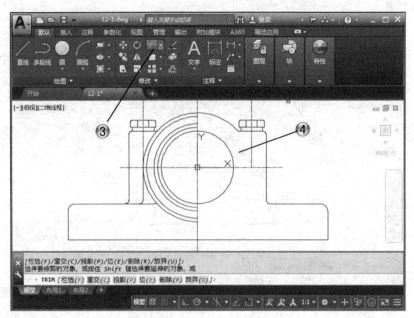

图 12-19 修剪图形

Step9 修剪图形

① 单击【圆】按钮,如图 12-20 所示。
② 在绘图区中,绘制半径为 23、26 的圆形。
③ 单击【修剪】按钮,如图 12-21 所示。
④ 在绘图区中,修剪图形。

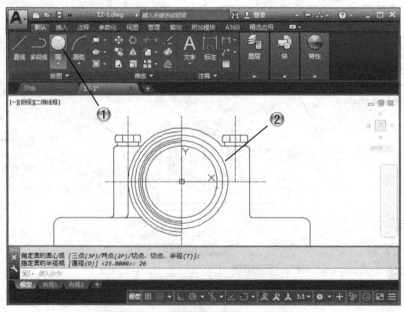

图 12-20 绘制半径为 23、26 的圆形

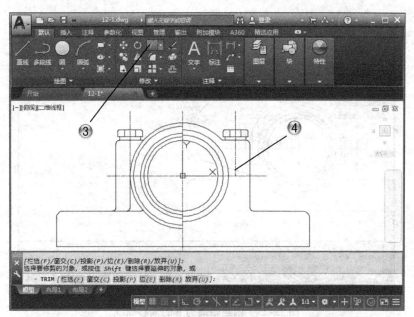

图 12-21　修剪圆形

Step10 绘制孔图形

① 单击【直线】按钮，如图 12-22 所示。

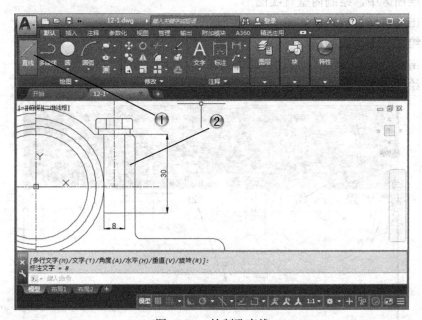

图 12-22　绘制孔直线

② 在绘图区中，绘制孔直线图形。
③ 单击【偏移】按钮，如图 12-23 所示。
④ 在绘图区中，创建距离为 6 的偏移曲线。

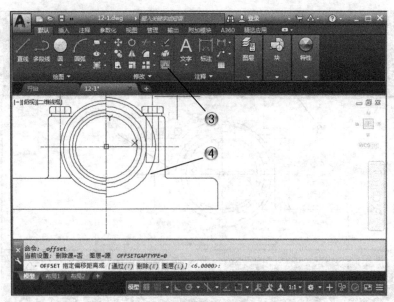

图 12-23 创建距离为 6 的偏移曲线

Step11 绘制内壁图形

① 单击【直线】按钮，如图 12-24 所示。
② 在绘图区中，绘制内壁直线图形。
③ 单击【直线】按钮，如图 12-25 所示。
④ 在绘图区中，绘制直线图形。
⑤ 单击【修剪】按钮，如图 12-26 所示。
⑥ 在绘图区中，修剪图形。

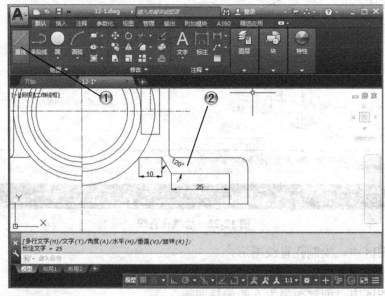

图 12-24 绘制内壁直线图形

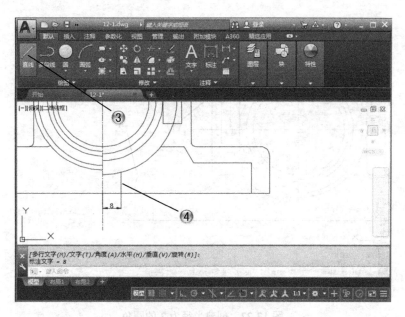

图 12-25 绘制直线图形

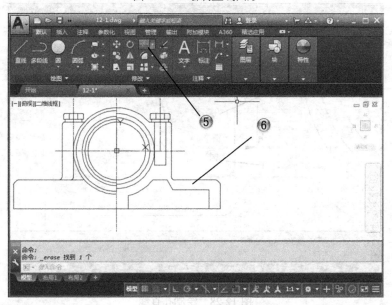

图 12-26 修剪图形

!Step12 绘制圆角

①单击【圆角】按钮,如图 12-27 所示。
②在绘图区中,绘制半径为 2 的圆角。
③单击【直线】按钮,如图 12-28 所示。
④在绘图区中,绘制孔直线图形。

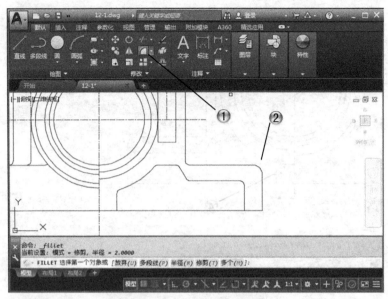

图 12-27　创建半径为 2 的圆角

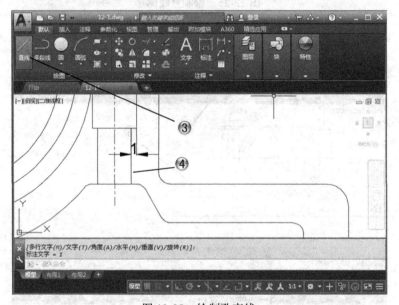

图 12-28　绘制孔直线

!Step13 绘制螺栓图形

① 单击【直线】按钮，如图 12-29 所示。
② 在绘图区中，绘制中心线。
③ 单击【复制】按钮，如图 12-30 所示。
④ 在绘图区中，复制螺栓图形。
⑤ 单击【直线】按钮，如图 12-31 所示。
⑥ 在绘图区中，绘制孔直线图形。

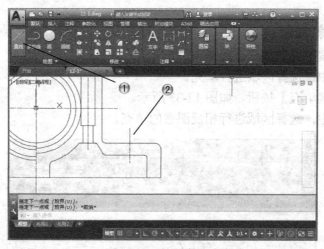

图 12-29 绘制中心线

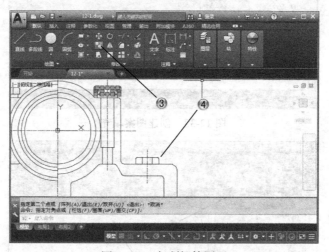

图 12-30 复制螺栓图形

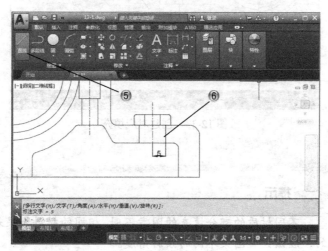

图 12-31 绘制孔直线

Step14 图案填充

① 单击【图案填充】按钮,如图 12-32 所示。
② 在绘图区中,选择区域进行填充。
③ 单击【图案填充】按钮,如图 12-33 所示。
④ 在绘图区中,选择区域进行相反图案的填充。

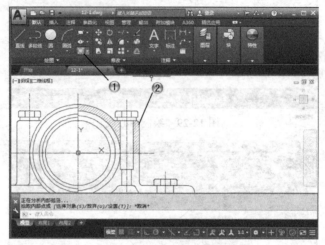

图 12-32　创建图案填充

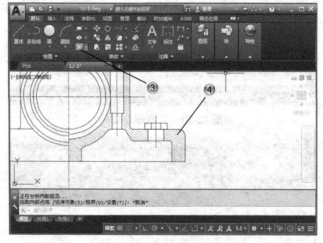

图 12-33　创建对应填充

> **提示**
>
> 不同材质的部分填充的图案不同,相同的材料如果是相接触的,应该设置图案不同的倾斜角度。

12.2.2 创建俯视图

创建主视图后,再绘制对应的俯视图,俯视图部分主要注意轴部分的尺寸设置。

Step1 绘制直线图形

① 单击【直线】按钮,如图 12-34 所示。
② 在绘图区中,绘制中心线。

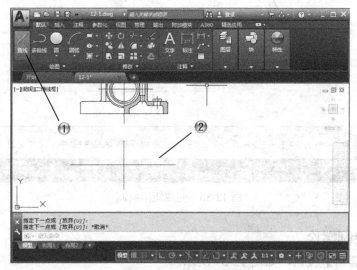

图 12-34 绘制中心线

③ 单击【直线】按钮,如图 12-35 所示。
④ 在绘图区中,绘制直线图形。

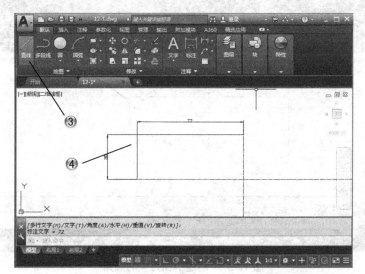

图 12-35 绘制直线图形

⑤ 单击【直线】按钮，如图 12-36 所示。
⑥ 在绘图区中，绘制矩形图形。

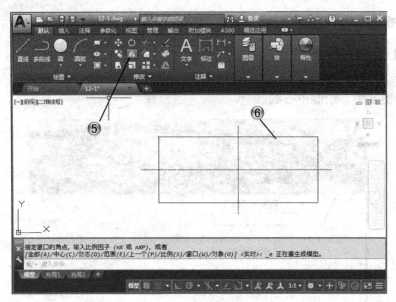

图 12-36　完成矩形绘制

Step2 绘制螺栓

① 单击【圆角】按钮，如图 12-37 所示。
② 在绘图区中，绘制半径为 4 的圆角。

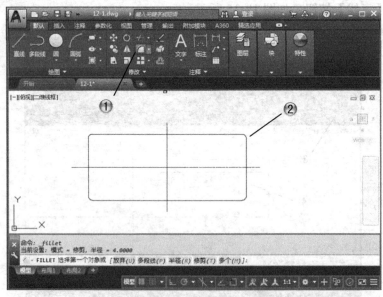

图 12-37　创建半径为 4 的圆角

③ 单击【直线】按钮，如图 12-38 所示。

④ 在绘图区中，绘制中心线。
⑤ 单击【多边形】按钮，如图 12-39 所示。
⑥ 在绘图区中，创建六边形。

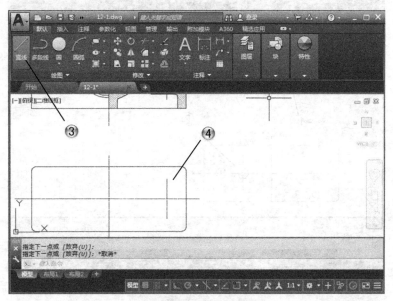

图 12-38　绘制中心线

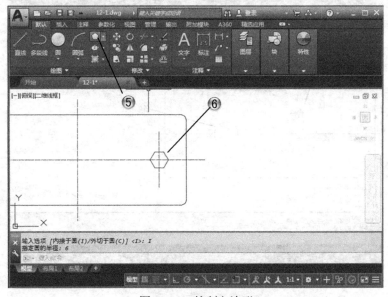

图 12-39　绘制六边形

Step3 复制螺栓

① 单击【复制】按钮，如图 12-40 所示。
② 在绘图区中，复制螺栓图形。

③ 单击【圆】按钮，如图 12-41 所示。
④ 在绘图区中，绘制半径为 8 的圆形。

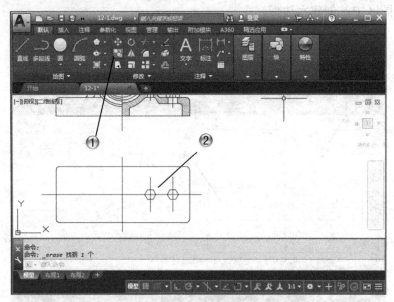

图 12-40　复制图形

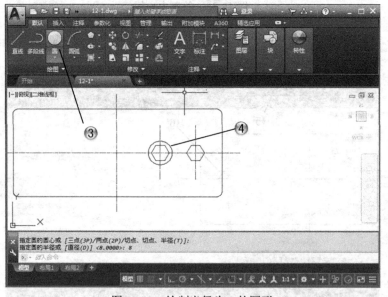

图 12-41　绘制半径为 8 的圆形

Step4 绘制轴套

① 单击【直线】按钮，如图 12-42 所示。
② 在绘图区中，绘制直线图形。
③ 单击【直线】按钮，如图 12-43 所示。

④在绘图区中,绘制轴套图形。

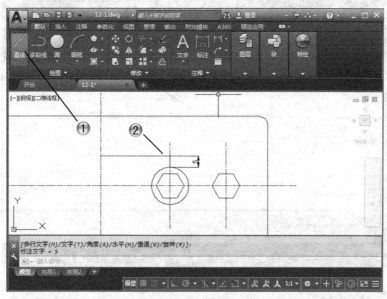

图 12-42　绘制直线图形

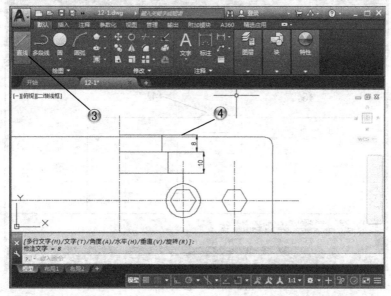

图 12-43　绘制轴套图形

Step5 修剪图形

①单击【圆角】按钮,如图 12-44 所示。
②在绘图区中,绘制半径为 2 的圆角。
③单击【修剪】按钮,如图 12-45 所示。
④在绘图区中,修剪图形。

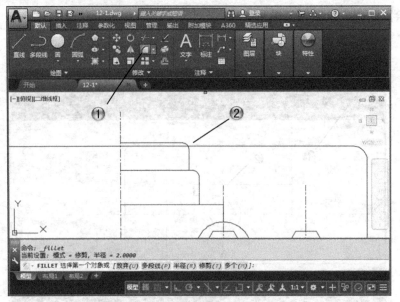

图 12-44 创建半径为 2 的圆角

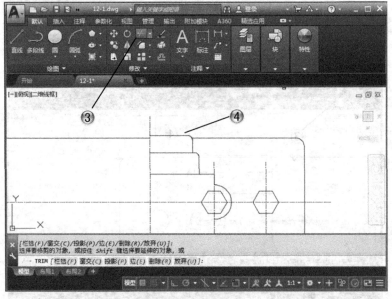

图 12-45 修剪图形

Step6 镜像图形

① 单击【镜像】按钮,如图 12-46 所示。
② 在绘图区中,创建镜像图形。
③ 单击【修剪】按钮,如图 12-47 所示。
④ 在绘图区中,修剪图形。

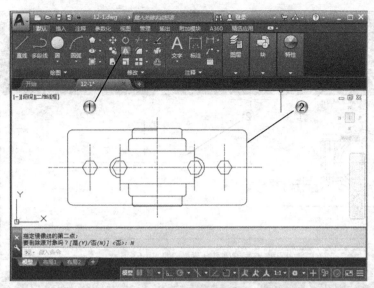

图 12-46　创建镜像图形

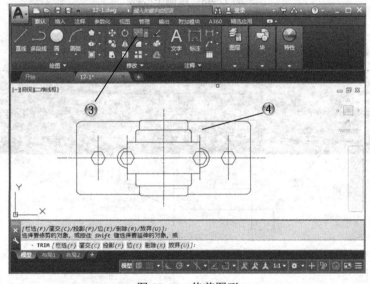

图 12-47　修剪图形

12.2.3　创建剖视图

创建主视图和俯视图后,继续绘制剖视图,以表达轴承的内部结构,该剖视图属于全剖视图。

Step1 绘制直线图形

① 单击【直线】按钮,如图 12-48 所示。
② 在绘图区中,绘制中心线。

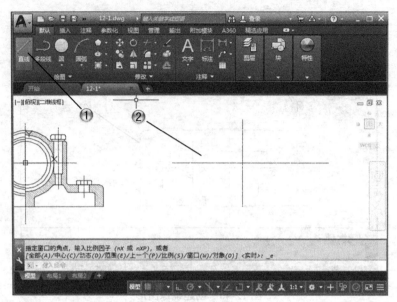

图 12-48　绘制中心线

③ 单击【直线】按钮，如图 12-49 所示。
④ 在绘图区中，绘制直线图形。

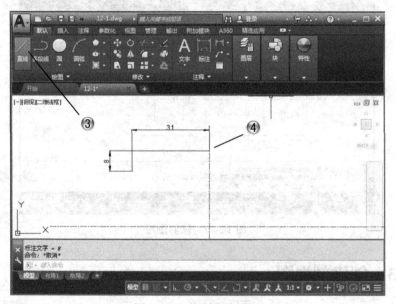

图 12-49　绘制直线图形

Step2 绘制轴图形

① 单击【直线】按钮，如图 12-50 所示。
② 在绘图区中，绘制直线图形。

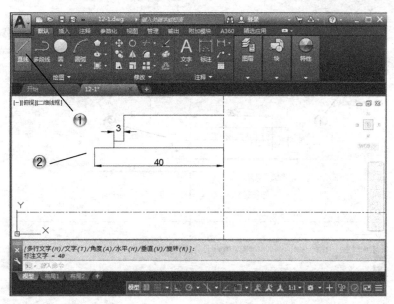

图 12-50 绘制直线图形

③ 单击【直线】按钮,如图 12-51 所示。
④ 在绘图区中,绘制轴直线图形。

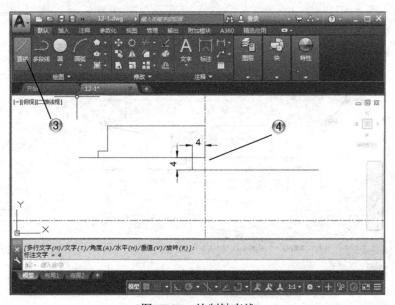

图 12-51 绘制轴直线

Step3 绘制轴图形

① 单击【直线】按钮,如图 12-52 所示。
② 在绘图区中,绘制内壁图形。

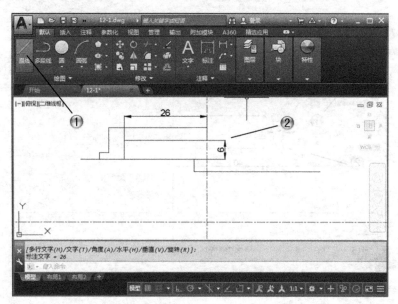

图 12-52　绘制内壁直线

③ 单击【直线】按钮,如图 12-53 所示。
④ 在绘图区中,绘制轴承直线图形。

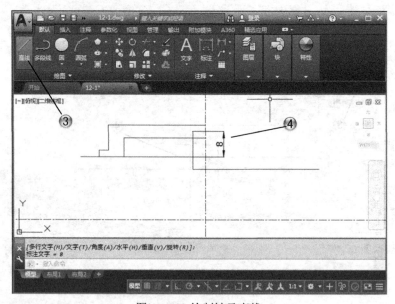

图 12-53　绘制轴承直线

Step4 镜像图形

① 单击【修剪】按钮,如图 12-54 所示。
② 在绘图区中,修剪图形。

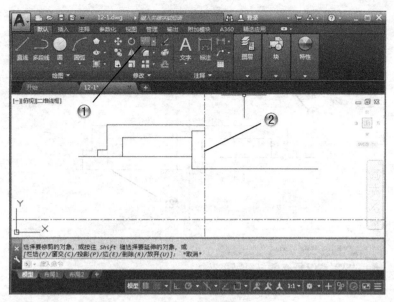

图 12-54 修剪图形

③ 单击【镜像】按钮,如图 12-55 所示。
④ 在绘图区中,镜像图形。

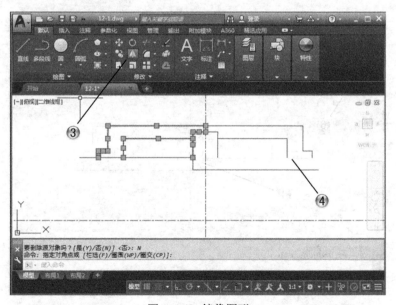

图 12-55 镜像图形

Step5 绘制轴承

① 单击【延伸】按钮,如图 12-56 所示。
② 在绘图区中,延伸直线。

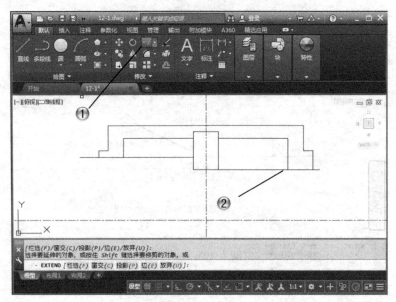

图 12-56 修剪图形

③ 单击【直线】按钮，如图 12-57 所示。
④ 在绘图区中，绘制轴承。

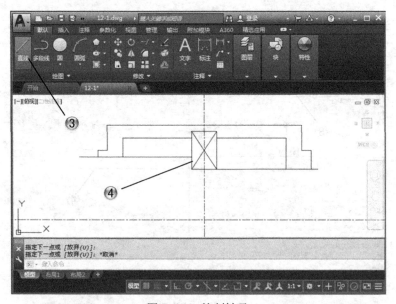

图 12-57 绘制轴承

提示

这里的轴承使用简易画法，因为是剖面视图，所以之后要创建对称的部分。

Step6 镜像图形

① 单击【圆角】按钮,如图 12-58 所示。
② 在绘图区中,绘制半径为 2 的圆角。

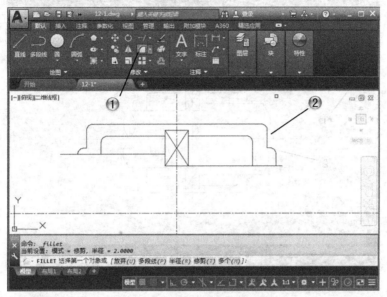

图 12-58　创建半径为 2 的圆角

③ 单击【镜像】按钮,如图 12-59 所示。
④ 在绘图区中,镜像图形。

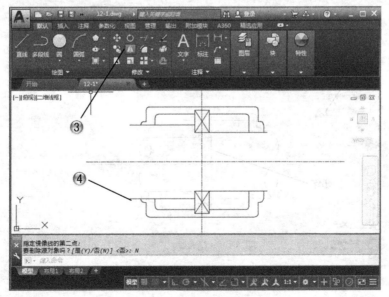

图 12-59　镜像图形

Step7 填充图形

①单击【样条曲线拟合】按钮,如图 12-60 所示。

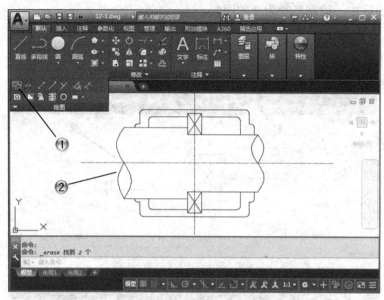

图 12-60 绘制样条曲线

②在绘图区中,绘制曲线图形。
③单击【直线】按钮,如图 12-61 所示。
④在绘图区中,绘制直线。

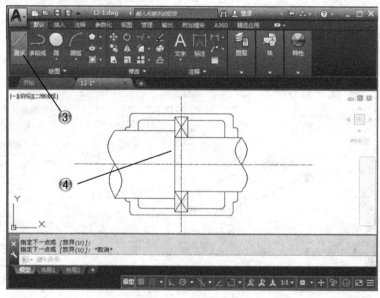

图 12-61 绘制直线

⑤ 单击【图案填充】按钮，如图 12-62 所示。
⑥ 在绘图区中，选择区域进行填充。

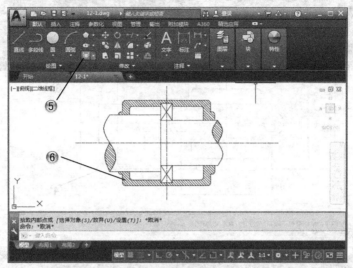

图 12-62　填充图形

12.2.4　创建尺寸标注和图框

最后创建图纸的尺寸标注，之后绘制矩形图框和标题栏，最后进行文字内容的填写。

Step1　标注尺寸

① 单击【线性】按钮，如图 12-63 所示。
② 在绘图区中，绘制主视图标注。

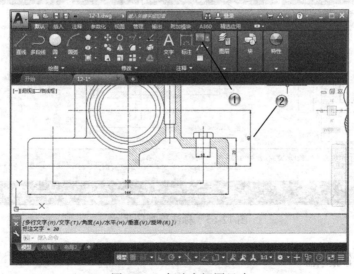

图 12-63　标注主视图尺寸

③ 单击【线性】按钮，如图 12-64 所示。

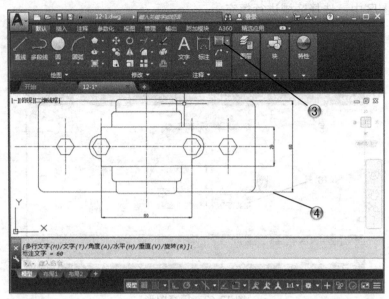

图 12-64 标注俯视图尺寸

④ 在绘图区中，绘制俯视图标注。
⑤ 单击【线性】按钮，如图 12-65 所示。
⑥ 在绘图区中，绘制剖视图标注。

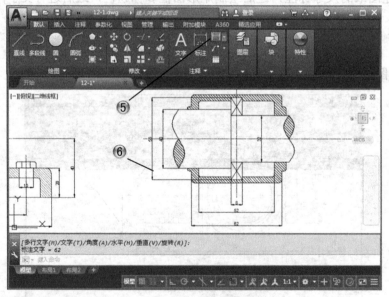

图 12-65 标注剖视图尺寸

Step2 绘制图框

① 单击【矩形】按钮，如图 12-66 所示。

② 在绘图区中，绘制矩形。

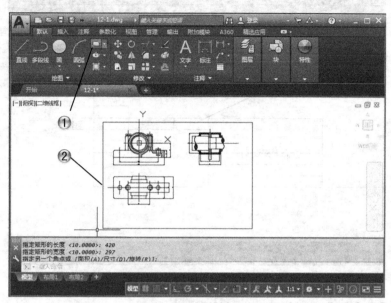

图 12-66　绘制矩形

③ 单击【直线】按钮，如图 12-67 所示。
④ 在绘图区中，绘制标题栏框。

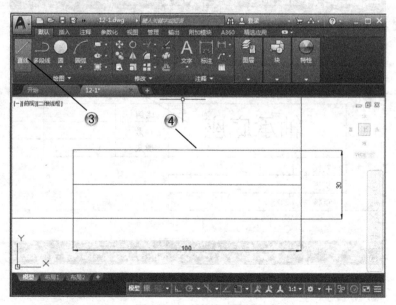

图 12-67　绘制标题栏框

Step3 完成标题栏

① 单击【直线】按钮，如图 12-68 所示。
② 在绘图区中，绘制标题栏。

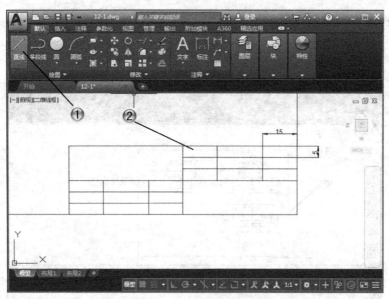

图 12-68　绘制标题栏

③ 单击【文字】按钮，如图 12-69 所示。
④ 在标题栏中，添加文字。

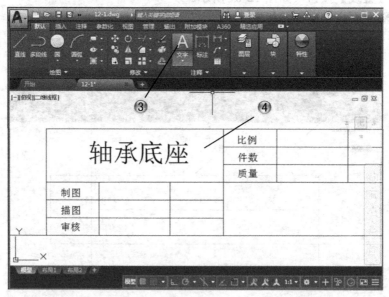

图 12-69　添加文字

Step4 保存文件

① 单击【保存】按钮，如图 12-70 所示。
② 完成并保存图形文件。

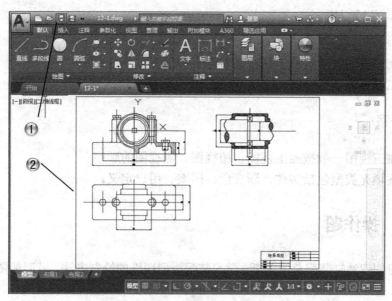

图 12-70　完成并保存图形

12.3　本章小结

本章介绍了 AutoCAD 绘制装配图的过程，其中包括三视图的布局和设置，视图是对应关系，在尺寸标注部分应该主要体现装配关系的参数。通过本章学习，读者除了可以练习装配图纸的绘制方法，还可以熟悉对装配模型的设计。

12.4　课后练习

12.4.1　填空题

（1）两种装配方法是_____、_____。
（2）常用装配模型视图有_____、_____、_____。

💡答案：

（1）自底向上装配，自顶向下装配。
（2）正视图，侧视图，俯视图。

12.4.2 问答题

（1）绘制三视图的一般顺序是什么？
（2）图案填充类型有哪些？

答案：

（1）绘制三视图一般按照主视图、俯视图、侧视图的顺序。
（2）图案填充类型包括实体、渐变色、图案、用户定义。

12.4.3 操作题

本章练习创建油缸装配总成图纸，学习装配模型图纸的绘制方法，模型如图 12-71 所示。

图 12-71 油缸装配模型

练习内容：

（1）绘制主视图。
（2）绘制侧视图。
（3）绘制剖面视图。
（4）添加尺寸标注和图幅。

第 13 章　高手应用案例 4 ——建筑平面图设计应用

本章导读

建筑制图有一整套的行业规范，可以说建筑制图是一种工程上专用的图解文字。这些规范主要包括绘图的线条、文字的字体和大小等很多方面。在建筑工程中，无论是建造工厂、住宅、剧院还是其他建筑，从设计到施工，各阶段都离不开工程图。在设计阶段，设计人员用工程图来表达某项工程的设计思想；审批工厂设计方案时，工程图是研究和审批的对象，它也是技术人员交流设计思想的工具；在施工阶段，工程图是施工的依据。

本章就通过建筑图纸的绘制案例，让读者认识和学习建筑绘图方法及模板功能的使用方法。

	学习目标 知识点	了解	理解	应用	实践
学习要求	建筑制图基础知识	√	√		
	建筑物布局设计	√	√	√	√
	建筑物内物品绘制		√	√	√
	AutoCAD 2018 模板应用	√	√	√	√
	建筑尺寸标注	√	√	√	√

13.1 案例分析

 13.1.1 知识链接

建筑平面图绘制的一般方法是：根据绘制图形的方案设计对绘图环境进行设置，然后确定轴网、轴号、柱网，在绘制墙体、门窗、阳台、楼梯、雨篷、踏步、散水、设备，标注必要的初步尺寸。

（1）绘制轴网及轴号

建筑平面绘图的设计一般从定位轴线开始。建筑的轴线主要用于确定建筑的结构体系，是建筑定位最根本的依据，也是建筑体系的决定因素。建筑施工的每一个部件都是以轴线为基准定位的，确定了轴线，就决定了建筑的开间及进深；决定了楼板、柱网、墙体的布置型式；决定了建筑的承重体系；因此，轴线一般以轴网或主要墙体为基准布置。

另外，建筑制图规范规定，轴圈的直径为 8mm。指定轴号时，在水平方向由左至右分别取 1、2、3、……数字作为水平方向轴号，在垂直方向由下至上分别取 A、B、C、……字母作为垂直方向轴号。

（2）建筑平面图的绘制要求

在 AutoCAD 中绘制建筑平面图，首先要了解绘制平面图的要求，下面详细介绍。

比例：根据建筑物的大小及图纸表达的要求，可选用不同的比例。一般情况下，建筑平面图主要采用 1:550、1:100 或 1:200 的比例绘制，楼梯、门窗、卫生设备以及细部构件均采用国际规定的图例绘制。

线型：建筑平面图中的线型应粗细分明，主要要求如下。

- 墙、柱断面应采用粗实线绘制轮廓。
- 门、窗户、楼梯、卫生设施以及家具等应采用中实线或细实线绘制。
- 尺寸线、尺寸界线、索引符号以及标高符号等应采用细实线绘制。轴线应采用细实线绘制。

图例：建筑平面图中的所有构件都应该按照《建筑制图标注规定》中的图例来绘制。

尺寸标注：建筑平面图中所标注的尺寸以毫米为单位，表高以米为单位，其中标注的尺寸分为外部尺寸和内部尺寸。

外部尺寸：在建筑平面图中要标注三道尺寸，其中最里面的尺寸是外墙、门、窗户等的尺寸；中间的尺寸是房间的开间与进深的轴线尺寸；最外侧的尺寸是房屋的尺寸。

内部尺寸：主要标注房屋墙、门窗洞、墙厚及轴线的关系，柱子截面、门垛等细部尺寸，还有房间长、宽方向的净空尺寸。

详图索引符号：在建筑平面图中，对于有详图的地方，应使用详图索引符号注明要画详图的位置、编号及详图所在图纸的编号。

（3）绘制门和窗

门窗的大小应符合建筑模数。在工程项目的设计中，应尽量减少其种类和数量。在用 AutoCAD 绘制门窗时，最佳办法是先根据不同种类的门窗制作一些标准门、窗块，在需要时根据实际尺寸指定比例缩放插入，或直接调用建筑专业图库的图形。

• 门的种类

按照 GBJ104《建筑制图标准》进行分类，共有 14 种：单扇（平开或弹簧）门、双扇（平开或单面弹簧）门、对开折叠门、墙内双扇推拉门、单扇双面弹簧门、双扇双面弹簧门、墙外单扇推拉门、墙外双扇拉门、单扇内外开门（包括平开或单面弹簧）、双扇内外双层门（包括平开或单面弹簧）、转门、折叠上翻门、卷门和提升门。归纳起来，它们的平面表示方法共 11 种。

在建筑施工图中，往往要求精细地绘制双线门，可以先绘制双线门，并将其制成一个与原来块同名的块，新块替代旧块，图中相应的图形也会全部更改。

• 窗的种类

窗共有 11 种：单层固定窗、单层外开上悬窗、单层中悬窗、单层内开下悬窗、单层外开平窗、立转窗、单层内开平窗、单层内外开平开窗、左右推拉窗、上推窗、百叶窗。它们的平面表示方式共 6 种。

在绘图环境设置中，最好为门窗专门设置一个图层并命名为"门窗"层。在制作门窗块时，就打开该图层进行编辑。门窗块最好用 wblock（插入块）命令做成外部块并存于一个专门的图库目录（如"门窗"目录）中，以备在其他的工程项目中调用。

• 门窗的插入

完成建筑初步设计的墙体绘制并制作门窗图块后，就可以根据需要用 insert（插入）等命令插入门窗，深入进行建筑细部设计。在建筑平面初步设计阶段，门窗标号可以不标，但施工图中必须要标明并进行门窗统计。

（4）交通组织与设计

在建筑设计中，交通设计分为平面交通设计和垂直交通设计。平面交通设计是指建筑水平方向上的空间联系和通道设计（如门厅、过道。走廊等），垂直交通设计是指建筑竖向空间的联系和竖向空间的通道的设计（如楼梯、电梯、自动扶梯、升降机、坡道、踏步等）。

13.1.2 设计思路

本案例介绍两层别墅的平面图纸绘制。在图纸绘制之前先进行图层的设置，以方便后期读图和绘制；接着绘制一层平面图；之后复制一层图纸，修改编辑后成为二层的图纸；绘制完平面图后在图纸上添加家具和其他附件；之后进行建筑尺寸的标注，将建筑的主要尺寸表达清楚；最后进行文字和图框的添加。如图 13-1 所示为完成后的图纸。

通过这个案例的操作,讲述建筑平面图的绘制方法,以及各种绘图和修改命令的综合应用,将熟悉如下内容:

(1)图层设置。
(2)平面图的绘制。
(3)建筑内部平面图绘制。
(4)尺寸标注和图幅标题栏设置。

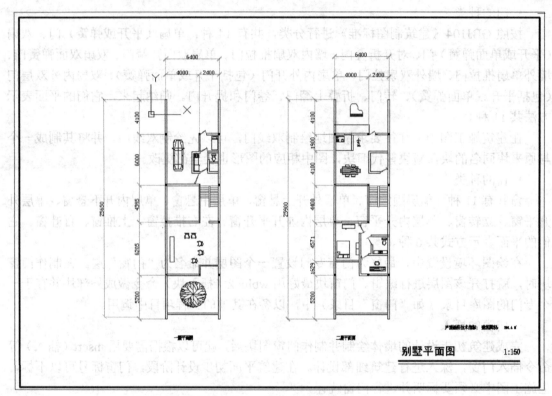

图 13-1 完成的别墅图纸

13.2 案例操作

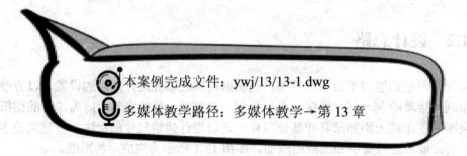

本案例完成文件:ywj/13/13-1.dwg

多媒体教学路径:多媒体教学→第 13 章

第 13 章
高手应用案例 4——建筑平面图设计应用

13.2.1 图层设置

Step1 设置新的图层

① 选择【格式】|【图层】菜单命令，打开【图层特性管理器】工具选项板，如图 13-2 所示。

② 设置新的图层。

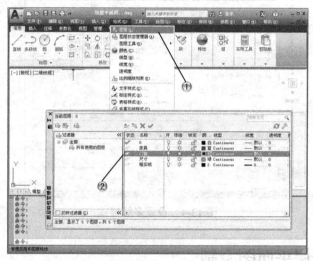

图 13-2　设置新的图层

Step2 新建多线样式

① 选择【格式】|【多线样式】菜单命令，打开【多线样式】对话框，如图 13-3 所示。

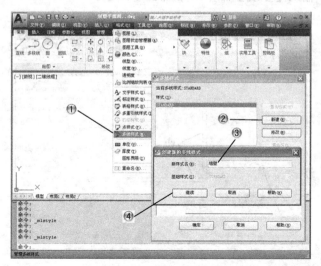

图 13-3　新建多线样式

② 单击【新建】按钮，打开【创建新的多线样式】对话框。
③ 设置样式名。
④ 单击【继续】按钮。

Step3 设置多线样式

① 在打开的【新建多线样式】对话框中，设置各项参数，如图 13-4 所示。
② 单击【确定】按钮。

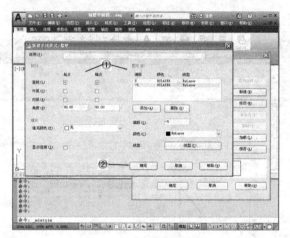

图 13-4　设置多线样式

13.2.2　一层平面图绘制

Step1 绘制两条多线

① 在命令行中输入【多线】命令，如图 13-5 所示。

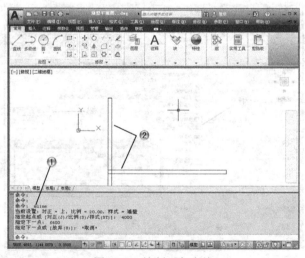

图 13-5　绘制两条多线

②绘制两条多线。

Step2 绘制平行的多线

① 在命令行中输入【多线】命令,如图 13-6 所示。
② 绘制平行的多线。

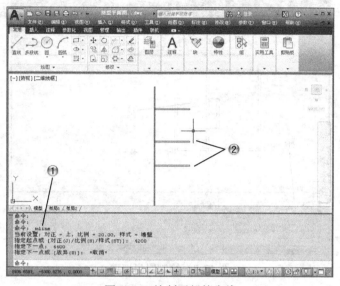

图 13-6　绘制平行的多线

Step3 绘制完成外墙轮廓

① 在命令行中输入【多线】命令,如图 13-7 所示。
② 绘制多线,完成外墙轮廓绘制。

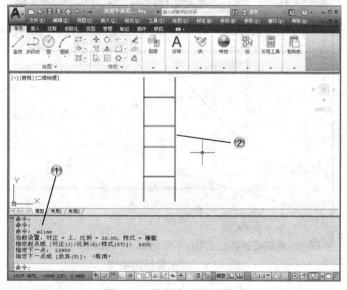

图 13-7　绘制完成外墙轮廓

Step4 绘制厨房墙壁

① 在命令行中输入【多线】命令,如图 13-8 所示。
② 绘制厨房内的多线。

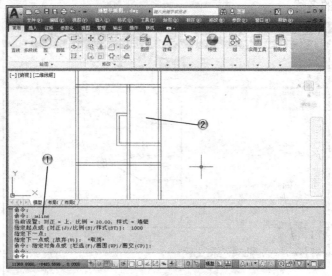

图 13-8　绘制厨房墙壁

Step5 绘制楼梯间墙壁

① 在命令行中输入【多线】命令,如图 13-9 所示。
② 绘制楼梯间墙壁。

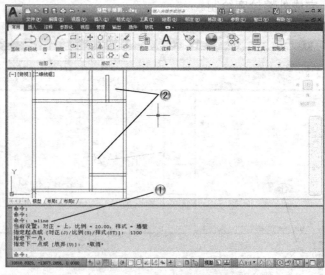

图 13-9　绘制楼梯间墙壁

Step6 绘制完成厨房墙壁

① 在命令行中输入【多线】命令,如图 13-10 所示。
② 绘制多线,完成厨房内墙壁绘制。

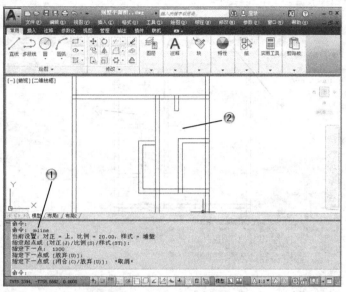

图 13-10　绘制完成厨房墙壁

Step7 分解所有图形

① 单击【分解】按钮,如图 13-11 所示。
② 分解所有图形。

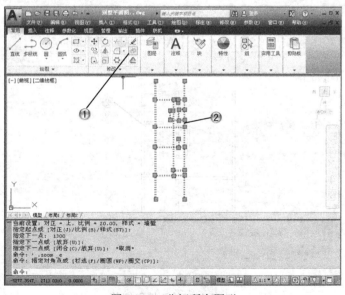

图 13-11　分解所有图形

Step8 修剪厨房墙壁

① 单击【修剪】按钮，如图 13-12 所示。
② 修剪厨房墙壁。

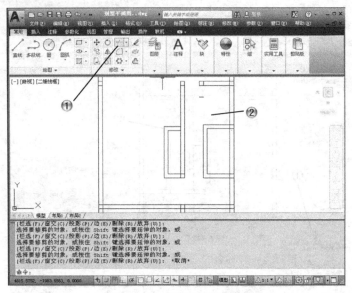

图 13-12　修剪厨房墙壁

Step9 绘制墙壁细节

① 单击【直线】按钮，如图 13-13 所示。
② 绘制墙壁细节。

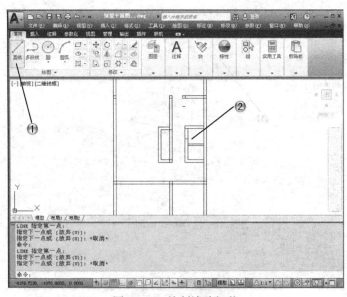

图 13-13　绘制墙壁细节

Step10 删除不必要线条

①单击【删除】按钮,如图 13-14 所示。
②删除不需要的图形。

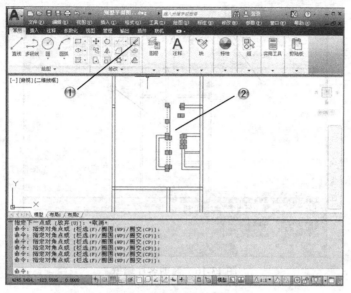

图 13-14　删除不必要线条

Step11 修剪楼梯间墙壁

①单击【修剪】按钮,如图 13-15 所示。
②修剪楼梯间墙壁。

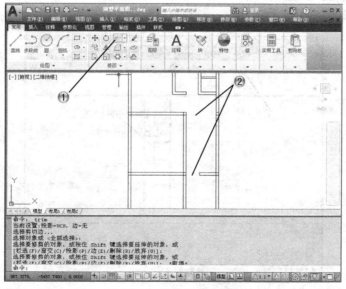

图 13-15　修剪楼梯间墙壁

Step12 修剪客厅墙壁

① 单击【修剪】按钮，如图 13-16 所示。
② 修剪客厅墙壁。

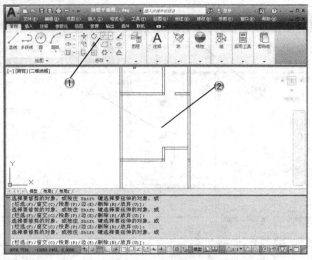

图 13-16　修剪客厅墙壁

13.2.3　二层平面图绘制

Step1 复制平面图形

① 单击【复制】按钮，如图 13-17 所示。
② 复制图形。

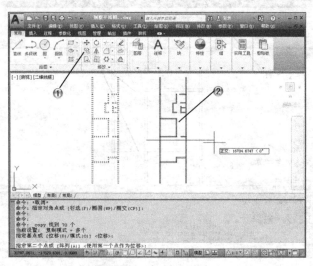

图 13-17　复制平面图形

Step2 绘制餐厅墙壁

① 单击【直线】按钮，如图 13-18 所示。
② 绘制餐厅墙壁。

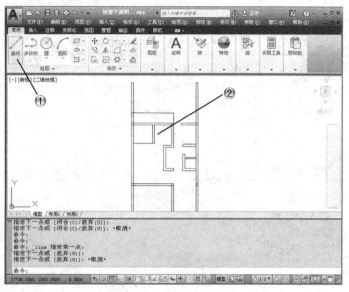

图 13-18　绘制餐厅墙壁

Step3 删除餐厅线条

① 单击【删除】按钮，如图 13-19 所示。
② 删除餐厅墙壁线条。

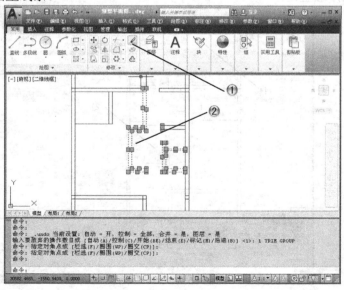

图 13-19　删除餐厅线条

Step4 绘制餐厅墙壁线条

① 单击【直线】按钮,如图 13-20 所示。
② 绘制餐厅墙壁线条。

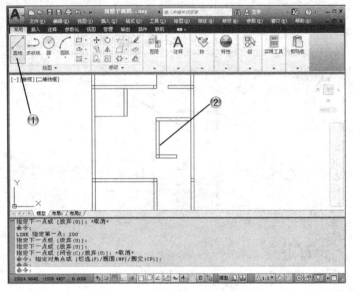

图 13-20　绘制餐厅墙壁线条

Step5 修剪餐厅墙壁

① 单击【修剪】按钮,如图 13-21 所示。
② 修剪餐厅墙壁。

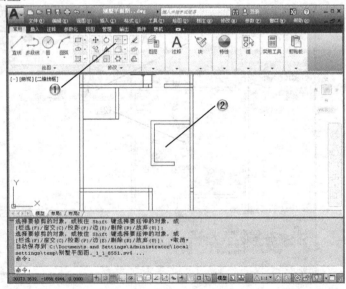

图 13-21　修剪餐厅墙壁

Step6 删除楼梯间墙壁

① 单击【删除】按钮,如图 13-22 所示。
② 删除楼梯间墙壁。

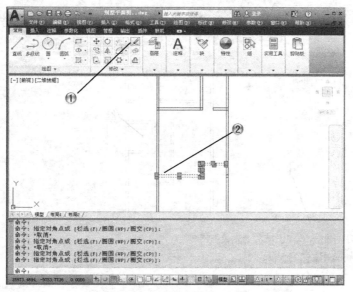

图 13-22　删除楼梯间墙壁

Step7 绘制卧室墙壁

① 在命令行中输入【多线】命令,如图 13-23 所示。
② 绘制卧室墙壁。

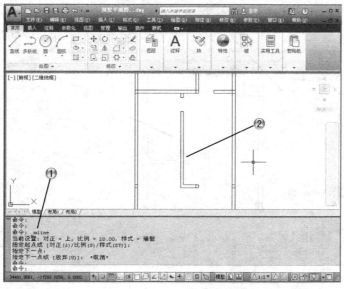

图 13-23　绘制卧室墙壁

Step8 绘制卫生间墙壁

① 在命令行中输入【多线】命令，如图 13-24 所示。
② 绘制卫生间墙壁。

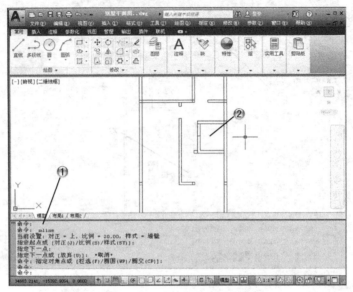

图 13-24　绘制卫生间墙壁

Step9 修剪卫生间墙壁

① 单击【修剪】按钮，如图 13-25 所示。
② 修剪卫生间墙壁。

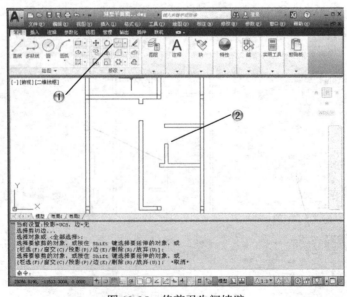

图 13-25　修剪卫生间墙壁

Step10 填充所有承重柱

① 单击【图案填充】按钮,如图 13-26 所示。
② 填充所有承重柱。

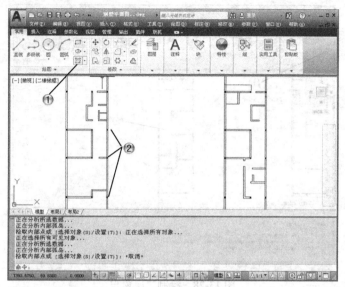

图 13-26　填充所有承重柱

Step11 绘制一层窗户

① 选择【门窗】图层,如图 13-27 所示。
② 单击【直线】按钮。
③ 绘制一层窗户。

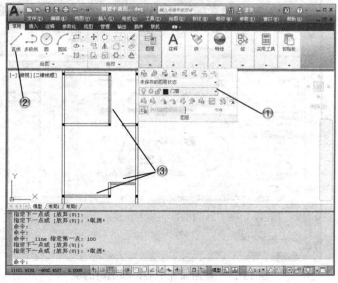

图 13-27　绘制一层窗户

Step12 绘制二层窗户

① 单击【直线】按钮，如图 13-28 所示。
② 绘制二层所有窗户。

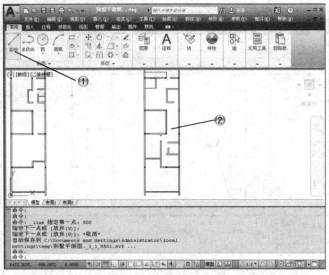

图 13-28 绘制二层窗户

Step13 所有设计中心，添加门的块

① 单击【设计中心】按钮，弹出【设计中心】工具选项板，如图 13-29 所示。
② 选择块。
③ 添加厨房周围的门，如图 13-30 所示。

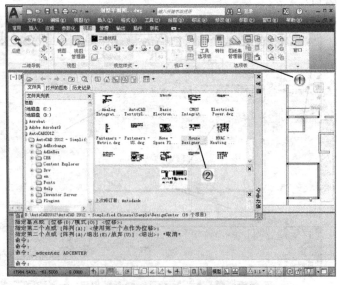

图 13-29 使用设计中心，添加门的块

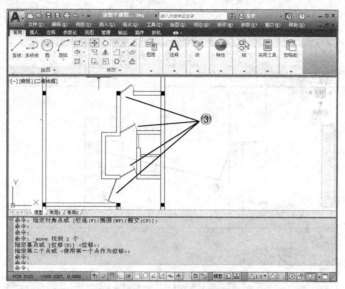

图 13-30　添加厨房周围的门

Step14 添加一层其他的门

① 选择块，如图 13-31 所示。
② 添加一层其他的门。

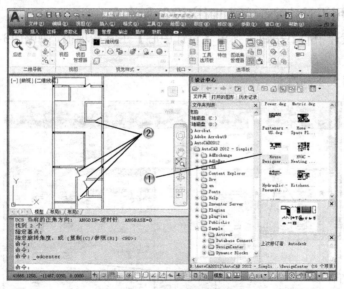

图 13-31　添加一层其他的门

Step15 绘制楼梯

① 单击【直线】按钮，如图 13-32 所示。
② 绘制楼梯。

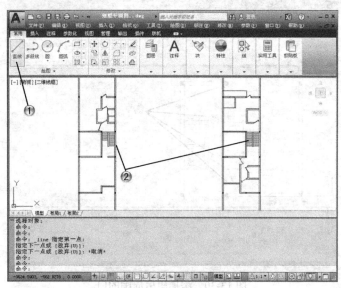

图 13-32　绘制楼梯

13.2.4　添加建筑内附属物

Step1 使用设计中心，添加厨房设备和汽车

① 单击【设计中心】按钮，弹出【设计中心】工具选项板，如图 13-33 所示。
② 选择块。
③ 添加厨房设备和汽车。

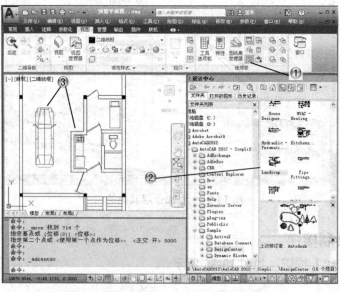

图 13-33　使用设计中心，添加厨房设备和汽车

Step2 添加客厅家具和树木

①选择块，如图 13-34 所示。
②添加家具和树木。

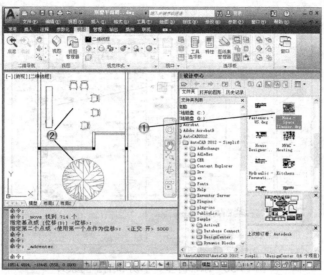

图 13-34　添加客厅家具和树木

Step3 添加餐厅的家具

①选择块，如图 13-35 所示。
②添加餐厅家具。

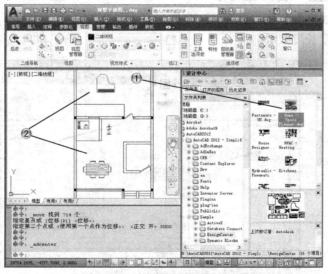

图 13-35　添加餐厅的家具

Step4 添加卧室、书房和卫生间家具

① 选择块,如图 13-36 所示。
② 添加卧室、书房和卫生间家具。

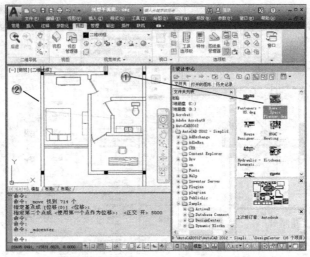

图 13-36 添加卧室、书房和卫生间家具

13.2.5 尺寸标注

Step1 标注一层长度尺寸

① 单击【线性】按钮,如图 13-37 所示。
② 添加一层长度尺寸。

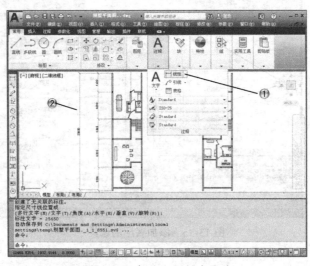

图 13-37 标注一层长度尺寸

Step2 标注一层宽度尺寸

① 单击【线性】按钮,如图 13-38 所示。
② 添加一层宽度尺寸。

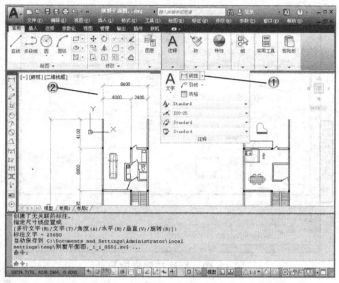

图 13-38　标注一层宽度尺寸

Step3 标注二层长度尺寸

① 单击【线性】按钮,如图 13-39 所示。
② 添加二层长度尺寸。

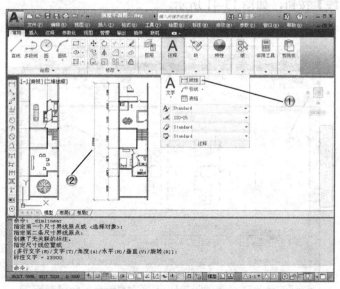

图 13-39　标注二层长度尺寸

Step4 标注二层宽度尺寸

① 单击【线性】按钮,如图 13-40 所示。
② 添加二层宽度尺寸。

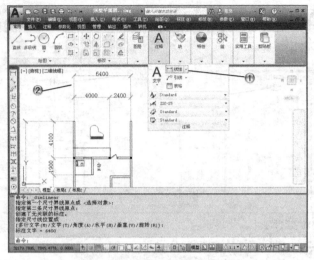

图 13-40　标注二层宽度尺寸

13.2.6　文字和图框添加

Step1 绘制图框外层

① 单击【直线】按钮,如图 13-41 所示。
② 绘制图框外层。

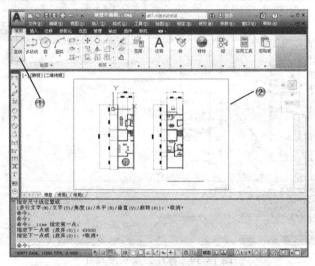

图 13-41　绘制图框外层

Step2 绘制图框内层

① 选择【粗实线】图层，如图 13-42 所示。
② 单击【直线】按钮。
③ 绘制粗实线图框。

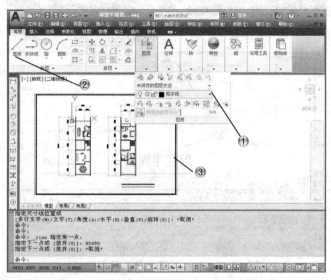

图 13-42　绘制图框内层

Step3 添加平面图文字

① 单击【多行文字】按钮，如图 13-43 所示。
② 添加平面图文字说明。

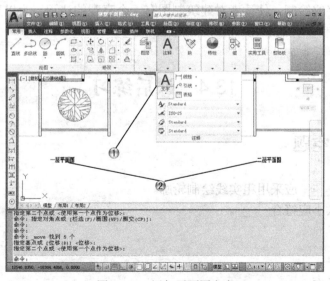

图 13-43　添加平面图文字

Step4 添加图纸名称及技术指标

① 单击【多行文字】按钮，如图 13-44 所示。
② 添加图纸名称、技术指标。

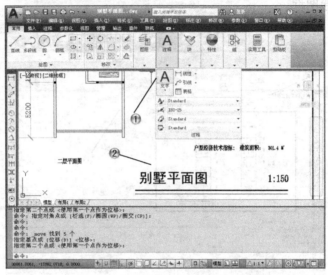

图 13-44　添加图纸名称及技术指标

13.3　本章小结

本章主要介绍了建筑平面图纸的绘制方法和思路，通过图层、墙体、门窗、家具、尺寸、标题栏和文字的绘制，使读者对建筑制图有一个直观的认识，为以后的进阶学习打下基础。

13.4　课后练习

13.4.1　填空题

（1）＿＿＿、＿＿＿应采用粗实线绘制轮廓。
（2）门窗的大小应符合＿＿＿。

 答案：

（1）墙，柱断面。
（2）建筑模数。

13.4.2 问答题

(1) 建筑平面图的一般绘制比例是多少?
(2) 建筑中窗的种类有哪些?

答案:

(1) 一般情况下,建筑平面图主要采用 1:550、1:100 或 1:200 的比例绘制。
(2) 窗共有 11 种:单层固定窗、单层外开上悬窗、单层中悬窗、单层内开下悬窗、单层外开平窗、立转窗、单层内开平窗、单层内外开平开窗、左右推拉窗、上推窗、百叶窗。

13.4.3 操作题

本练习绘制一个办公楼的底层建筑平面图,学习建筑平面图形的绘制方法,图纸如图 13-45 所示。

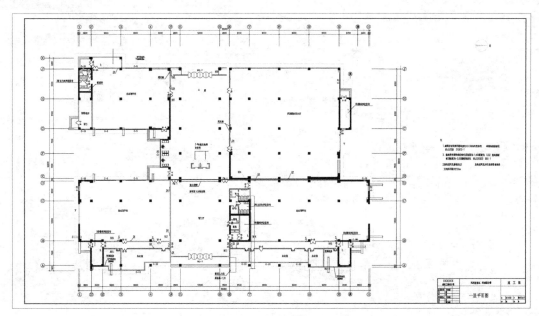

图 13-45　底层平面图

练习内容:

(1) 设置绘图环境;
(2) 绘制轴线和柱网;
(3) 生成墙体;

（4）布置门窗；
（5）添加楼梯和电梯；
（6）开间布置；
（7）尺寸标注；
（8）文字标注；
（9）添加图框标题。

第 14 章 高手应用案例 5——建筑电气工程图设计应用

本章导读

民用住宅中配备着多种电气系统,如照明、电话、宽带网、闭路电视、火灾报警等。本章以医院火灾报警及联动控制系统为例,介绍建筑电气的设计和绘制原理。绘制电气工程图需要遵循众多规范,正因为电气工程图是规范的,所以设计人员就可以大量借鉴以前的工作成果,将旧图样中使用的标题栏、表格、元件符号甚至经典线路运用到新图样中,稍加修改即可使用。本章就通过建筑电气布局图案例的绘制,让读者认识和学习建筑电气绘图方法。

学习要求	学习目标 知识点	了解	理解	应用	实践
	图层设置	√	√	√	√
	承重柱绘制	√	√	√	√
	墙壁绘制	√	√	√	√
	门窗绘制	√	√	√	√
	附属设施绘制	√	√	√	√
	电气元件绘制	√	√	√	√
	电气线路绘制	√	√	√	√
	尺寸及文字标注	√	√	√	√

14.1 案例分析

14.1.1 知识链接

在国家标准中，对建筑类电气工程图作了严格的规定，下面介绍一下电气工程图的特点及分类。

（1）电气工程图的特点

• 图幅尺寸

电气图纸的幅面一般分为 0~5 号共 6 种。各种图纸一般不加宽，只是在必要时可以按照 L/8 的倍数适当加长。常见的是 2 号加长图，规格为 420×891，0 号图纸一般不加长。

• 图标

图标相当于电器设备的铭牌。图标一般放在图纸的右下角，主要内容包括：图纸的名称、比例、设计单位、制图人、设计人、校审人、审定人、电气负责人、工程负责人和完成日期等。

• 图线

图线就是在图纸中使用的各种线条，根据不同的用途可分为以下 8 种。

①粗实线：建筑图的立面线、平面图与剖面图的截面轮廓线、图框线等。
②中实线：电气施工图的干线、支线、电缆线及架空线等；
③细实线：电气施工图的底图线。建筑平面图要用细实线，以便突出用中实线绘制的电气线路。
④粗点划线：通常在平面图中大型构件的轴线等处使用。
⑤点划线：用于轴线、中心线等，如电器设备安装大样图的中心线。
⑥粗虚线：适用于地下管道。
⑦虚线：适用于不可见的轮廓线。
⑧折断线：用在被断开部分的边界线。

此外，电气专业常用的线条还有电话线、接地母线、电视天线和避雷线等特殊形式。

• 尺寸标注

工程图纸上标注的尺寸通常采用毫米（mm）为单位，只有总平面图或特大设备用米（m）

为单位，电气图纸一般不标注单位。

- 比例和方位标志

电气施工图常用的比例有 1:200、1:100、1:60 和 1:50 等；大样图的比例可以用 1:20、1:10 或 1:5。外线工程图常用小比例，在做概预算统计工程量时就需要用到这个比例。图纸中的方位按照国际惯例通常是上北下南、左西右东。有时为了使图面布局更加合理，也有可能采用其他方位，但必须标明指北针。

- 标高

建筑图纸中的标高通常是相对标高，即一般将±0.00 设定在建筑物首层室内地坪，往上为正值，往下为负值。电气图纸中设备的安装标高是以各层地面为基准的，例如照明配电箱的安装高度暗装 1.4m、明装 1.2m，都是以各层地面为准的；室外电气安装工程常用绝对标高，是以青岛市外海平面为零点而确定的高度尺寸，又称海拔高度。例如，山东某室外电力变压器台面绝对标高是 48m。

- 图例

为了简化作图，国家有关标准和一些设计单位有针对性地对常见的材料构件、施工方法等规定了一些固定画法式样，有的还附有文字符号标注。要看懂电气安装施工图，就要明白图中这些符号的含义。电气图纸中的图例如果是由国家统一规定的，则称为国标符号，由有关部委颁布的电气符号称为部协符号。另外一些大的设计院还有其内部的补充规定，即所谓院标，或称之为习惯标注符号。

电气符号的种类很多，例如与电气设计有关的强电、电讯、高压系统和低压系统等。国际上通用的图形符号标准是 IEC（国际电工委员会）标准。中国新的国家标准图形符号（GB）和 IEC 标准是一致的，国标序号为 GB4728。这些通用的电气符号在施工图册内都有，因而电气施工图中就不再介绍其名称含义了。但如果电气设计图纸里采用了非标准符号，就应列出图例表。

- 平面图定位轴线

凡是建筑物的承重墙、柱子、主梁及房架等都应设置轴线。纵轴编号是从左起用阿拉伯数字表示，而横轴则是用大写英文字母自下而上标注的。轴线间距是由建筑结构尺寸确定的。在电气平面图中，为了突出电气线路，通常只在外墙外面绘制出横竖轴线，建筑平面内轴线不绘制。

- 设备材料表

为了便于施工单位计算材料、采购电器设备、编制工程概（预）算及编制施工组织计划等，在电气工程图纸上要列出主要设备材料表。表内应列出全部电气设备材料的规格、型号、数量及有关的重要数据，要求与图纸一致，而且要按照序号编写。

- 设计说明

电气图纸说明是用文字叙述的方式说明一个建筑工程（如建筑用途、结构形式、地面做法及建筑面积等）和电气设备安装有关的内容，主要包括电气设备的规格型号、工程特点、设计指导思想、使用的新材料、新工艺、新技术和对施工的要求等。

(2) 电气工程图的分类

电气设备安装工程是建筑工程的有机组成部分，根据建筑物功能的不同，电气设计内容有所不同。通常可以分为内线工程和外线工程两大部分。

内线工程包括：照明系统图、动力系统图、电话工程系统图、共用天线电视系统图、防雷系统图、消防系统图、防盗保安系统图、广播系统图、变配电系统图和空调配电系统图等。外线工程包括：架空线路图、电缆线路图和室外电源配电线路图等。

具体到电气设备安装施工，按其表现内容不同可分为以下几个类型。

- 配电系统图

配电系统图表示整体电力系统的配电关系或配电方案。在三相配电系统中，三相导线是一样的，系统图通常用单线条表示。从配电系统图中可以看出该工程配电的规模、各级控制关系、各级控制设备及保护设备的规格容量、各路负荷用电容量和导线规格等。

- 平面图

平面图表示建筑各层的照明、动力及电话等电气设备的平面位置和线路走向，这是安装电器和敷设支路管线的依据。根据用电负荷的不同，平面图分为照明平面图、动力平面图、防雷平面图和电话平面图等。

- 大样图

大样图表示电气安装工程中的局部做法明细图。例如聚光灯安装大样图、灯头盒安装大样图等。

- 二次接线图

二次接线图表示电气仪表、互感器、继电器及其他控制回路的接线图。例如，加工非标准配电箱就需要配电系统图和二次接线图。

此外，电气原理图、设备布置图、安装接线图和剖面图等是用在安装做法比较复杂或者电气工程施工图册中没有标准图而特别需要表达清楚的地方，在工程中不一定会同时出现这3种图。

14.1.2 设计思路

本案例介绍医院急诊部门消防报警及联动控制平面图纸的绘制。

在绘制图纸之前先进行图层的设置，方便后期读图和绘制；接着绘制承重柱；之后绘制墙壁，最后完成门窗和附属设施的绘制。建筑平面图完成后，在图纸上添加电气元件；之后进行电气线路的设计，最后进行文字和尺寸的添加，将建筑主要尺寸表达清楚，完成后的图纸如图14-1所示。

通过这个案例的操作，讲述建筑电气工程平面图的绘制方法，以及各种绘图和修改命令的综合应用，将熟悉如下内容：

（1）绘制建筑平面。
（2）绘制内部设施。
（3）电气元件绘制。
（4）电气线路绘制
（5）尺寸和文字标注。

第 14 章
高手应用案例 5——建筑电气工程图设计应用

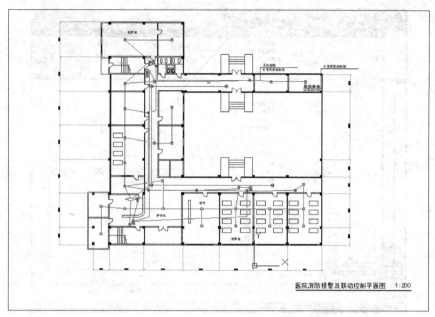

图 14-1 完成的医院消防报警及联动控制图

14.2 案例操作

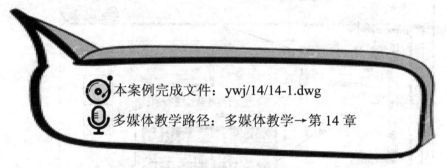

14.2.1 图层设置

绘制装配图纸，首先设置图层，创建主视图，主视图是对称图形，包含剖视图部分。

Step1 管理图层，创建门窗图层

① 选择【格式】|【图层】菜单命令，打开【图层特性管理器】工具选项板，如图 14-2 所示。

② 单击【新建图层】按钮，新建【门窗】图层，如图 14-3 所示。

③ 单击【门窗】图层的颜色图标，弹出【选择颜色】对话框。

④ 修改颜色为蓝色。

· 361 ·

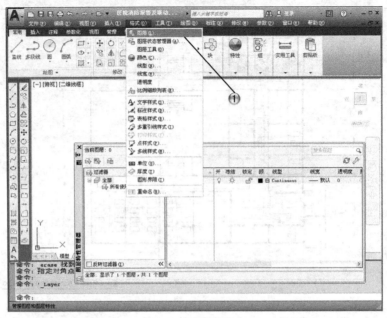

图 14-2　管理图层

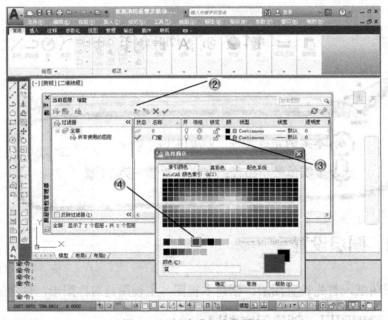

图 14-3　创建【门窗】图层

!Step2 创建线路图层

① 单击【新建图层】按钮，新建【线路】图层，如图 14-4 所示。
② 单击【线路】图层的颜色图标，弹出【选择颜色】对话框。
③ 修改颜色为红色。

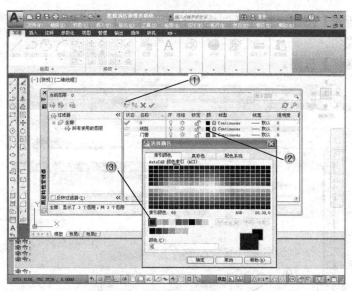

图 14-4 创建【线路】图层

!Step3 创建尺寸图层

①单击【新建图层】按钮，新建【尺寸】图层，如图 14-5 所示。
②单击【尺寸】图层的颜色图标，弹出【选择颜色】对话框。
③修改颜色为绿色。

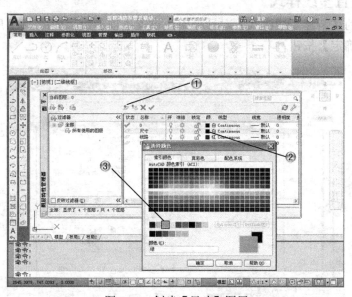

图 14-5 创建【尺寸】图层

!Step4 新建多线样式

①选择【格式】|【多线样式】菜单命令，打开【多线样式】对话框，如图 14-6 所示。

②单击【新建】按钮,打开【创建新的多线样式】对话框。
③设置样式名。
④单击【继续】按钮。

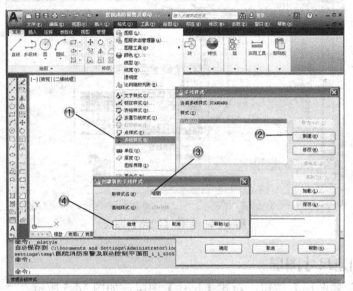

图 14-6　新建多线样式

!Step5 设置多线样式

①在打开的【新建多线样式】对话框中,设置各项参数,如图 14-7 所示。
②单击【确定】按钮。

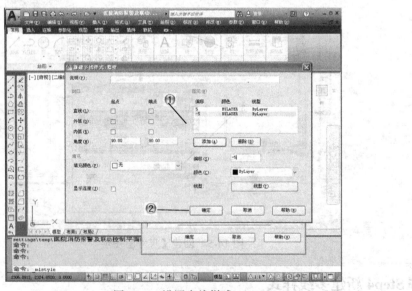

图 14-7　设置多线样式

14.2.2 承重柱绘制

Step1 绘制矩形

① 单击【矩形】按钮,如图 14-8 所示。
② 绘制矩形。

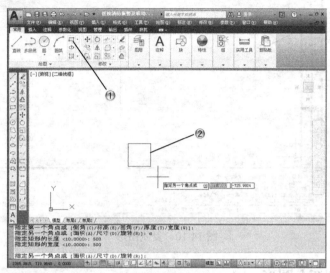

图 14-8　绘制矩形

Step2 填充矩形

① 单击【图案填充】按钮,如图 14-9 所示。
② 填充矩形。

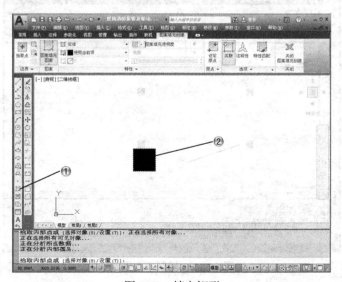

图 14-9　填充矩形

Step3 复制图形

①单击【复制】按钮,如图 14-10 所示。
②向上复制矩形。

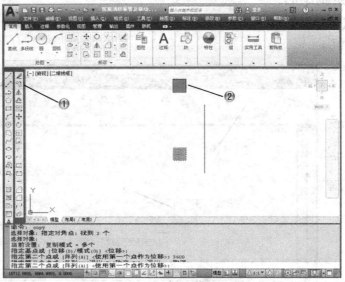

图 14-10 复制图形

Step4 复制两个图形

①单击【复制】按钮,如图 14-11 所示。
②向左复制两个矩形。

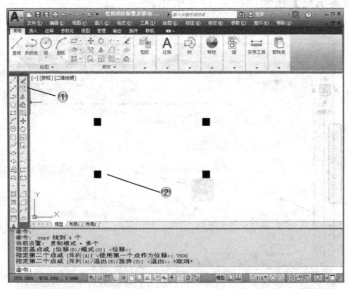

图 14-11 复制两个图形

Step5 复制 4 个图形

① 单击【复制】按钮，如图 14-12 所示。
② 向左复制四个矩形。

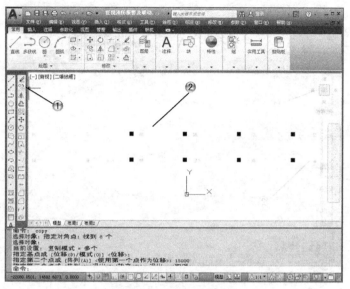

图 14-12　复制 4 个图形

Step6 向左复制图形，距离 8100

① 单击【复制】按钮，如图 14-13 所示。
② 向左复制两个矩形，距离为 8100。

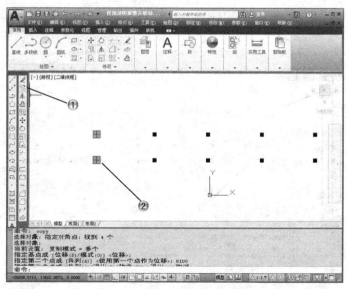

图 14-13　向左复制图形，距离 8100

Step7 向左复制,距离8600

① 单击【复制】按钮,如图14-14所示。
② 再向左复制两个矩形,距离为8600。

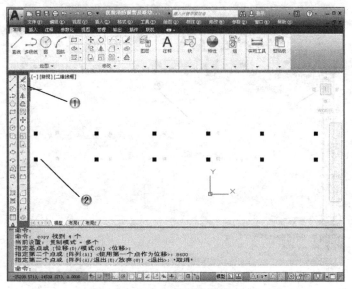

图14-14 向左复制,距离8600

Step8 向左复制,距离7600

① 单击【复制】按钮,如图14-15所示。
② 再向左复制两个矩形,距离为7600。

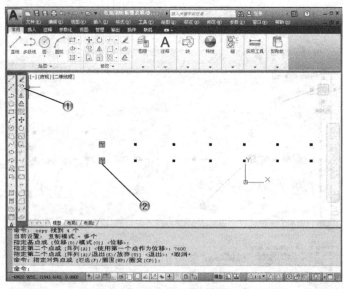

图14-15 向左复制,距离7600

Step9 向左复制，距离 3600

① 单击【复制】按钮，如图 14-16 所示。
② 再向左复制两个矩形，距离为 3600。

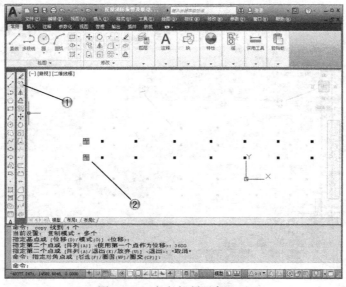

图 14-16　向左复制距离 3600

Step10 向上复制，距离 7500

① 单击【复制】按钮，如图 14-17 所示。
② 向上复制矩形，距离为 7500。

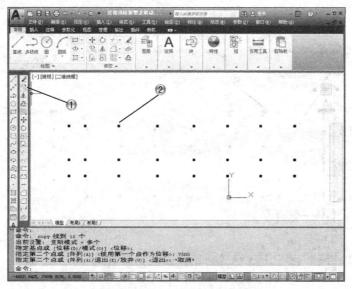

图 14-17　向上复制，距离 7500

Step11 向上复制，距离 3750

① 单击【复制】按钮，如图 14-18 所示。
② 继续向上复制矩形，距离为 3750。

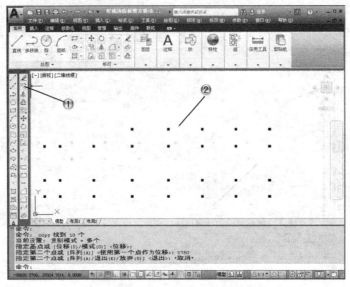

图 14-18 向上复制，距离 3750

Step12 向上复制，距离 7500

① 单击【复制】按钮，如图 14-19 所示。
② 继续向上复制其他矩形，距离为 7500。

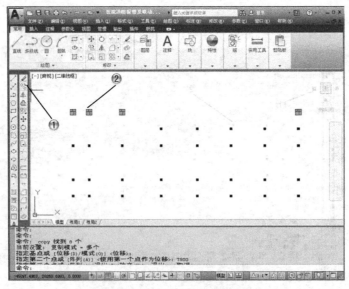

图 14-19 向上复制，距离 7500

Step13 向上 3 次复制图形，间距 7500

①单击【复制】按钮，如图 14-20 所示。
②继续向上复制 3 次矩形，间距为 7500。

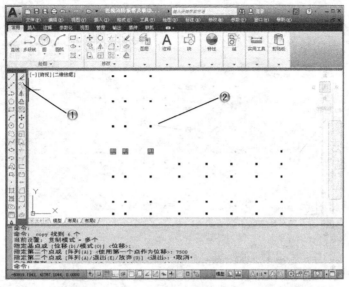

图 14-20　向上 3 次复制图形，间距 7500

Step14 向上复制 8 个图形，距离 22500

①单击【复制】按钮，如图 14-21 所示。
②向上复制 8 个矩形，距离为 22500。

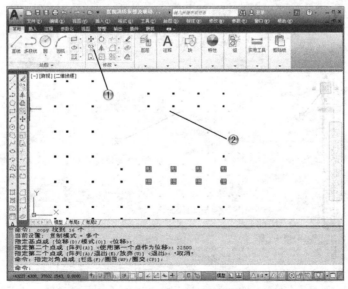

图 14-21　向上复制 8 个图形，间距 22500

Step15 向右移动图形

① 单击【移动】按钮,如图 14-22 所示。
② 向右移动矩形。

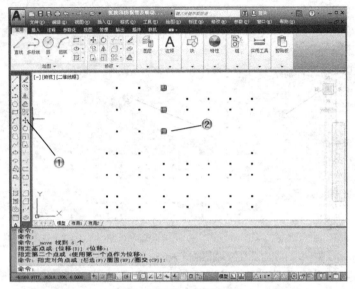

图 14-22 向右移动图形

Step16 向左复制两个图形,距离 7500

① 单击【复制】按钮,如图 14-23 所示。
② 向左复制两个矩形,距离为 7500。

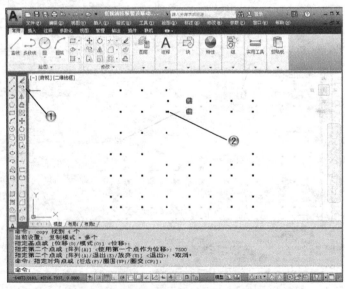

图 14-23 向左复制两个图形,距离 7500

Step17 向上复制 3 个图形，距离 7500

① 单击【复制】按钮，如图 14-24 所示。
② 向上复制 3 个矩形，距离为 7500。

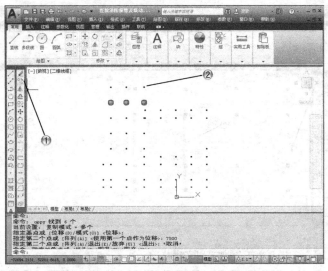

图 14-24 向上复制 3 个图形，距离 7500

14.2.3 墙壁绘制

Step1 绘制两条多线

① 使用【多线】命令，如图 14-25 所示。
② 绘制两条多线。

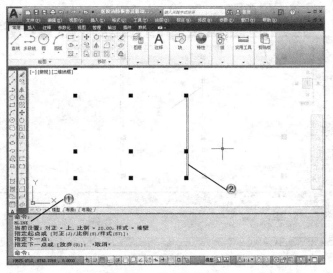

图 14-25 绘制两条多线

Step2 复制多线

①单击【复制】按钮,如图 14-26 所示。
②向左复制多线。

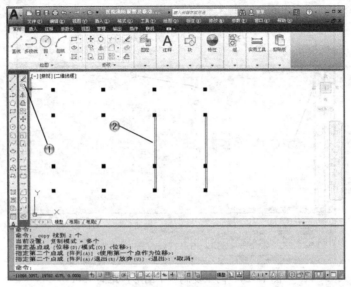

图 14-26 复制多线

Step3 移动多线,距离 150

①单击【移动】按钮,如图 14-27 所示。
②移动多线,距离为 150。

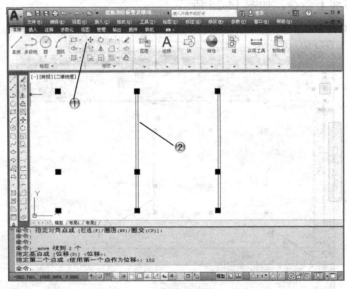

图 14-27 移动多线,距离 250

Step4 复制两处多线,间距 7500

①单击【复制】按钮,如图 14-28 所示。
②向左复制两次多线,间距为 7500。

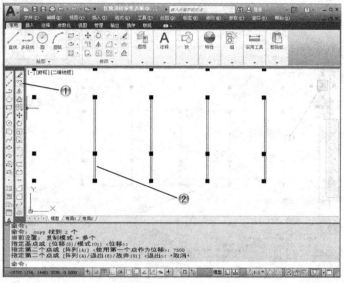

图 14-28 复制两次多线,间距 7500

Step5 绘制外墙线条

①使用【多线】命令,如图 14-29 所示。
②绘制外墙线条。

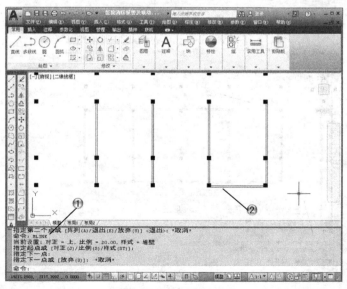

图 14-29 绘制外墙线条

Step6 复制外墙线条

① 单击【复制】按钮,如图 14-30 所示。
② 复制外墙线条。

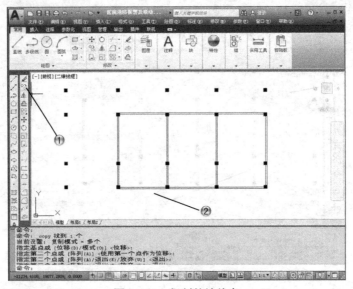

图 14-30 复制外墙线条

Step7 绘制其他外墙

① 使用【多线】命令,如图 14-31 所示。
② 绘制其他外墙线条。

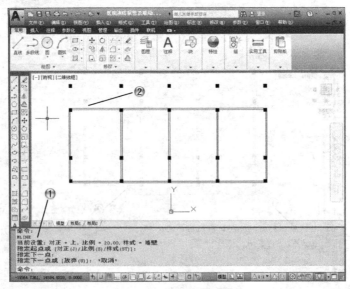

图 14-31 绘制其他外墙

Step8 向左绘制墙壁

① 输入【多线】命令,如图 14-32 所示。
② 向左绘制墙壁。

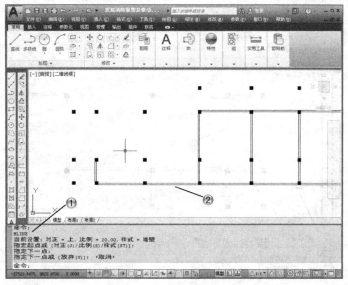

图 14-32 向左绘制墙壁

Step9 复制墙壁

① 单击【复制】按钮,如图 14-33 所示。
② 复制墙壁。

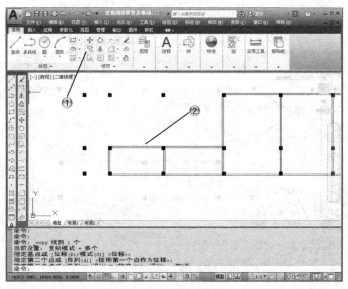

图 14-33 复制墙壁

Step10 向上绘制外墙

① 输入【多线】命令,如图 14-34 所示。
② 向上绘制墙壁。

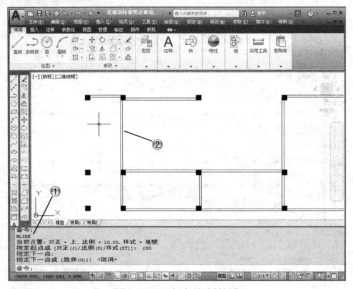

图 14-34　向上绘制外墙

Step11 绘制短墙

① 输入【多线】命令,如图 14-35 所示。
② 绘制短墙。

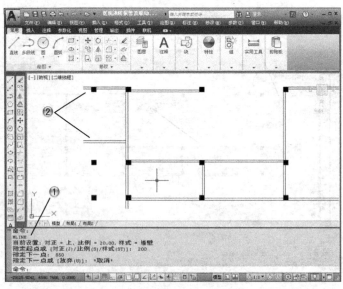

图 14-35　绘制短墙

Step12 绘制隔断墙

①输入【多线】命令，如图 14-36 所示。
②绘制隔断墙。

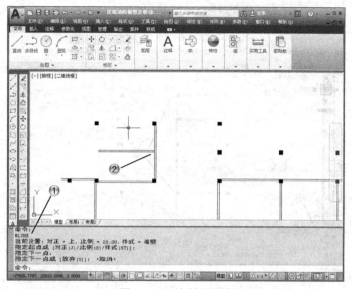

图 14-36　绘制隔断墙

Step13 复制 3 个板墙

①单击【复制】按钮，如图 14-37 所示。
②复制 3 个板墙。

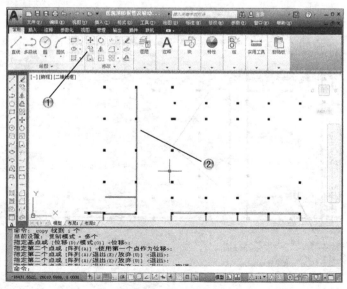

图 14-37　复制 3 个板墙

Step14 绘制横向板墙

① 输入【多线】命令,如图 14-38 所示。
② 绘制横向板墙。

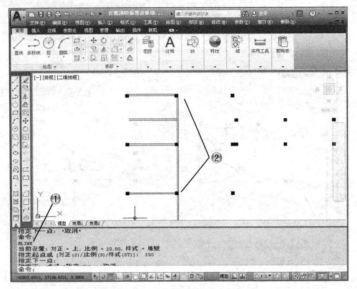

图 14-38　绘制横向板墙

Step15 绘制另一边的墙壁

① 输入【多线】命令,如图 14-39 所示。
② 绘制另一边的墙壁。

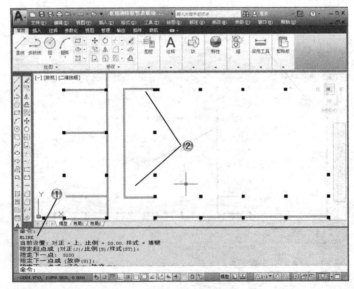

图 14-39　绘制另一边的墙壁

Step16 绘制通风间

① 输入【多线】命令，如图 14-40 所示。
② 绘制通风间的墙壁。

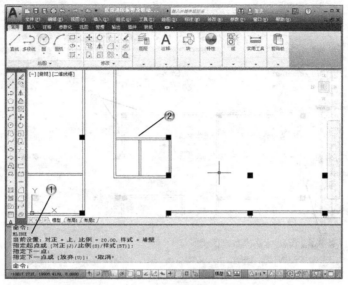

图 14-40　绘制通风间

Step17 绘制其他外墙

① 输入【多线】命令，如图 14-41 所示。
② 绘制其他外墙。

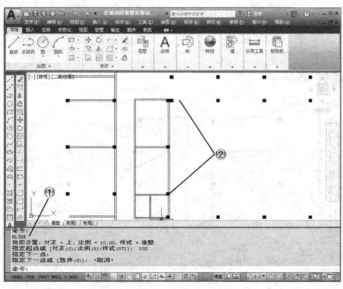

图 14-41　绘制其他外墙

Step18 向上绘制外墙

① 输入【多线】命令，如图 14-42 所示。
② 向上绘制外墙。

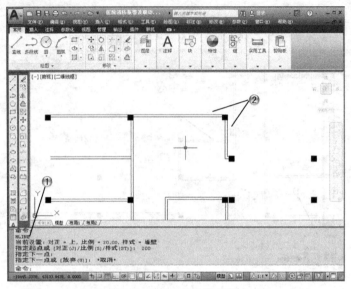

图 14-42　向上绘制外墙

Step19 绘制卫生间

① 输入【多线】命令，如图 14-43 所示。
② 绘制卫生间墙壁。

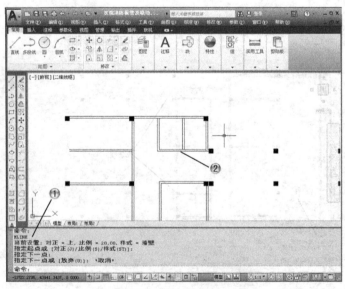

图 14-43　绘制卫生间

Step20 完成卫生间

① 输入【多线】命令,如图 14-44 所示。
② 完成卫生间墙壁绘制。

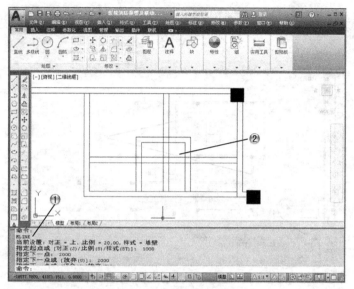

图 14-44 完成卫生间

Step21 绘制最上面的外墙

① 输入【多线】命令,如图 14-45 所示。
② 绘制最上面的外墙。

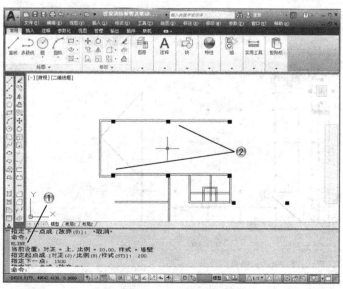

图 14-45 绘制最上面的外墙

Step22 绘制隔断和楼梯间

①输入【多线】命令，如图 14-46 所示。
②绘制隔断和楼梯间。

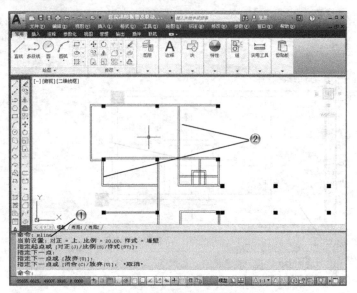

图 14-46　绘制隔断和楼梯间

Step23 绘制庭院外墙

①输入【多线】命令，如图 14-47 所示。
②绘制庭院外墙。

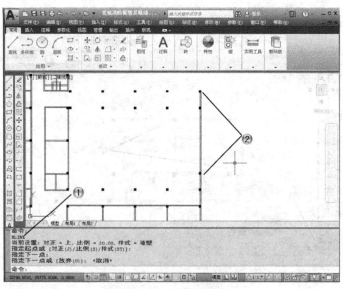

图 14-47　绘制庭院外墙

Step24 绘制走廊外墙

① 输入【多线】命令，如图 14-48 所示。
② 绘制走廊外墙。

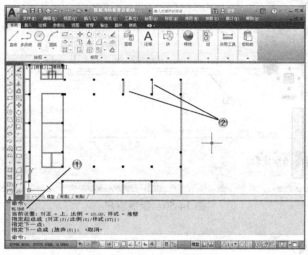

图 14-48　绘制走廊外墙

14.2.4　门窗绘制

Step1 更改门窗图层，绘制窗户

① 选择【门窗】图层，如图 14-49 所示。
② 单击【直线】按钮，如图 14-50 所示。
③ 绘制窗户。

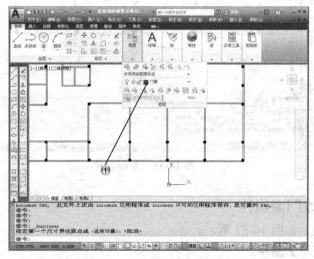

图 14-49　更改【门窗】图层

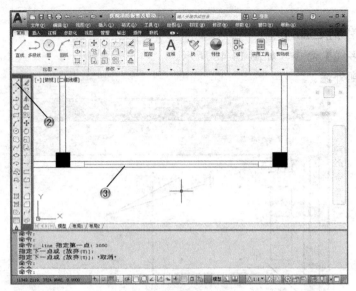

图 14-50 绘制窗户

Step2 复制窗户

① 单击【复制】按钮，如图 14-51 所示。
② 复制窗户。

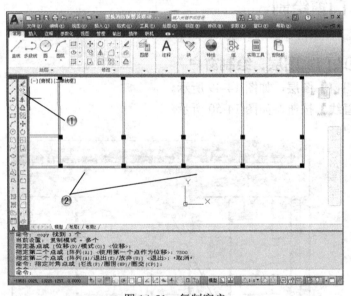

图 14-51 复制窗户

Step3 更改门窗属性

① 选择线条，如图 14-52 所示。
② 选择【门窗】图层。

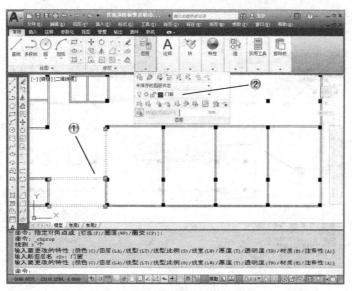

图 14-52　更改门窗属性

Step4 绘制小窗

① 单击【直线】按钮，如图 14-53 所示。
② 绘制小窗户。

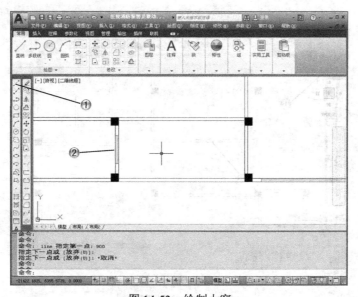

图 14-53　绘制小窗

Step5 绘制外窗

① 单击【直线】按钮，如图 14-54 所示。
② 绘制外窗。

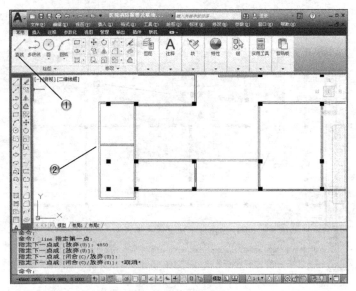

图 14-54　绘制外窗

Step6 绘制观察窗

①单击【直线】按钮，如图 14-55 所示。
②绘制观察窗。

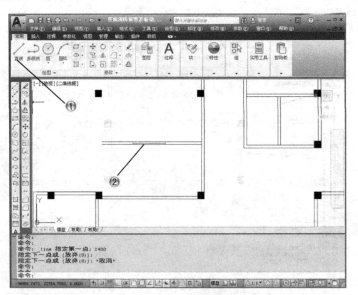

图 14-55　绘制观察窗

Step7 绘制落地窗

①单击【直线】按钮，如图 14-56 所示。
②绘制落地窗。

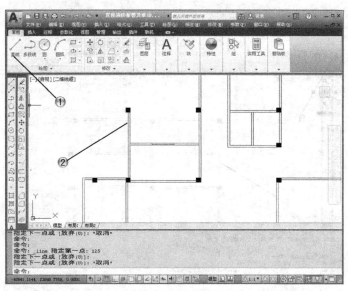

图 14-56　绘制落地窗

Step8 复制落地窗

① 单击【复制】按钮，如图 14-57 所示。
② 复制落地窗。

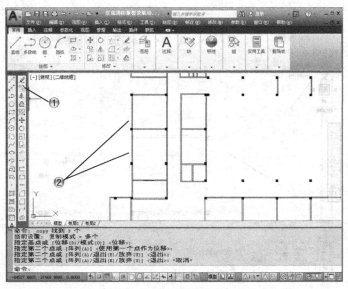

图 14-57　复制落地窗

Step9 向上绘制窗户

① 单击【直线】按钮，如图 14-58 所示。
② 向上绘制窗户。

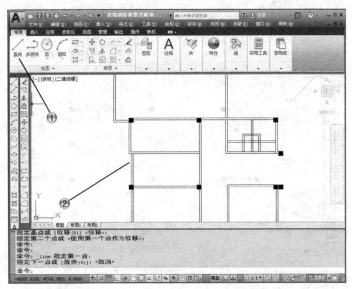

图 14-58 向上绘制窗户

!Step10 绘制台阶

①单击【直线】按钮,如图 14-59 所示。
②绘制台阶。

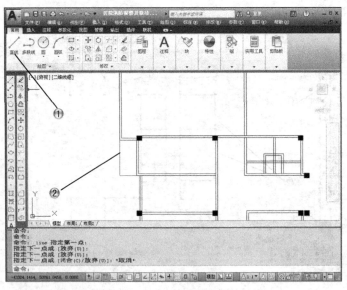

图 14-59 绘制台阶

!Step11 绘制两个窗户

①单击【直线】按钮,如图 14-60 所示。
②绘制两个窗户。

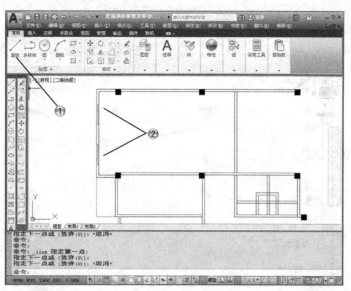

图 14-60 绘制两个窗户

Step12 绘制大窗

① 单击【直线】按钮,如图 14-61 所示。
② 绘制大窗。

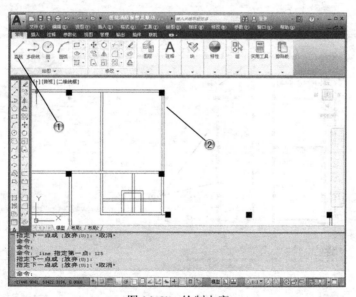

图 14-61 绘制大窗

Step13 绘制小窗

① 单击【直线】按钮,如图 14-62 所示。
② 绘制小窗。

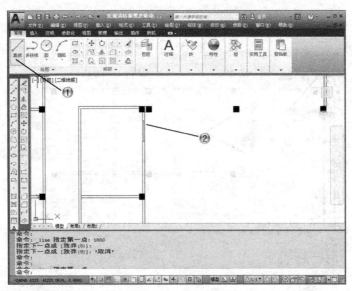

图 14-62 绘制小窗

Step14 复制小窗

①单击【复制】按钮，如图 14-63 所示。
②复制小窗。

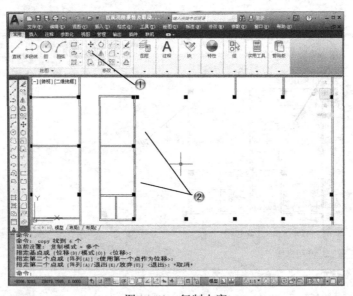

图 14-63 复制小窗

Step15 绘制走廊窗户

①单击【直线】按钮，如图 14-64 所示。
②绘制走廊窗户。

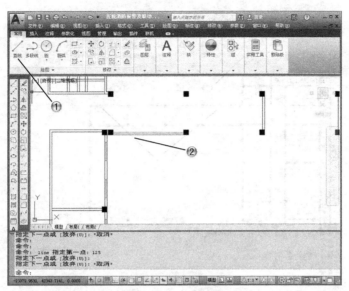

图 14-64 绘制走廊窗户

Step16 复制走廊窗户

①单击【复制】按钮,如图 14-65 所示。
②复制走廊窗户。

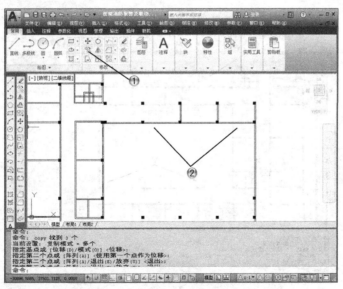

图 14-65 复制走廊窗户

Step17 对称复制窗户

①单击【对称】按钮,如图 14-66 所示。
②对称复制窗户。

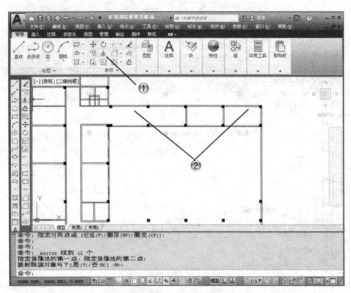

图 14-66 对称复制窗户

Step18 复制另一侧走廊窗户

①单击【复制】按钮，如图 14-67 所示。
②复制另一侧走廊窗户。

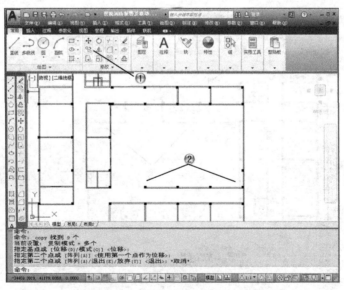

图 14-67 复制另一侧走廊窗户

Step19 绘制完成窗户

①单击【直线】按钮，如图 14-68 所示。
②完成窗户绘制。

第 14 章
高手应用案例 5——建筑电气工程图设计应用

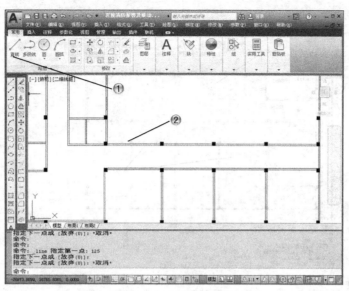

图 14-68　绘制完成窗户

Step20 绘制门

① 单击【直线】按钮，绘制直线，如图 14-69 所示。
② 单击【圆弧】按钮，绘制圆弧，完成门的绘制。

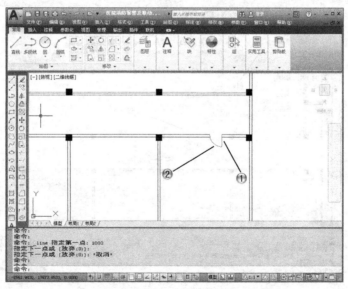

图 14-69　绘制门

Step21 复制门

① 单击【复制】按钮，如图 14-70 所示。
② 复制门并进行修剪。

· 395 ·

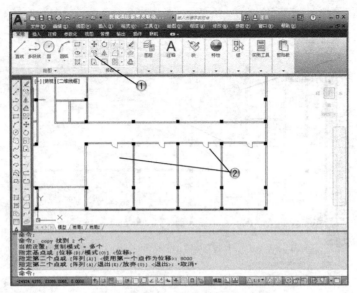

图 14-70 复制门

!Step22 绘制大门

① 单击【复制】按钮,如图 14-71 所示。
② 复制出大门。

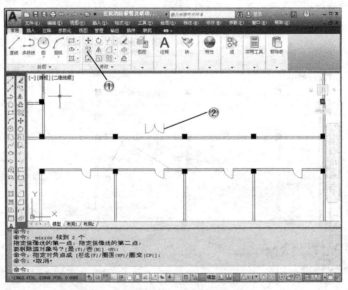

图 14-71 绘制大门

!Step23 移动修剪大门

① 单击【移动】按钮,如图 14-72 所示。
② 移动并修剪大门。

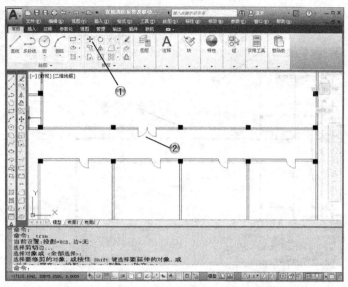

图 14-72　移动修剪大门

Step24 复制大门

①单击【复制】按钮，如图 14-73 所示。
②复制大门。

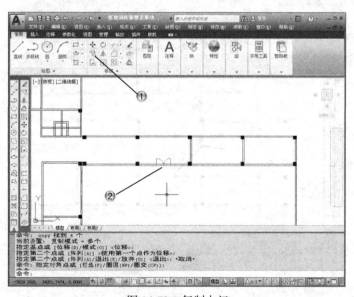

图 14-73　复制大门

Step25 复制另一个大门

①单击【复制】按钮，如图 14-74 所示。
②复制另一个大门并修剪。

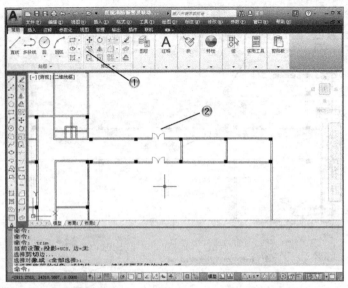

图 14-74 复制另一个大门

!Step26 复制大小门

①单击【复制】按钮，如图 14-75 所示。
②复制大门和小门。

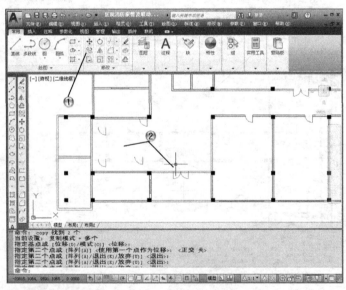

图 14-75 复制大小门

!Step27 修剪大小门

①单击【修剪】按钮，如图 14-76 所示。
②修剪大门和小门。

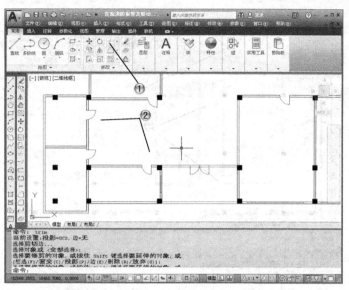

图 14-76 修剪大小门

!Step28 复制其他的小门

①单击【复制】按钮,如图 14-77 所示。
②复制其他的小门。

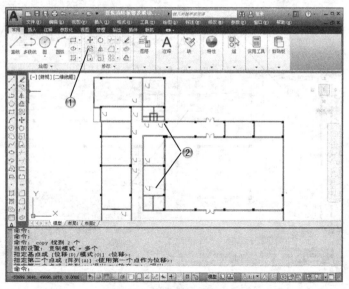

图 14-77 复制其他的小门

!Step29 修剪 3 个小门

①单击【修剪】按钮,如图 14-78 所示。
②修剪 3 个小门。

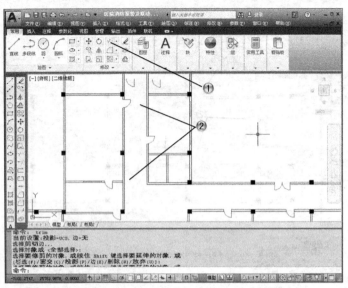

图 14-78 修剪 3 个小门

Step30 修剪 5 个小门

① 单击【修剪】按钮，如图 14-79 所示。
② 修剪 5 个小门。

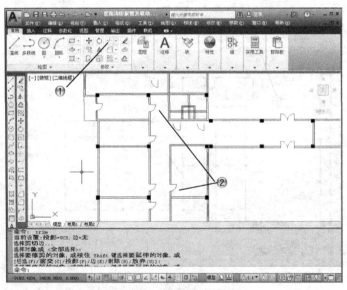

图 14-79 修剪 5 个小门

Step31 修剪 4 个小门

① 单击【修剪】按钮，如图 14-80 所示。
② 修剪 4 个小门。

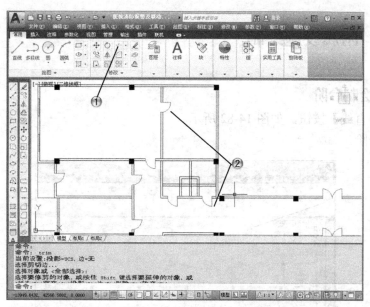

图 14-80 修剪 4 个小门

Step32 修剪卫生间

①单击【修剪】按钮，如图 14-81 所示。
②修剪卫生间。

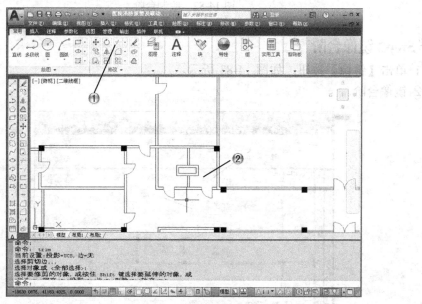

图 14-81 修剪卫生间

14.2.5 附属设施绘制

Step1 绘制台阶

①单击【直线】按钮,如图 14-82 所示。
②绘制台阶。

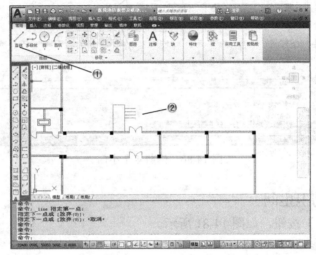

图 14-82　绘制台阶

Step2 镜像台阶

①单击【镜像】按钮,如图 14-83 所示。
②镜像台阶。

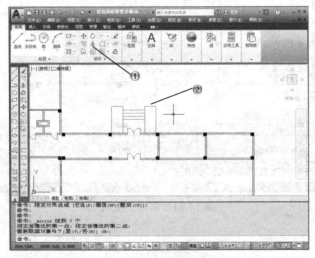

图 14-83　镜像台阶

Step3 复制其他台阶

①单击【复制】按钮,如图 14-84 所示。
②复制其他台阶。

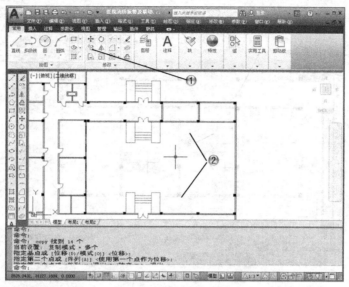

图 14-84 复制其他台阶

Step4 绘制床

①单击【矩形】按钮,如图 14-85 所示。
②绘制床。

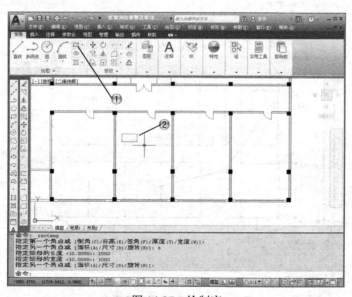

图 14-85 绘制床

Step5 复制床

① 单击【复制】按钮,如图 14-86 所示。
② 复制床。

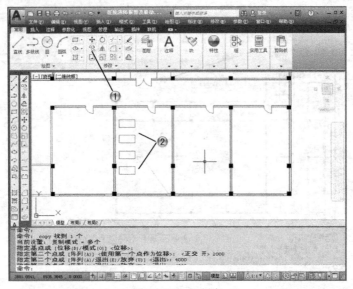

图 14-86　复制床

Step6 复制其他房间的床

① 单击【复制】按钮,如图 14-87 所示。
② 复制其他房间的床。

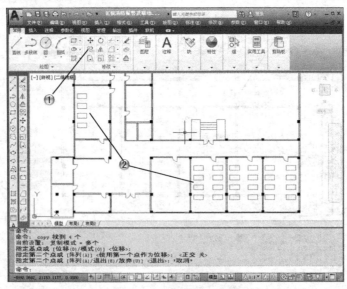

图 14-87　复制其他房间的床

Step7 绘制挂号台

① 单击【矩形】按钮，如图 14-88 所示。
② 绘制挂号台。

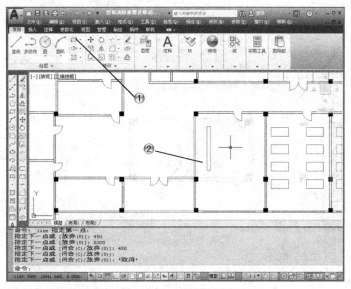

图 14-88　绘制挂号台

Step8 绘制护士台

① 分布单击【矩形】和【圆角】按钮，如图 14-89 所示。
② 绘制护士台。

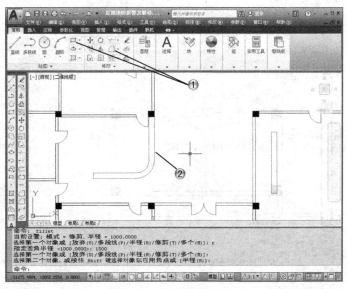

图 14-89　绘制护士台

Step9 绘制楼梯

①单击【直线】按钮,如图 14-90 所示。
②绘制楼梯。

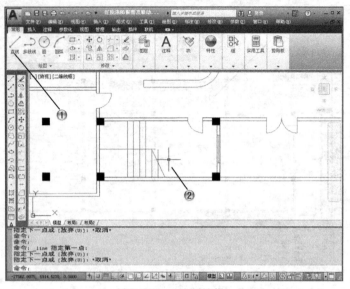

图 14-90　绘制楼梯

Step10 修剪楼梯

①单击【修剪】按钮,如图 14-91 所示。
②修剪楼梯。

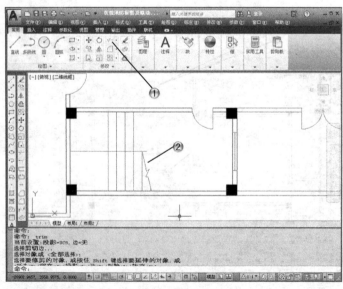

图 14-91　修剪楼梯

Step11 复制楼梯

① 单击【复制】按钮,如图 14-92 所示。
② 复制楼梯。

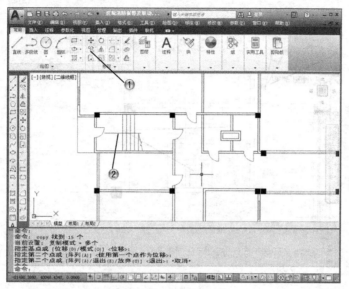

图 14-92　复制楼梯

Step12 绘制卫生间墙壁

① 单击【直线】按钮,如图 14-93 所示。
② 绘制卫生间墙壁。

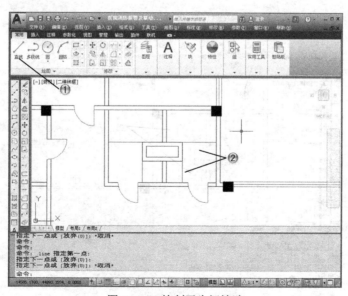

图 14-93　绘制卫生间墙壁

Step13 绘制卫生间设备

① 分别单击【直线】、【圆弧】和【椭圆】按钮。
② 绘制卫生间设备，如图 14-94 所示。

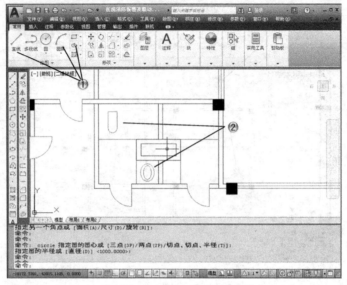

图 14-94　绘制卫生间设备

Step14 复制卫生间设备

① 单击【复制】按钮，如图 14-95 所示。
② 复制卫生间设备。

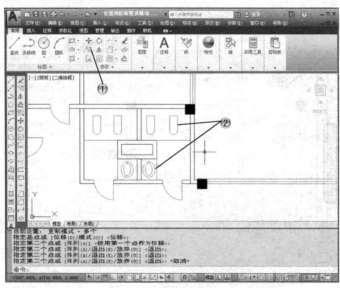

图 14-95　复制卫生间设备

14.2.6 电气元件绘制

Step1 选择线路图层,绘制感应器

① 选择【线路】图层,如图 14-96 所示。
② 单击【矩形】按钮,如图 14-97 所示。
③ 绘制感应器。

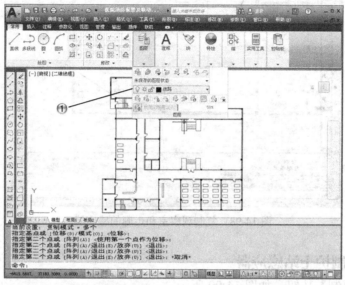

图 14-96 选择【线路】图层

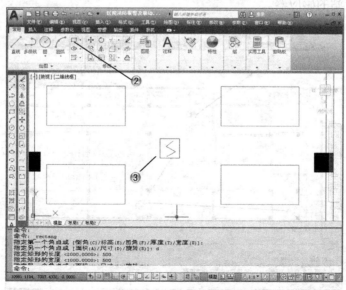

图 14-97 绘制感应器

Step2 复制观察室和走廊的感应器

① 单击【复制】按钮,如图 14-98 所示。
② 复制观察室和走廊的感应器。

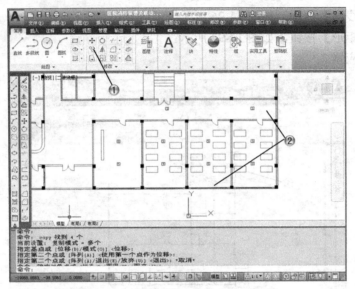

图 14-98　复制观察室和走廊的感应器

Step3 复制护士站感应器

① 单击【复制】按钮,如图 14-99 所示。
② 复制护士站的感应器。

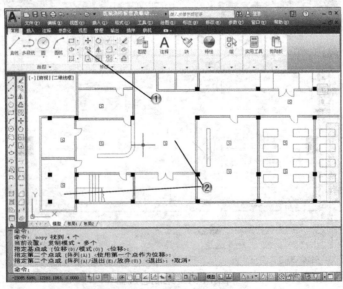

图 14-99　复制护士站感应器

Step4 复制左侧房间的感应器

① 单击【复制】按钮,如图 14-100 所示。
② 复制左侧房间的感应器。

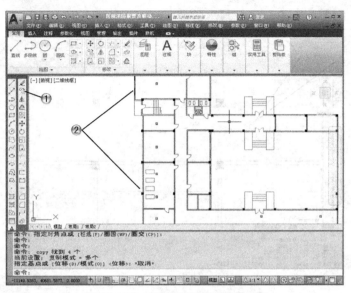

图 14-100 复制左侧房间的感应器

Step5 复制右侧房间和走廊的感应器

① 单击【复制】按钮,如图 14-101 所示。
② 复制右侧房间和走廊的感应器。

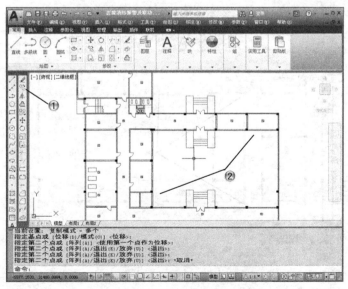

图 14-101 复制右侧房间和走廊的感应器

Step6 绘制扬声器

①分布单击【直线】和【圆】按钮。
②绘制扬声器,如图 14-102 所示。

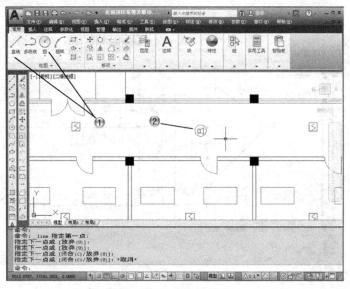

图 14-102　绘制扬声器

Step7 复制扬声器

①单击【复制】按钮,如图 14-103 所示。
②复制扬声器。

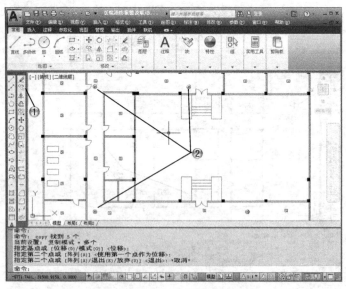

图 14-103　复制扬声器

Step8 绘制电铃

① 分布单击【直线】和【圆弧】按钮。
② 绘制电铃，如图 14-104 所示。

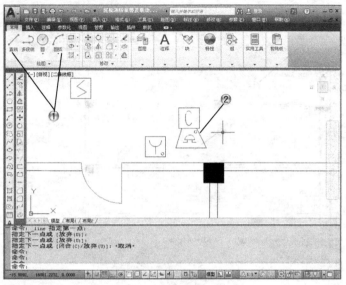

图 14-104　绘制电铃

Step9 复制电铃

① 单击【复制】按钮，如图 14-105 所示。
② 复制电铃。

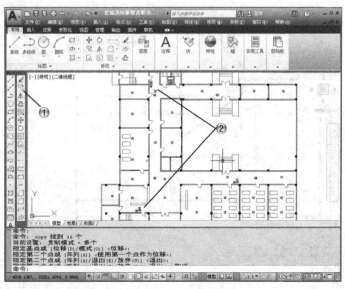

图 14-105　复制电铃

Step10 绘制元件

① 单击【圆】按钮,如图 14-106 所示。
② 绘制元件。

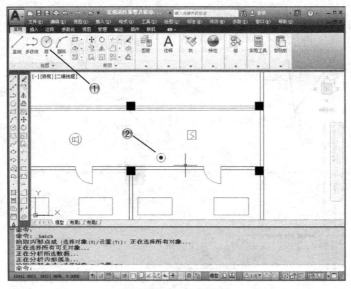

图 14-106　绘制元件

Step11 复制元件

① 单击【复制】按钮,如图 14-107 所示。
② 复制元件。

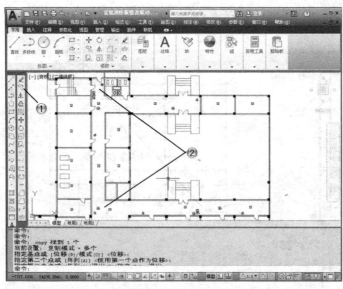

图 14-107　复制元件

Step12 绘制其他电气元件

① 单击【直线】按钮,如图 14-108 所示。
② 绘制其他电气元件。

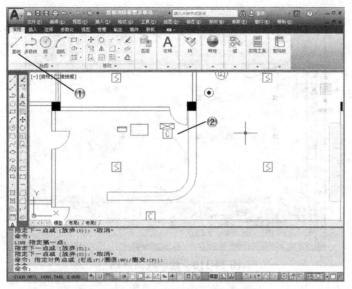

图 14-108　绘制其他电气元件

Step13 绘制接线端

① 单击【直线】按钮,如图 14-109 所示。
② 绘制接线端。

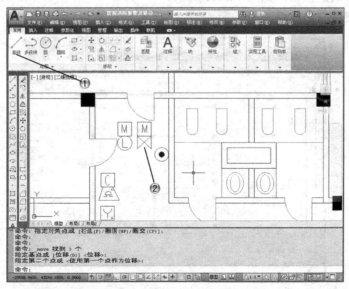

图 14-109　绘制接线端

Step14 绘制线路终端

① 单击【直线】按钮,如图 14-110 所示。
② 绘制线路终端。

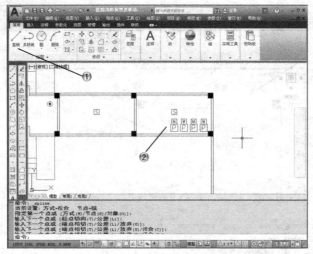

图 14-110　绘制线路终端

14.2.7　电气线路绘制

Step1 绘制观察室右边线路

① 单击【直线】按钮,如图 14-111 所示。
② 绘制观察室右边线路。

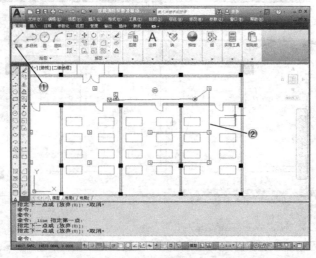

图 14-111　绘制观察室右边线路

Step2 绘制观察室左边线路

① 单击【直线】按钮,如图 14-112 所示。
② 绘制观察室左边线路。

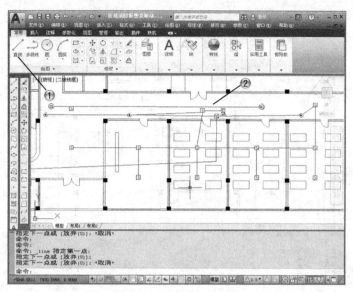

图 14-112　绘制观察室左边线路

Step3 打断线路

① 单击【打断】按钮,如图 14-113 所示。
② 打断线路。

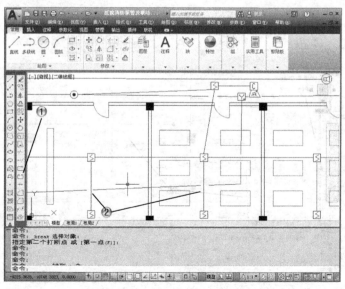

图 14-113　打断线路

Step4 绘制护士站线路

① 单击【直线】按钮，如图 14-114 所示。
② 绘制护士站线路。

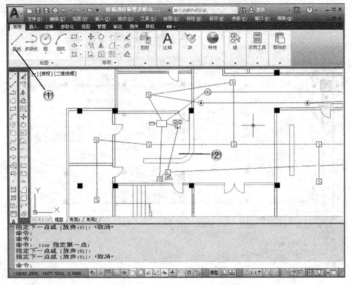

图 14-114　绘制护士站线路

Step5 打断护士站交叉线路

① 单击【打断】按钮，如图 14-115 所示。
② 打断护士站交叉线路。

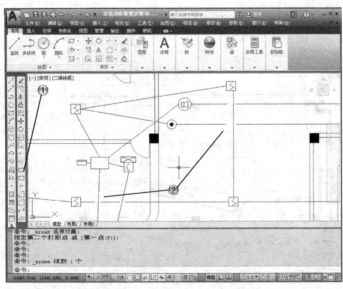

图 14-115　打断护士站交叉线路

Step6 绘制其他房间线路

①单击【直线】按钮,如图 14-116 所示。
②绘制其他房间线路。

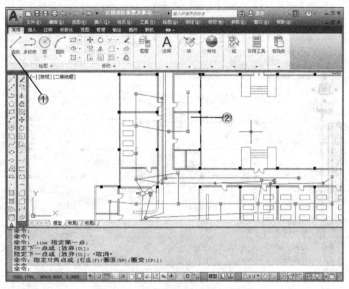

图 14-116 绘制其他房间线路

Step7 打断其他房间线路

①单击【打断】按钮,如图 14-117 所示。
②打断其他房间线路。

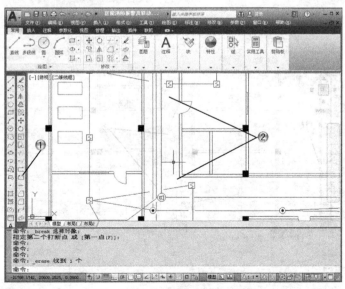

图 14-117 打断其他房间线路

Step8 绘制抢救室线路

①单击【直线】按钮,如图 14-118 所示。
②绘制抢救室线路。

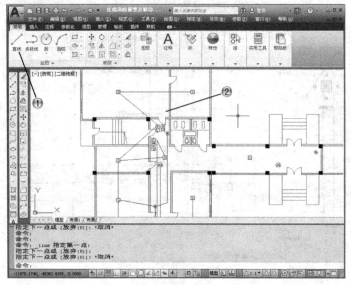

图 14-118　绘制抢救室线路

Step9 打断抢救室线路

①单击【打断】按钮,如图 14-119 所示。
②打断抢救室线路。

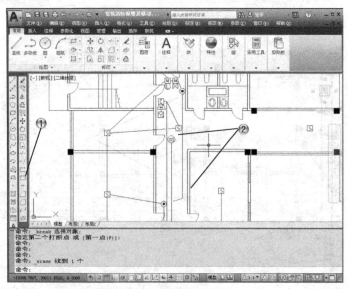

图 14-119　打断抢救室线路

Step10 绘制走廊线路

① 单击【直线】按钮,如图 14-120 所示。
② 绘制走廊线路。

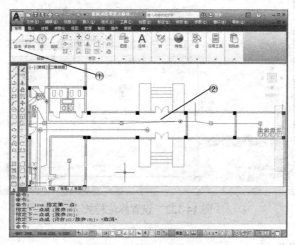

图 14-120 绘制走廊线路

14.2.8 尺寸及文字标注

Step1 选择尺寸图层,设置标注样式

① 选择【尺寸】图层,如图 14-121 所示。
② 选择【格式】|【标注样式】菜单命令,打开【标注样式管理器】对话框,如图 14-122 所示。
③ 单击【修改】按钮。

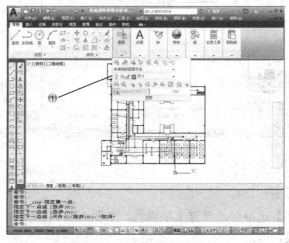

图 14-121 选择【尺寸】图层

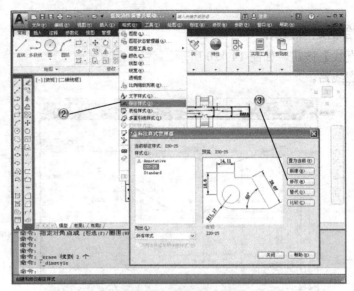

图 14-122　设置标注样式

Step2 修改箭头

① 在打开的【修改标注样式】对话框中，设置箭头样式，如图 14-123 所示。
② 设置箭头大小。

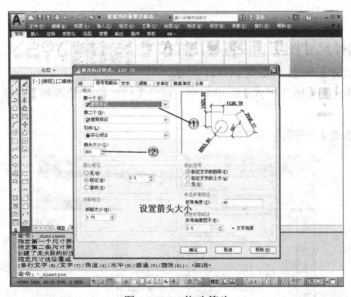

图 14-123　修改箭头

Step3 修改文字

① 切换到【文字】选项卡，设置文字颜色，如图 14-124 所示。
② 设置文字高度。

③ 单击【确定】按钮。

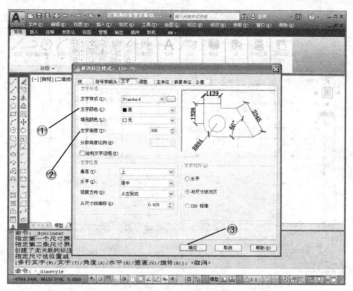

图 14-124 修改文字

Step4 标注左边尺寸

① 单击【线性】按钮,如图 14-125 所示。
② 标注左边尺寸。

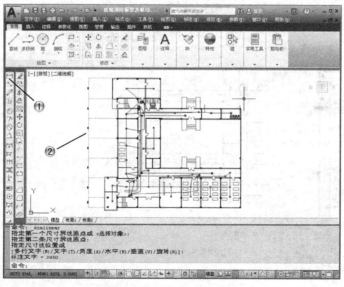

图 14-125 标注左边尺寸

Step5 标注下边尺寸

① 单击【线性】按钮,如图 14-126 所示。

② 标注下边尺寸。

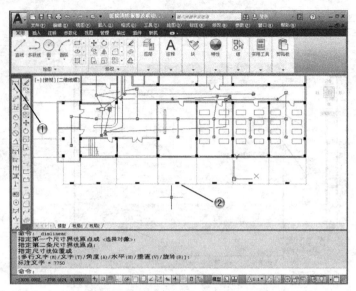

图 14-126 标注下边尺寸

Step6 标注右边尺寸

① 单击【线性】按钮，如图 14-127 所示。
② 标注右边尺寸。

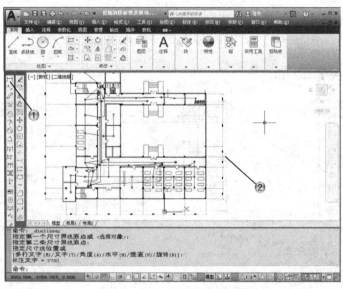

图 14-127 标注右边尺寸

Step7 修改 0 图层，绘制图框

① 选择【0】图层，如图 14-128 所示。

②单击【直线】按钮,如图 14-129 所示。
③绘制图框。

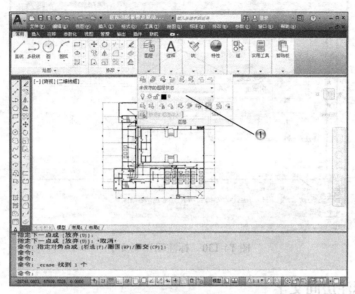

图 14-128　修改【0】图层

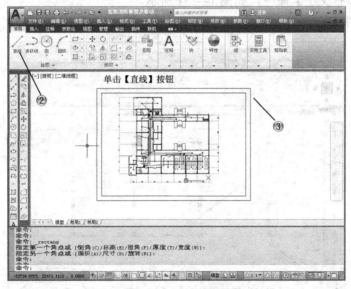

图 14-129　绘制图框

Step8 标注输出端文字

①使用【多行文字】命令,如图 14-130 所示。
②标注输出端文字。

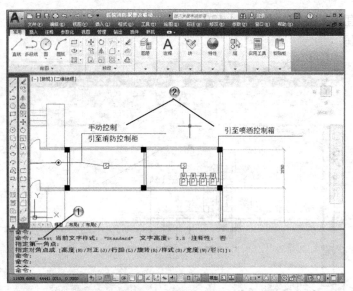

图 14-130　标注输出端文字

!Step9 标注房间文字

① 使用【多行文字】命令，如图 14-131 所示。
② 标注房间文字。

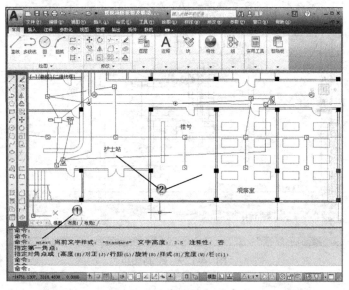

图 14-131　标注房间文字

!Step10 添加图纸标题

① 单击【多行文字】按钮，如图 14-132 所示。
② 添加图纸名称、技术指标。

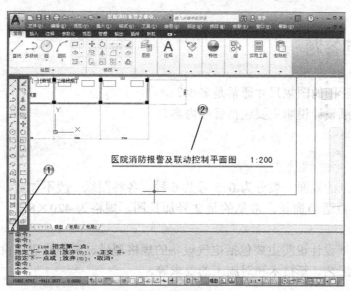

图 14-132　添加图纸标题

14.3　本章小结

本章主要介绍了医院急诊部的消防报警及联动控制平面图纸的绘制方法和思路，通过图层、墙体、门窗、附属设施、电气元件和线路、尺寸和文字的绘制，使读者对建筑电气制图有一个基本的概念，有利于进一步学习。

14.4　课后练习

14.4.1　填空题

（1）电气施工图的＿＿＿、＿＿＿、＿＿＿、＿＿＿用中实线绘制。
（2）二次接线图表示＿＿＿、＿＿＿、＿＿＿及其他控制回路的接线图。

答案：

（1）干线，支线，电缆线，架空线。
（2）电气仪表，互感器，继电器。

14.4.2 问答题

(1) 电气工程图的图幅尺寸通常是多少？
(2) 电气图纸设计说明主要包括哪些内容？

答案：

(1) 电气图纸的幅面一般分为 0~5 号共 6 种。各种图纸一般不加宽，只是在必要时可以按照 L/8 的倍数适当加长。常见的是 2 号加长图，规格为 420×891，0 号图纸一般不加长。

(2) 电气图纸设计说明主要包括电气设备的规格型号、工程特点、设计指导思想、使用的新材料、新工艺、新技术和对施工的要求等。

14.4.3 操作题

本练习绘制工厂建筑电气电力平面图纸，学习电气工程平面图的绘制方法，图纸如图 14-133 所示。

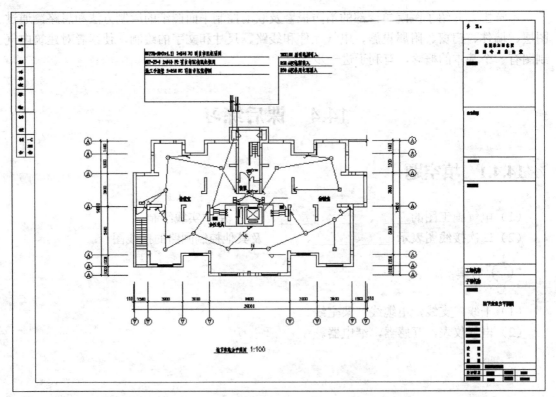

图 14-133 工厂电力平面图

第14章 高手应用案例5——建筑电气工程图设计应用

练习内容:

(1) 绘制建筑平面图。
(2) 绘制电气元件。
(3) 绘制电气线路。
(4) 添加尺寸标注和图框。

第 15 章　高手应用案例 6 ——电路图设计应用

本章导读

电子回路是由电气设备和元器件，按一定方式连接起来，为电荷流通提供了路径的总体，也叫电子线路或称电气回路，简称网络或回路。如电阻、电容、电感、二极管、三极管和开关等构成的网络。根据所处理信号的不同，电子电路可以分为模拟电路和数字电路。

本章通过电路图案例的绘制，主要介绍 AuotoCAD 绘制电路图的方法和顺序，完成一个电机控制原理图的绘制。

学习要求	学习目标 知识点	了解	理解	应用	实践
	电路图的构成	√	√		
	电气元件的绘制	√	√	√	√
	电路图布局	√	√	√	√

15.1　案例分析

15.1.1　知识链接

电路图是人们为了研究和工程的需要，用国家标准化符号绘制的一种表示各元器件组成的图形。通过电路图可以详细地知道电器的工作原理，是分析性能、安装电子、电器产品的主要设计文件。在设计电路时,也可以从容地在纸上或电脑上进行,确认完善后再进行实际安装,通过调试、改进,直至成功;而现在,可以应用先进的计算机软件来进行电路的辅助设计,甚至进行虚拟的电路实验,大大提高工作效率。

电路图的定义:用导线将电源、开关(电键)、电器、电流表、电压表等连接起来组成电路,再按照统一的符号将它们表示出来,这样绘制的图即为电路图,如图 15-1 所示。

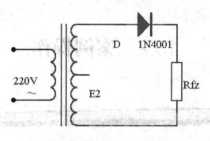

图 15-1 电路原理图

15.1.2 设计思路

本案例将介绍一个电机控制电气原理图的绘制过程,首先绘制电机线路,再绘制控制线路,电气元件可以多使用复制命令简化绘制过程,如图 15-2 所示。

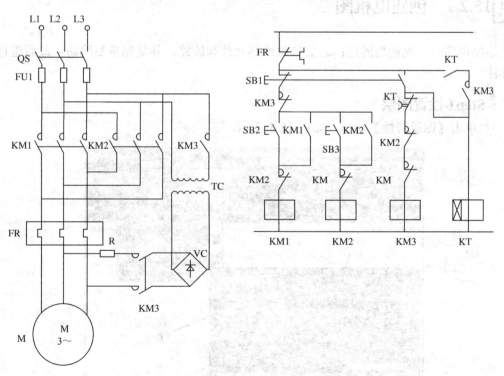

图 15-2 电机控制图纸

通过这个案例的操作，讲述 CAD 电气原理图的绘制过程，以及各种电气元件的绘制方法，将熟悉如下内容：

（1）电机线路的绘制。
（2）控制线路的绘制。
（3）电路文字的标注。

15.2　案例操作

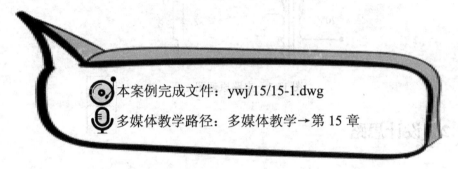

本案例完成文件：ywj/15/15-1.dwg
多媒体教学路径：多媒体教学→第 15 章

15.2.1　创建电机图

绘制电路前，先创建图层；之后依次绘制元件和线路，并复制重复线路，最后进行文字标注。

Step1 设置图层

① 单击【图层特性】按钮，如图 15-3 所示。

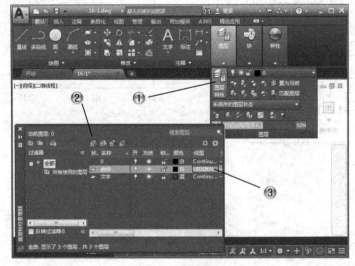

图 15-3　新建图层

② 在弹出的【图层特性管理器】中单击【新建图层】按钮。
③ 依次新创建 3 个图层，并设置图层属性。

Step2 绘制节点

① 单击【圆】按钮，如图 15-4 所示。
② 在绘图区中，绘制半径为 1 的圆形。

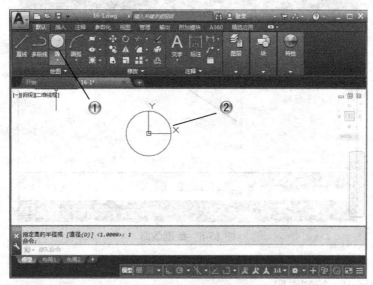

图 15-4　绘制圆形

③ 单击【直线】按钮，如图 15-5 所示。
④ 在绘图区中，绘制垂线。

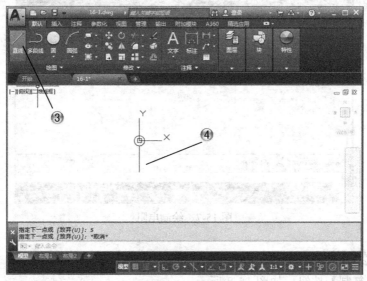

图 15-5　绘制垂线

Step3 绘制电阻图形

① 单击【直线】按钮，如图 15-6 所示。
② 在绘图区中，绘制线路。

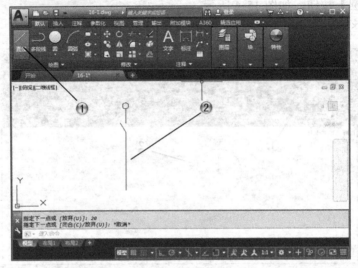

图 15-6 绘制线路

③ 单击【矩形】按钮，如图 15-7 所示。
④ 在绘图区中，绘制电阻。

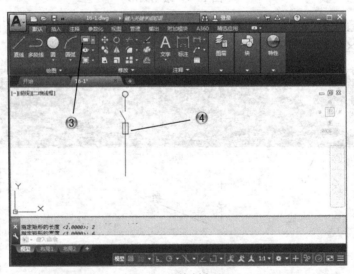

图 15-7 绘制电阻

Step4 绘制线路和开关

① 单击【复制】按钮，如图 15-8 所示。
② 在绘图区中，复制节点。

第 15 章
高手应用案例 6——电路图设计应用

③ 单击【修剪】按钮，如图 15-9 所示。
④ 在绘图区中，修剪图形。

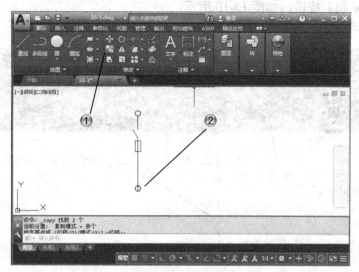

图 15-8　复制圆形节点

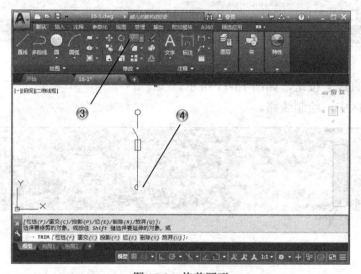

图 15-9　修剪圆形

> 分析电路时，通过识别图纸上所画的各种电路元件符号，以及它们之间的连接方式，就可以了解电路实际工作时的原理，原理图就是用来体现电子电路工作原理的一种工具。

· 435 ·

Step5 复制图形

① 单击【复制】按钮,如图 15-10 所示。
② 在绘图区中,复制开关。

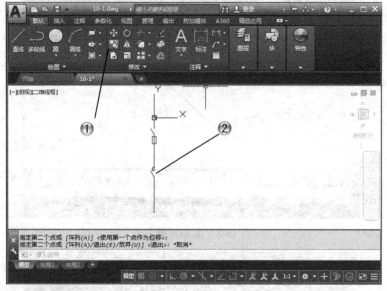

图 15-10 复制开关

③ 单击【直线】按钮,如图 15-11 所示。
④ 在绘图区中,绘制线路。

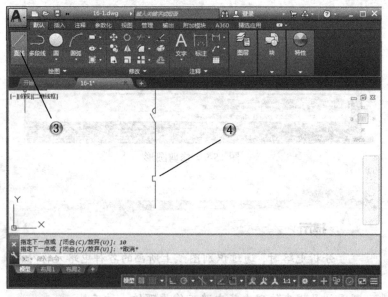

图 15-11 绘制线路

Step6 复制线路

① 单击【复制】按钮,如图 15-12 所示。
② 在绘图区中,复制线路。

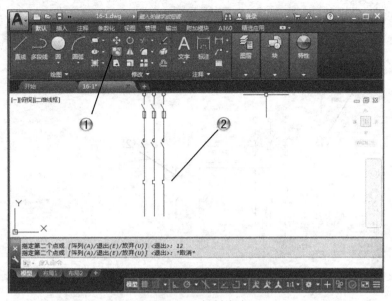

图 15-12 复制线路

③ 单击【复制】按钮,如图 15-13 所示。
④ 在绘图区中,复制开关。

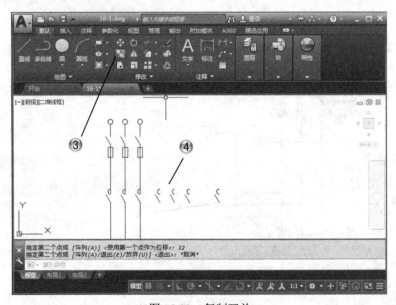

图 15-13 复制开关

Step7 绘制线路

① 单击【直线】按钮,如图 15-14 所示。
② 在绘图区中,绘制线路。

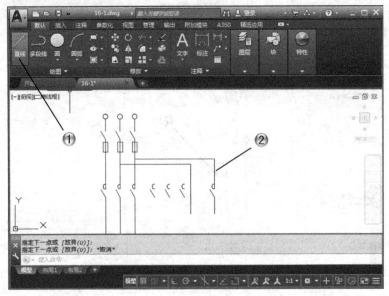

图 15-14 绘制线路

③ 单击【直线】按钮,如图 15-15 所示。
④ 在绘图区中,绘制三相线路。

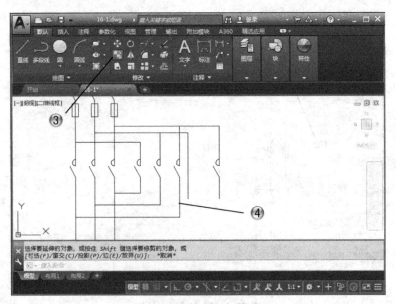

图 15-15 绘制三相线路

Step8 绘制线圈

① 单击【复制】按钮，如图 15-16 所示。
② 在绘图区中，复制圆形。

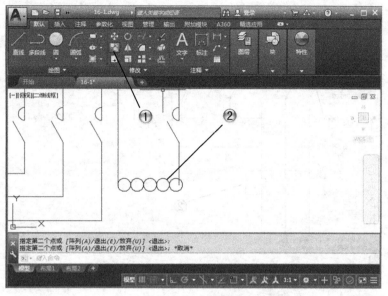

图 15-16 复制圆形

③ 单击【修剪】按钮，如图 15-17 所示。
④ 在绘图区中，修剪图形。

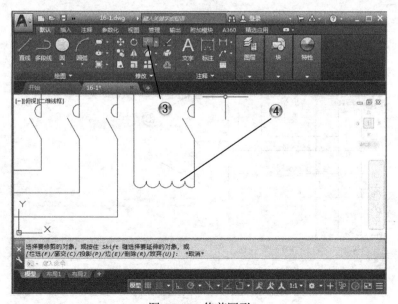

图 15-17 修剪圆形

Step9 镜像图形

① 单击【矩形】按钮,如图 15-18 所示。
② 在绘图区中,绘制 20×6 的矩形。

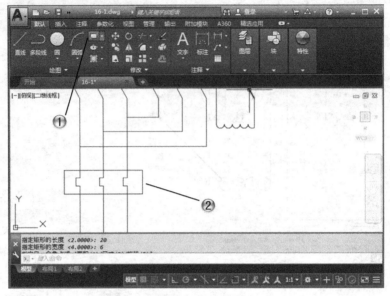

图 15-18 绘制矩形

③ 单击【镜像】按钮,如图 15-19 所示。
④ 在绘图区中,镜像图形。

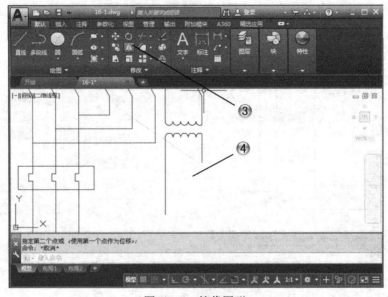

图 15-19 镜像图形

Step10 绘制矩形

① 单击【矩形】按钮，如图 15-20 所示。
② 在绘图区中，绘制 6×6 的矩形。

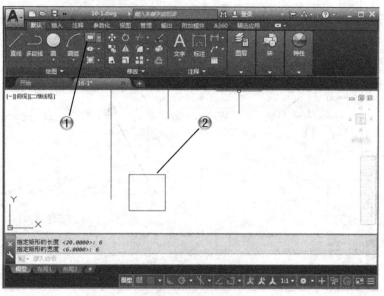

图 15-20　绘制矩形

③ 单击【旋转】按钮，如图 15-21 所示。
④ 在绘图区中，将矩形旋转 45°。

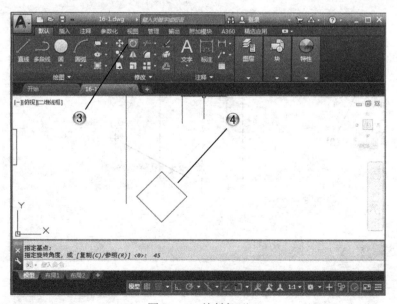

图 15-21　旋转矩形

Step11 完成电路符号

① 单击【直线】按钮,如图 15-22 所示。
② 在绘图区中,绘制连接线路。

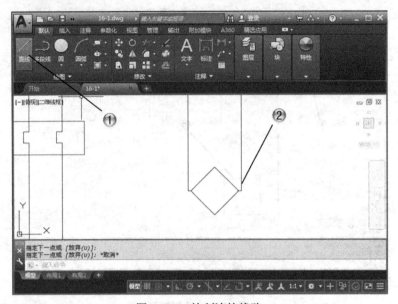

图 15-22 绘制连接线路

③ 单击【直线】按钮,如图 15-23 所示。
④ 在绘图区中,绘制电路符号。

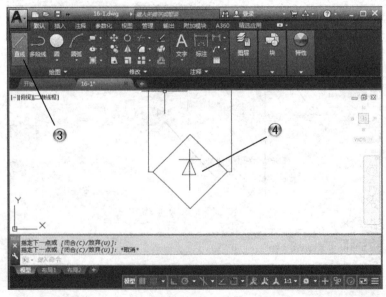

图 15-23 绘制符号

提示

实际应用的电路都比较复杂,因此,为了便于分析电路的实质,通常用符号表示组成电路的实际原件及其连接线,即画成所谓的电路图。

Step12 完成支路

① 单击【复制】按钮,如图 15-24 所示。
② 在绘图区中,复制开关。

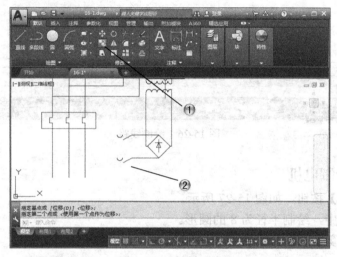

图 15-24 复制开关

③ 单击【矩形】按钮,如图 15-25 所示。

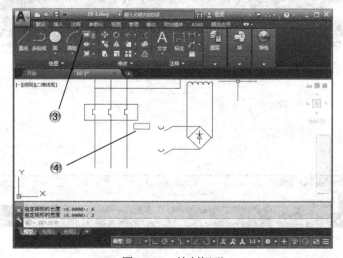

图 15-25 绘制矩形

④ 在绘图区中，绘制 2×6 的矩形。
⑤ 单击【直线】按钮，如图 15-26 所示。
⑥ 在绘图区中，绘制线路。

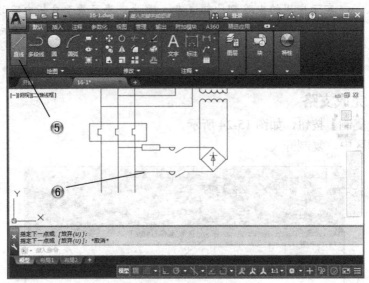

图 15-26　绘制线路

Step13 绘制电机

① 单击【圆】按钮，如图 15-27 所示。
② 在绘图区中，绘制半径为 8 的圆形。
③ 单击【修剪】按钮，如图 15-28 所示。

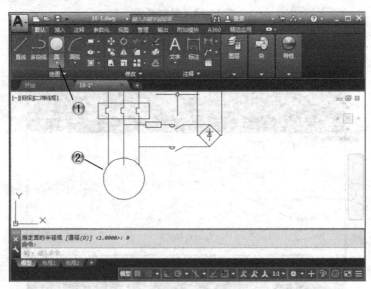

图 15-27　绘制圆形

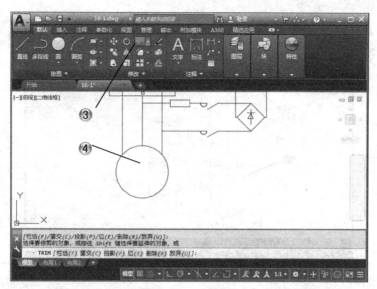

图 15-28 修剪图形

④ 在绘图区中,修剪图形。
⑤ 单击【直线】按钮,如图 15-29 所示。
⑥ 在绘图区中,绘制虚线。

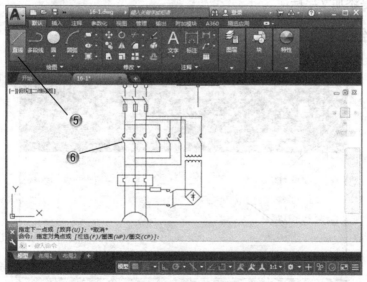

图 15-29 绘制虚线

Step14 添加文字

① 单击【多行文字】按钮,如图 15-30 所示。
② 在绘图区中,依次添加文字注释。

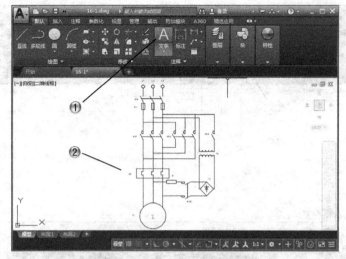

图 15-30 添加文字

15.2.2 创建控制电路

完成电机线路图绘制后,绘制控制电路,依次绘制电路元件,并使用直线命令进行连接,最后同样是添加文字标注。

Step1 绘制开关

① 单击【直线】按钮,如图 15-31 所示。

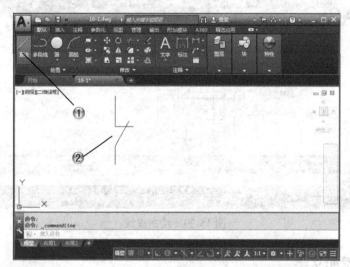

图 15-31 绘制开关

② 在绘图区中,绘制开关。
③ 单击【直线】按钮,如图 15-32 所示。
④ 在绘图区中,绘制开关符号。

· 446 ·

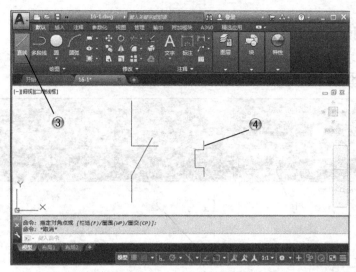

图 15-32 绘制开关符号

⑤ 单击【直线】按钮，如图 15-33 所示。
⑥ 在绘图区中，绘制虚线。

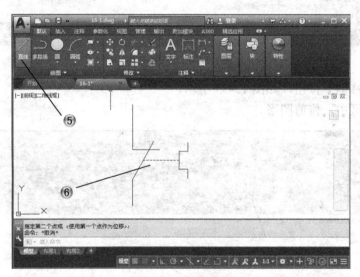

图 15-33 绘制虚线

元件符号表示实际电路中的元件，它的形状与实际的元件不一定相似，甚至完全不一样，但是它一般都表示出了元件的特点。

Step2 创建其余开关

①单击【复制】按钮,如图 15-34 所示。
②在绘图区中,复制开关。

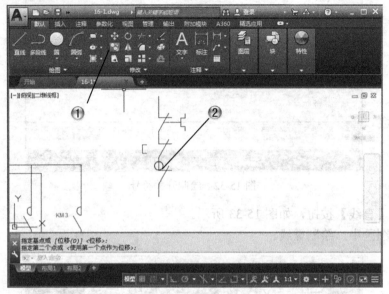

图 15-34　复制开关

③单击【修剪】按钮,如图 15-35 所示。
④在绘图区中,修剪图形。

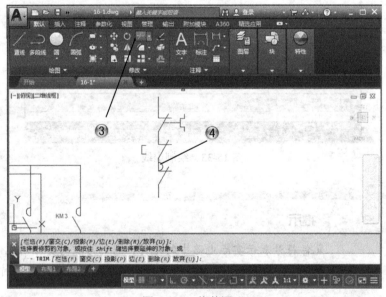

图 15-35　修剪图形

第 15 章
高手应用案例 6——电路图设计应用

Step3 复制开关

①单击【复制】按钮,如图 15-36 所示。
②在绘图区中,复制开关。

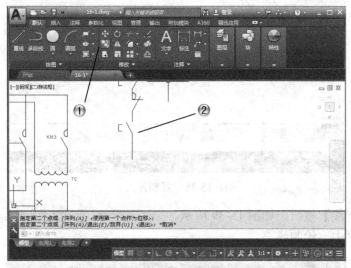

图 15-36　复制开关

③单击【直线】按钮,如图 15-37 所示。
④在绘图区中,绘制虚线图形。

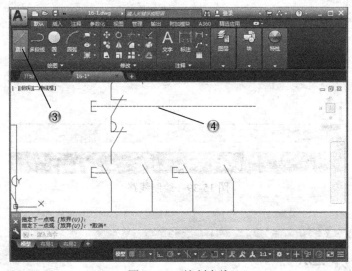

图 15-37　绘制虚线

Step4 绘制线路

①单击【复制】按钮,如图 15-38 所示。
②在绘图区中,复制开关。

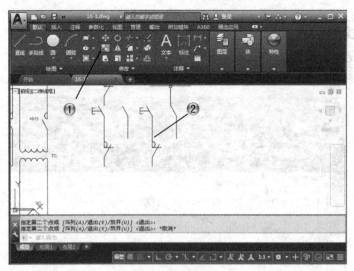

图 15-38　复制开关

③ 单击【直线】按钮，如图 15-39 所示。
④ 在绘图区中，绘制线路。

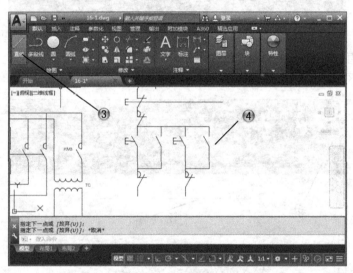

图 15-39　绘制线路

> **提示**
>
> 连线表示的是实际电路中的导线，在原理图中虽然是一根线，但在常用的印刷电路板中往往不是线而是各种形状的铜箔。

Step5 绘制符号

① 单击【矩形】按钮,如图 15-40 所示。
② 在绘图区中,绘制 8×5 的矩形。

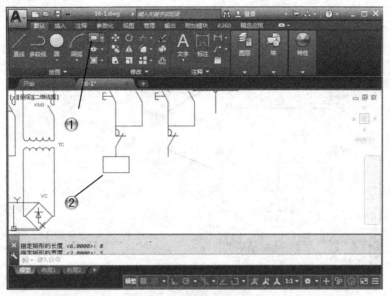

图 15-40　绘制矩形

③ 单击【复制】按钮,如图 15-41 所示。
④ 在绘图区中,复制矩形。

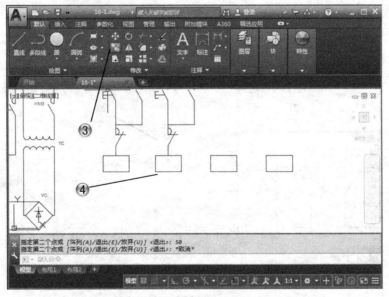

图 15-41　复制矩形

Step6 复制开关

① 单击【复制】按钮,如图 15-42 所示。
② 在绘图区中,复制开关。

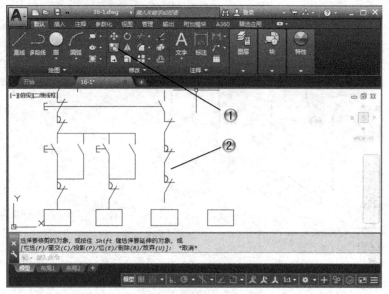

图 15-42 复制开关

③ 单击【复制】按钮,如图 15-43 所示。
④ 在绘图区中,复制另一个开关。

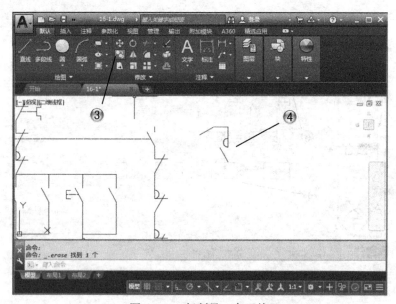

图 15-43 复制另一个开关

Step7 完成线路

① 单击【直线】按钮,如图 15-44 所示。
② 在绘图区中,绘制线路。
③ 单击【复制】按钮,如图 15-45 所示。
④ 在绘图区中,复制开关。

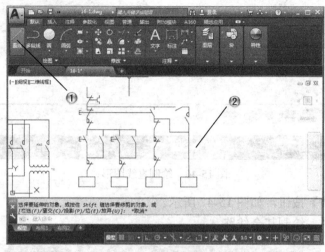

图 15-44 绘制线路

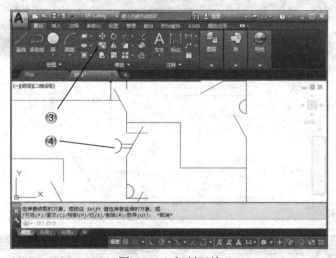

图 15-45 复制开关

Step8 绘制其余线路

① 单击【直线】按钮,如图 15-46 所示。
② 在绘图区中,绘制直线图形。

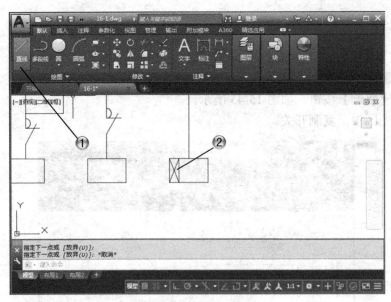

图 15-46　绘制直线图形

③ 单击【直线】按钮，如图 15-47 所示。
④ 在绘图区中，绘制其余线路。

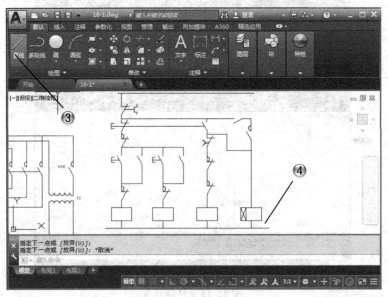

图 15-47　绘制其余线路

!Step9 添加文字

① 单击【多行文字】按钮，如图 15-48 所示。

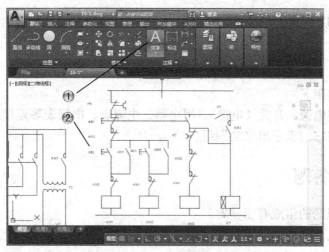

图 15-48 添加文字

② 在绘图区中,依次添加文字注释。完成的电机控制电气原理图,如图 15-49 所示。

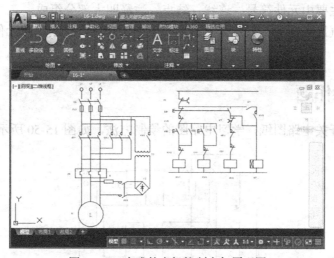

图 15-49 完成的电机控制电气原理图

15.3 本章小结

本章介绍了电机原理路的绘制,使读者对电路的绘制有一个整体的认识,电路图和机械图纸有明显的区别,要注意区别对待。

15.4 课后练习

15.4.1 填空题

(1)最常见的电路元件符号是_____、_____。

（2）电路图的定义是_____。

（1）开关，电阻。
（2）用导线将电源、开关（电键）、用电器、电流表、电压表等连接起来组成电路，再按照统一的符号将它们表示出来的图纸。

15.4.2 问答题

（1）电路原理图的组成有哪些？
（2）创建电气原理图的一般步骤有哪些？

（1）电路图主要由元件符号、连线、结点、注释四大部分组成。
（2）创建电气原理图的一般步骤是：明确电路的作用，绘制电路元件，绘制线路，添加文字等注释。

15.4.3 操作题

本练习创建开关电路图纸，学习电路图的绘制方法，如图 15-50 所示。

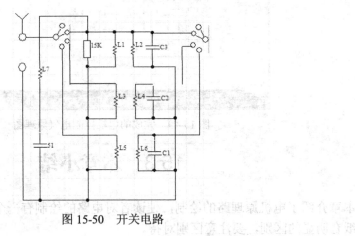

图 15-50 开关电路

（1）绘制电路元件。
（2）绘制线路。
（3）添加文字。